水利水电工程造价与控制

主　编　毕贵权
副主编　侯慧敏　樊建领
张万斌　沈渭吉

黄 河 水 利 出 版 社
· 郑州 ·

内容提要

本书从我国水利水电工程造价编制的实际出发，依据国家及行业新的规范和相关定额及计算标准，以水利水电工程概算编制的全过程为主线，系统地介绍了水利水电工程造价编制的基本原理与方法，并针对基本建设程序的不同阶段对工程造价控制分别进行了阐述。全书共10章，主要内容包括：水利水电工程定额，水利水电工程概预算项目划分及费用构成，水利水电工程计量，水利水电工程基础价格的编制，水利水电建筑安装工程概预算单价的编制，水利水电工程概算编制，投资估算、施工图预算、施工预算、投标报价、竣工结算与竣工决算的编制，水利水电工程造价的控制等。

本书可作为大中专院校水利水电工程及相关专业的教材，也可供从事水利水电工程造价工作的技术人员、管理人员学习和参考使用，还可作为水利水电工程造价、监理和施工等专业的培训教材。

图书在版编目(CIP)数据

水利水电工程造价与控制/毕贵权主编. —郑州：黄河水利出版社，2012.4

ISBN 978-7-5509-0223-7

Ⅰ.①水… Ⅱ.①毕… Ⅲ.①水利水电工程-工程造价 Ⅳ.①TV512

中国版本图书馆CIP数据核字(2012)第047382号

出 版 社：黄河水利出版社

地址：河南省郑州市顺河路黄委会综合楼14层　　邮政编码：450003

发行单位：黄河水利出版社

发行部电话：0371-66026940、66020550、66028024、66022620(传真)

E-mail：hhslcbs@126.com

承印单位：郑州海华印务有限公司

开本：787 mm×1 092 mm　1/16

印张：18

字数：438千字　　印数：1—1 000

版次：2012年5月第1版　　印次：2012年5月第1次印刷

定价：36.00元

前　言

本书从我国水利水电工程造价编制的实际出发,依据国家及行业新的规范和相关定额及计算标准,以水利水电工程概算编制的全过程为主线,系统地介绍了水利水电工程造价编制的基本原理与方法,并针对基本建设程序的不同阶段对工程造价控制进行了阐述。全书共10章,主要内容包括:水利水电工程定额;水利水电工程概预算项目划分及费用构成;水利水电工程计量;水利水电工程基础价格的编制;水利水电建筑安装工程概预算单价的编制;水利水电工程概算编制;投资估算、施工图预算、施工预算、投标报价、竣工结算与竣工决算的编制;水利水电工程造价的控制等。本书内容完备、层次分明、条理清晰、重点突出,案例丰富,注重实用。

本书可作为大中专院校水利水电工程及相关专业的教材,也可供从事水利水电工程造价工作的技术人员、管理人员学习和参考使用,还可作为水利水电工程造价、监理和施工等专业的培训教材。

本书编写人员及分工如下:兰州理工大学毕贵权编写第一章至第四章;兰州理工大学侯慧敏编写第五、第六章;侯慧敏和甘肃省景泰县引大指挥部曾永先、于宗恩编写第七章;兰州理工大学樊建领编写第八章;樊建领和甘肃省景泰县引大指挥部杨家强、刘兴芳编写第九章;甘肃省景泰县引大指挥部张万斌、沈渭吉,樊建领编写第十章。全书由毕贵权任主编并负责全书的统稿。

本书在编写过程中得到了甘肃省景泰县引大指挥部张万斌指挥和沈渭吉副指挥的大力支持,在此表示诚挚的谢意!

因编者水平有限,书中缺点和错误在所难免,恳请读者批评指正。

编　者

2012 年 1 月

目　录

第一章　水利水电建设项目概述

一、建设项目的含义

建设项目是以实物形态表示的具体项目,如:建造一栋大楼或公共游乐场,建造一条道路或输油管道,建造一座大坝等。在我国,建设项目是固定资产投资项目的简称,它包括基本建设项目(新建、扩建等扩大生产能力的项目)和更新改造项目(以改进技术、增加产品品种、提高质量、治理"三废"、劳动安全、节约资源为主要目的的项目)。

二、建设项目的组成

建设项目可分为单项工程、单位工程、分部工程和分项工程,见图 1-1。

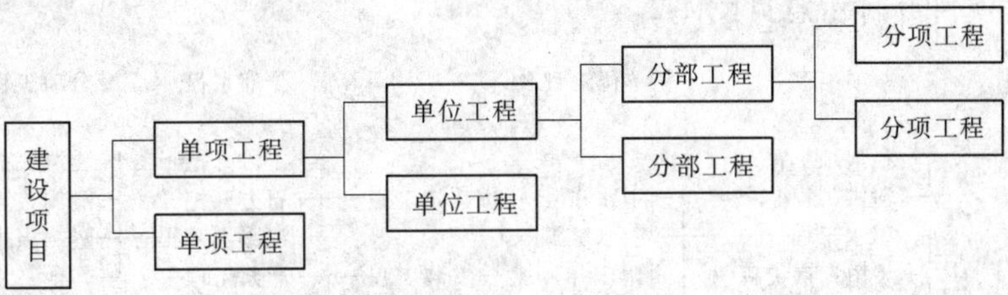

图 1-1　建设项目分解示意

(一)单项工程

单项工程一般指有独立设计文件,建成后可以独立发挥生产能力或效益的一组配套齐全的工程项目。从施工的角度看,单项工程也就是一个独立的交工系统,它在建设总体施工部署管理目标的指导下,形成自身的项目管理方案和目标,按其投资和质量的要求,如期建成并交付生产和使用。水电站工程的单项工程是指拦河坝工程、泄洪工程、引水工程、发电厂房工程、变电工程等。

单项工程是建设项目的组成部分,一个建设项目有时可以仅包括一个单项工程,也可以包括许多单项工程。生产性建设项目的单项工程,一般是指能独立生产的车间,包括厂房建筑、设备的安装,以及设备、工器具、仪器的购置等。非生产性建设项目的单项工程,如一座电站的办公楼、食堂、宿舍等。

单项工程的施工条件往往具有相对的独立性,因此一般单独组织施工和竣工验收的单项工程体现了建设项目的主要建设内容,是新增生产能力或工程效益的基础。

(二)单位工程

单位工程是单项工程的组成部分,一般指不能独立发挥生产能力,但具有独立设计图纸和独立施工条件的工程,通常指一个单体建筑物或构筑物。又如,水电站中引水隧洞工程可以划分为进水口工程、隧洞工程、调压井工程、压力管道工程等单位工程,并将其划分为建筑工程和安装工程两个部分。

一个单位工程往往不能单独形成生产能力或发挥工程效益，只有在几个有机联系、互为配套的单位工程全部建成竣工后才能提供生产和使用。例如，民用建筑物单位工程必须与室外各单位工程构成一个单项工程系统；工业车间厂房必须与工业设备安装单位工程以及室外各单位工程配套完成，形成一个单项工程交工系统才具有生产能力。

（三）分部工程

分部工程是建筑物按单位工程的部位划分的，亦即单位工程的进一步分解。水利水电工程如溢流坝的基础开挖工程、混凝土浇筑工程、隧洞的开挖工程、混凝土衬砌工程、灌浆工程等都属于分部工程。

（四）分项工程

分项工程是分部工程的组成部分，一般是按工种划分的，也是形成建筑产品基本构件的施工过程，如溢流坝的混凝土工程，就可分为坝身混凝土、闸墩、胸墙、工作桥等分项工程；隧洞混凝土衬砌也可分为底拱、边墙、顶拱混凝土工程。分项工程是建筑施工生产活动的基础，也是计量工程用工用料和机械台班消耗的基本单元，同时又是工程质量形成的直接过程。分项工程既有其作业活动的独立性，又有相互联系、相互制约的整体性。×××水力发电站工程建设项目分解示意见图1-2。

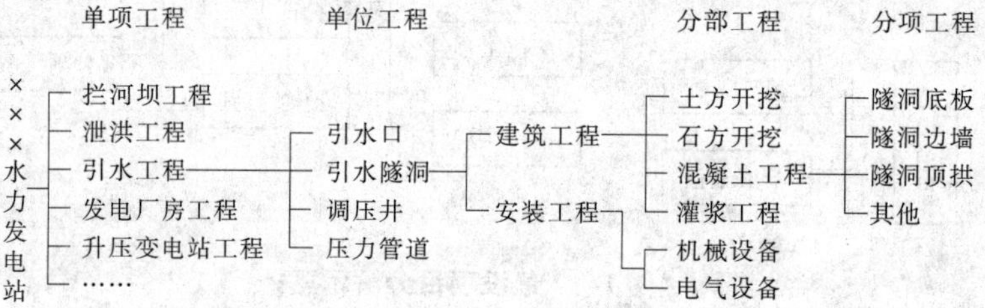

图1-2　×××水力发电站工程建设项目分解示意

三、基本建设的内容

基本建设是固定资产的再生产活动。固定资产是人们生产和生活的必要物质条件。所谓固定资产，是指在其有效使用期内在生产或生活中重复使用而不改变其实物形态的主要劳动资料。生产性固定资产包括工厂、矿山、油田、电站、铁路、水库、码头等的生产设备、厂房、建筑物和构筑物。非生产性固定资产包括住宅、学校、医院和其他生活福利设施中的设备、房屋建筑和其他构筑物等。固定资产的不断增加，能够不断地增加生产，增加国民收入，并提高人民生活和文化水平。换言之，基本建设就是指固定资产的建设，即建筑、安装和购置固定资产的活动及与之相关的工作。

基本建设包括如下工作：

（1）建筑安装工程。

这是基本建设的重要组成部分，是建筑行业通过勘测、设计、施工等生产性活动创造的建筑产品。建筑安装工程包括建筑工程和设备安装工程两个部分。建筑工程包括各种建筑物和房屋的修建、金属结构的安装、安装设备的基础建造等工作。设备安装工程包括生产、动力、起重、运输、输配电等需要安装的各种机电设备的装配、安装、试车等工作。

（2）设备、工器具的购置。

设备、工器具的购置是指由建设单位为建设项目需要而向制造行业采购或自制达到固定资产标准（使用年限一年以上和单件价值在规定限额以上）的机电设备、工器具等的购置工作。

（3）其他基建工作。

凡不同于上述两项的基建工作，如勘测、设计、科学试验、迁移赔偿、水库清理、施工队伍转移、生产准备等，都属于其他基建工作。

四、水利水电基本建设程序

基本建设的特点是投资多，建设周期长，涉及的专业和部门多，工作环节错综复杂。为了保证工程建设顺利进行，达到预期的目的，在基本建设的实践中，逐渐总结出一套大家共同遵守的工作顺序，这就是基本建设程序。基本建设程序是基本建设全过程中各项工作的先后顺序和工作内容及要求。

鉴于水利水电基本建设较其他部门的基本建设有一定的特殊性，工程失事后危害性也比较大，因此水利水电基本建设程序较其他部门更为严格。现以水利系统为例来简单介绍基本建设程序。

（一）流域（或区域）规划阶段

流域（或区域）规划就是根据流域（或区域）的水资源条件和防洪状况以及国家长远计划对该地区水利水电建设发展的要求，提出该流域（或区域）水资源的梯级开发和综合利用的方案及消除水害的方案。因此，进行流域（或区域）规划必须对流域（或区域）的自然地理、经济状况等进行全面的、系统的调查研究，初步确定流域（或区域）内可能的工程位置和工程规模，并进行多方案的分析比较，选定合理的建设方案，并推荐近期建设的工程项目。

（二）项目建议书阶段

项目建议书是在流域（或区域）规划的基础上，由主管部门（或投资者）对准备建设的项目作出大体轮廓性设想和建议，为确定拟建项目是否有必要建设、是否具备建设的基本条件、是否值得投入资金和人力、是否需要再作进一步的研究论证工作提供依据。

项目建议书编制一般委托有相应资格的设计单位承担，并按国家规定权限向上级主管部门申报审批。项目建议书被批准后由政府向社会公布，若有投资建设意向，应及时组建项目法人筹备机构，开展下一基本建设程序工作。

（三）可行性研究阶段

可行性研究应对项目进行方案比较，对技术上是否可行和经济上是否合理进行科学的分析和论证。经过批准的可行性研究报告，是项目决策和进行初步设计的依据。可行性研究报告由项目法人（或筹备机构）组织编制。

这一阶段的工作主要是对项目在技术上和经济上是否可行进行综合的、科学的分析和论证。可行性研究应对项目在技术上是否先进、适用、可靠，在经济上是否合理可行，在财务上是否盈利作出多方案比较，提出评价意见，推荐最佳方案。可行性研究报告是建设项目立项决策的依据，也是项目办理资金筹措、签订合作协议、进行初步设计等工作的依据和基础。

可行性研究报告按国家现行规定的审批权限报批。申请项目可行性研究报告，必须同时提出项目法人组建方案及运行机制、资金筹措方案、资金结构及回收资金办法，并依照有关规定附具有管辖权的水行政主管部门或流域机构签署的规划同意书，对取水许可预申请的书面审查意见，审批部门要委托有项目相应资质的工程咨询机构对可行性研究报告进行评估，并综合行业归口主管部门、投资机构（公司）、项目法人（或项目法人筹备机构）等方面的意见进行审批。项目可行性研究报告批准后，应正式成立项目法人，并按项目法人责任制进行管理。

（四）设计阶段

可行性研究报告批准以后，项目法人应择优选定有项目相应资质的勘测设计单位进行勘测设计。

承担设计的单位在进行设计以前，要认真研究可行性研究报告，并进行勘测、调查和试验研究工作。对水利水电工程来说，要全面收集建设地区的工农业生产、社会经济、自然条件，包括水文、地质、气象等资料；要对坝址、库区的地形及地质进行勘测、勘探；对岩土地基进行分析试验；对建设区建筑材料的分布、储量、运输方式、单价等进行调查、勘测。总之，设计是复杂的、综合性很强的技术经济工作，它建立在全面正确的勘测、调查工作之上。不仅设计前要有大量的勘测、调查、试验工作，而且在设计中以及工程施工中都要有相当细致的勘测、调查、试验工作。

设计工作是分阶段进行的，一般采用两阶段进行，即初步设计与施工图设计。对于某些大型工程和重要的中型工程，一般要采用三阶段设计，即初步设计、技术设计及施工图设计。

1. 初步设计

它是解决建设项目的技术可靠性和经济合理性的问题。因此，初步设计具有一定程度的规划性质，是建设项目的“纲要”设计。

初步设计要提出设计报告、初步概算和经济评价三项资料。主要内容包括：工程的总体规划布置，工程规模（包括装机容量、水库的特征水位等），地质条件，主要建筑物的位置、结构形式和尺寸，主要建筑物的施工方法，施工导流方案，消防设施、环境保护、水库淹没、工程占地、水利工程管理机构等。对灌区工程来说，还要确定灌区的范围，主要干支渠道的规划布置，渠道的初步定线、断面设计和土石方量的估计等。还应包括各种建筑材料的用量、主要技术经济指标、建设工期、设计总概算等。

对大中型水利水电工程中一些水利施工中的重大问题，如新坝型、泄洪方式、施工导流、截流等，应进行相应深度的科学研究，必要时应有模型试验成果的论证。

初步设计报批前，一般由项目法人委托有相应资格的工程咨询机构或组织专家，对初步设计中的重大问题进行咨询论证。设计单位根据咨询论证意见，对初步设计文件进行补充、修改和优化。初步设计由项目法人组织审查后，按国家现行规定权限向主管部门申报审批。

2. 技术设计

它是根据初步设计和更详细的调查研究资料编制的，进一步解决初步设计中的重大技术问题、工艺流程、建筑结构、设备选型及数量的确定等，以便建设项目的设计更具体、更完善，技术经济指标更好。

技术设计要完成下列内容：

（1）落实各项设备选型方案，关键设备可以根据提供的规格、型号、数量进行订货。

（2）对建筑和安装工程提供必要的技术数据，从而可以编制施工组织总设计。

（3）编制、修改总概算，并提出符合建设总进度的分年度所需资金的数额。修改总概算金额应控制在设计总概算金额之内。

(4)列举配套工程项目、内容、规模和要求配合建成的期限。

(5)为工程施工所进行的组织准备和技术准备提供必要的数据。

3. 施工图设计

它是在初步设计和技术设计的基础上，根据建筑安装工作的需要，针对各项工程的具体施工，绘制施工详图。施工图纸一般包括：施工总平面图，建筑物的平面、立面、剖面图，结构详图（包括配筋图），设备安装详图，各种材料、设备明细表，施工说明书。根据施工图设计，提出施工图预算及预算书。

设计文件编好以后，必须按规定进行审核和批准。施工图设计文件是已定方案的具体化，由设计单位负责完成。在交付施工单位时，须经建设单位技术负责人审查签字。根据现场需要，设计人员应到现场进行技术交底，并可以根据项目法人、施工单位及监理单位提出的合理化建议进行局部设计修改。

（五）施工准备阶段

项目施工准备阶段的工作较多，涉及面较广，主要内容包括：

(1)征地、拆迁。

(2)完成施工用水、电、通信、路和场地平整工作。

(3)组织和建设必需的生产、生活临时建筑工程。

(4)组织设备、材料订货。

(5)准备必要的施工图纸。

(6)组织施工招标投标，择优选定施工单位。

(7)组织工程建设监理和主体工程招标投标，并择优选定建设监理单位和施工承包队。

这一阶段的各项工作，对于保证项目开工后的顺利进行具有决定性作用。

施工准备工作开始前，项目法人或其代理机构，须依照有关规定，向水行政主管部门办理报建手续，项目报建须交验工程建设项目的有关批准文件。工程项目进行项目报建登记后，方可进行施工准备工作。工程建设项目施工，除某些不适应招标的特殊工程项目外（须经水行政部门批准），均应实行招标投标。

水利工程项目进行施工准备必须满足如下条件：初步设计已经批准；项目法人已经建立；项目已经列入国家或地方水利建设投资计划，筹资方案已经确定；有关土地使用权已经批准；已经办理报建手续。

（六）建设实施阶段

建设实施阶段是指主体工程的建设实施，项目法人按照批准的建设文件，组织工程建设，保证项目建设目标的实现。项目法人或其代理机构必须按审批权限，向主管部门提出主体工程开工申请报告，经批准后，主体工程方能正式开工。主体工程开工须具备如下条件：

(1)前期工程各阶段文件已按规定批准，施工详图设计可以满足初期主体工程施工需要。

(2)建设项目已列入国家或地方水利建设投资年度计划，年度建设资金已落实。

(3)主体工程招标已经决标，工程承包合同已经签订，并得到主管部门同意；现场施工准备和征地移民等建设外部条件能够满足主体工程开工需要。

随着社会主义市场经济体制的建立，实行项目法人责任制，主体工程开工前还须具备以下条件：建设管理模式已经确定，投资主体与项目主体的管理关系已经理顺；项目建设所需全部投资来源已经明确,且投资结构合理;项目产品的销售已有用户承诺,并确定了定价原则。

据国家规定,大中型建设项目的开工报告要报国家发展和改革委员会批准。

施工是把设计变为具有使用价值的建设实体,必须严格按照设计图纸进行,如有修改变动,要征得设计单位的同意。施工单位要严格履行合同,要与建设单位、设计单位和监理工程师密切配合。在施工过程中,各个环节要相互协调,加强科学管理,确保工程质量,全面如期完成施工任务。要按照设计和施工验收规范验收,对地下工程,特别是基础和结构的关键部位,一定要在验收合格后,才能进行下一道工序施工,并做好原始记录。

(七)生产准备阶段

在施工过程中,建设单位应当根据建设项目的生产技术特点,按时组成专门班子,有计划、有步骤地做好各项生产准备工作,为竣工后投产创造条件。生产准备工作应根据不同类型的工程要求确定,一般应包括如下主要内容:

(1)生产组织准备。建立生产经营的管理机构及相应管理制度。

(2)招收和培训人员。

(3)生产技术准备。主要包括技术资料的汇总、运行技术方案的制定、岗位操作规程制订和新技术准备。

(4)生产物资准备。主要是落实投产运营所需要的原材料、协作产品、工器具、备品备件和其他协作配合条件的准备。

(5)正常的生活福利设施准备。

(6)制定必要的管理制度和安全生产操作规程。

(八)竣工验收阶段

竣工验收是工程完成建设目标的标志,是全面考核基本建设成果、检验设计和工程质量的重要步骤。竣工验收合格的项目即从基本建设转入生产或使用的项目。当建设项目的建设内容全部完成,并经过单位工程验收,符合设计要求并按有关规定的要求完成了档案资料的整理工作,完成竣工报告、竣工决算等必需文件的编制后,项目法人按规定向验收主管部门提出申请,根据国家和部颁验收规程组织验收。竣工决算编制完成,并由审计机关组织竣工审计,其审计报告作为竣工验收的基本资料。工程规模较大、技术较复杂的建设项目可先进行初步验收。不合格的工程不予验收。有遗留问题的项目,对遗留问题必须有具体处理意见,具有限期处理的明确要求,并落实责任人。

水利水电工程按照设计文件所规定的内容建成后,在办理竣工验收以前,必须进行试运行。例如,对灌溉渠道来说,要进行放水试验;对水电站、抽水站来说,要进行试运转和试生产,检查考核是否达到设计标准和施工验收中的质量要求。如工程质量不合格,应返工或加固。

竣工验收的目的是:全面考核建设成果,检查设计和施工质量;及时解决影响投产的问题;办理移交手续,交付使用。

竣工验收程序一般分两个阶段,即单项工程验收和整个工程项目的全部验收。对于大型工程,因建设时间长或建设过程中逐步投产,应分批组织验收。验收之前,项目法人要组织设计、施工等单位进行初验并向主管部门提交验收申请,根据国家和部颁验收规程,组织验收。

项目法人要系统整理技术资料，绘制竣工图，分类立卷，在验收后作为档案资料，交给生产单位保存。项目法人要认真清理所有财产和物资，编好工程竣工决算，报上级主管部门审批。竣工决算编制完成后，须由审计机关组织竣工审计，审计报告作为竣工验收的基本资料。

水利水电工程把上述验收程序分为阶段验收和竣工验收，凡能独立发挥作用的单项工程均应进行阶段验收，如截流、下闸蓄水、机组启动、通水等。

（九）后评估阶段

后评估是工程交付生产运行后一段时间内，一般经过1～2年生产运行后，对项目的立项决策、设计、施工、竣工验收、生产运行等全过程进行系统评估的一种技术经济活动，是基本建设程序的最后一环。通过后评估，达到肯定成绩、总结经验、研究问题、提高项目决策水平和投资效果的目的。评估的内容主要包括：

（1）影响评估。通过分析项目建成投入生产后对社会、经济、政治、技术和环境等方面所产生的影响来评估项目决策的正确性。如项目建成后没达到决策时的目标，或背弃了决策目标，则应分析原因，找出问题，加以改进。

（2）经济效益评估。通过对项目建成投产后所产生的实际效益的分析，来评价项目投资是否合理、经营管理是否得当，并与可行性研究阶段的评价结果进行比较，找出二者之间的差异及原因，提出改进措施。

（3）过程评估。前述两种评估是从项目投产后运行结果来分析评价的。过程评估则是从项目的立项决策、设计、施工、竣工投产等全过程进行系统分析，找出成败的原因。

上述9个阶段基本上反映了水利水电工程基本建设工作的全过程。电力系统中的水力发电工程与此基本相同。不同点是，将初步设计阶段与可行性研究阶段合并，称为可行性研究阶段，其设计深度与水利系统初步设计接近；增加预可行性研究阶段，其设计深度与水利系统的可行性研究接近。其他基本建设工程除没有流域（或区域）规划外，其他工作也大体相同。

基本建设过程大致上可以分为三个时期，即前期工作时期、工程实施时期、竣工投产时期。从国内外的基本建设经验来看，前期工作很重要，一般占整个过程的50%～60%。前期工作搞好了，其后各阶段的工作就容易顺利完成。

同我国基本建设程序相比，国外通常也把工程建设的全过程分为三个时期，即投资前时期、投资时期、投资回收时期。内容主要包括：投资机会研究、初步可行性研究、可行性研究、项目评估、基础设计、原则设计、详细设计、招标发包、施工、竣工投产、生产阶段、工程后评估、项目终止等。国外非常重视前期工作，建设程序与我国现行程序大同小异。

第二章 水利水电工程造价概述

第一节 工程造价及相关概念

一、建筑产品

（一）建筑产品的特点

与一般工业产品相比，建筑产品具有以下特点：

（1）建筑产品建设地点的不固定性。建筑产品都是在选定的地点上建造的，水利水电工程一般都是建筑在河流上或河流旁边，它不能像一般工业产品一样在工厂里重复地、批量地进行生产，工业产品的生产条件一般不受时间及气象条件限制。由于建筑产品的施工地点不同，对于用途、功能、规模、标准等基本相同的建筑产品，因其建设地点的地质、气象、水文条件等不同，其造型、材料选用、施工方案等都有很大的差异，从而影响着产品的造价。此外，不同地区工人的工资标准以及某些费用标准，例如材料运输费、冬雨季施工增加费、特殊地区施工增加费等，都会由于建设地点的不同而不同，使建筑产品的造价有很大的差异。水利水电工程一般都是建筑在河流上或河流旁边，受水文、地质、气象因素的影响大，形成价格的因素比较复杂。

（2）建筑产品的单件性。建筑产品一般各不相同，千差万别，特别是水利水电工程一般都随所在河流的特点而变化，每项工程都要根据工程的具体情况进行单独设计，在设计内容、规模、造型、结构和材料等各方面都互不相同。同时，因为工程的性质（新建、改建、扩建或恢复等）不同，所以其设计要求不一样。即使工程的性质或设计标准相同，也会因建设地点的地质、水文条件不同，其设计也不尽相同。

（3）建筑产品生产的露天性。建筑产品的生产一般都是在露天进行的，季节的更替，气候、自然环境条件的变化，会引起产品设计的某些内容和施工方法的变化，也会造成防寒、防雨或降温等费用的变化。水利水电工程还涉及施工期工程防汛，这些因素都会使建筑产品的造价发生相应的变动，使得各建筑产品的造价不相同。

此外，由于建筑产品规模大于一般工业产品，由此决定了它的生产周期长，程序多，涉及面广，社会协作关系复杂，这些特点也决定了建筑产品价值构成不可能一样。

建筑产品的上述特点，决定了它不可能像一般工业产品那样，可以采用统一的价格，而必须通过特殊的计划程序或基建程序逐个来确定其价格。

（二）建筑产品的价格特点

1. 建筑产品的属性

商品是用来交换的、能满足他人需要的产品，它具有价值和使用价值双重属性。建筑产品也是商品，建筑企业进行的生产是商品生产。

(1)建筑企业生产的建筑产品是为了满足建设单位或使用单位的需要。由于建筑产品建设地点的不固定性、建筑产品的单件性和建筑产品生产的露天性，建筑企业(承包者)必须按使用者(发包者)的要求(设计)进行施工，建成后再移交给使用者。这实际上是一种“加工定做”的方式，先有买主，再进行生产和交换。因此，建筑产品是一种特殊的商品，它有着特殊的交换关系。

(2)建筑产品也有使用价值和价值。建筑产品的使用价值表现在它能满足用户的需要，这是由它的自然属性决定的。在市场经济条件下，建筑产品的使用价值是它的价值的物质承担者。建筑产品的价值是指它凝结了物化劳动和活劳动成果，是物化了的人类劳动，正因为它具有价值，才使得建筑产品可以进行交换，在交换中体现了价值量，并以货币形式表现为价格。

2. 建筑产品的价格特点

建筑产品作为商品，其价格与所有商品一样，是价值的货币表现，由成本、税金和利润组成。但是，建筑产品又是特殊的商品，其价格有其自身的特点，其定价要解决两方面的问题：一是如何正确反映成本，二是盈利如何反映到价格中去。

承包商的基本活动，是组织并建造建筑产品。其投资及施工过程，也就是资金的消费过程。因此，建造工程过程中耗费的物化劳动(表现为耗费的劳动对象和劳动工具的价值)和活劳动(体现为以工资的形式支付给劳动者的报酬)，就构成了工程的价值。在工程价值中物化劳动消耗及活劳动消耗中的物化劳动部分就是建筑产品的必要消耗，用货币形式表示，就构成建筑产品的成本。所以，工程成本按其经济实质来说，就是用货币形式反映的已消耗的生产资料价值和劳动者为自己所创造的价值。

事实上，在实际工作中，工程成本或许也包括一些非生产性消耗，即包括由于企业经营管理不善所造成的支出、企业支付的流动资金贷款利息和职工福利基金等。

由此可见，实际工作中的工程成本，就是承包商在投资及工程建设的过程中，为完成一定数量的建筑工程和设备安装工程等所发生的全部费用。需要指出的是，成本是部门的社会平均成本，而不是个别成本，应准确地反映生产过程中物化劳动和活劳动消耗，不能把由于管理不善而造成的损失都计入成本。

关于盈利问题有多种计算类型：一是按预算成本乘以规定的利润率计算；二是按法定利润和全部资金比例关系确定；三是按利润与劳动者工资之间的比例关系确定；四是利润一部分以生产资金为基础，另一部分以工资为基础，按比例计算。

建筑产品的价格主要有以下两个方面的特点：一是建筑产品的价格不能像一般工业产品那样有统一的价格，一般都需要通过基本建设程序逐个进行定价。建筑产品的价格是一次性的。二是建筑产品的价格具有地区差异性。建筑产品坐落的地区不同，特别是水利水电工程所在的河流和河段不同，其建造的复杂程度也不同，这样所需的人工、材料和机械的价格就不同，最终决定建筑产品的价格具有多样性。

从形式上看，建筑产品的价格是不分段的整体价格，在产品之间没有可比性。实际上，它是由许多共性的分项价格组成的个性价格。建筑产品的价格竞争也正是以共性的分项价格为基础进行的。

二、建设项目投资

(一) 投资的概念

投资是指投资主体为了特定的目的,将资源投放到某项计划以达到预期效果的一系列经济行为。其资源可以是资金,也可以是人力、技术等。广义投资概念的投资既可以是有形资产的投放,也可以是无形资产的投放;狭义的投资概念是指投资主体在社会经济活动中为实现某种预定的生产、经营目标而预先垫付资金的经济行为。显而易见,投资具有明确的主体性和目标性。主体性是指投资行为必然要有一个主体(即谁投资),不存在无主体的投资行为。目标性是指投资主体必然期待获得的投资效果或收益,无论这个效果或收益是有形的还是无形的,是直接的还是间接的。因而投资是有主体、有目标的经济行为,这是投资一词作为动词属性的理解。当投资作为名词时,它表示投入资源的数量,通常用货币单位来表示。但无论投资作为动词还是名词,均不可能改变其主体性和目标性的特点。

(二) 建设项目投资的概念

建设项目投资是指投资主体在选定的建设项目上预先垫付资金,以期获得预期收益的经济行为。同样,建设项目投资也具有明确的主体性和目标性。其主体即建设项目的业主,其目标性即对投资所形成的资产的保值增值。建设项目投资包括固定资产投资和流动资产投资,如图 2-1 所示。

- 建设项目投资
  - 固定资产投资
    - 建筑安装工程费用
    - 设备及工器具购置费
    - 工程建设其他费用
    - 预备费
    - 建设期融资利息
    - 固定资产投资方向调节税
  - 流动资产投资

图 2-1 建设项目投资构成

在固定资产投资的组成内容中,不宜再使用投资的概念,如不能称建筑安装工程投资等。因为有的内容如建筑安装工程、设备工程属于单位工程,它们可以独立组织施工,但不能独立组织生产,发挥效益,不符合投资的含义。此外,固定资产投资组成内容的划分只是为了完整准确地计算固定资产投资所花费的费用标准。因此,在建设项目中能称为投资的只有建设项目投资、单项工程投资,其他均不宜冠以投资的概念。

三、工程造价

(一) 工程造价的概念

工程造价是建设工程造价的习惯用语或简称。现在普遍认为,工程造价的含义具有很大的不确定性。这是由于工程本身的含义具有不确定性。一个建设项目或单项工程都可称为某某工程,甚至单位工程、分部分项工程也可称为某某工程。因此,工程造价可以指一个建设项目或单项工程的造价,也可以指单位工程的造价,甚至一个分部分项工程的造价也可称为工程造价,如能独立承发包的土方工程造价。因此,工程造价包括的内容具有很大的不确定性。当前,比较公认的意见认为工程造价的含义分为两种:①指建设一项工程预期开支或实际开支的全部费用的总和。它包括建筑安装工程费用、设备及工器具购置费、工程建设其他费用、预备费、建设期融资利息、固定资产投资方向调节税等。显然它与建设项目中的固定资产投资等量，但不同义。因为工程造价只表示建设项目所消耗资金的数量标准，并不像建设项目投资那样有明确的主体性和目标性。②指工程价格，一般多指工程承发包的价格。

（二）建设项目投资与建设工程造价

如前所述，建设项目投资是一种经济行为，有明确的主体性和目标性。建设工程造价则只表示建设项目或工程所消耗资金的数量标准，当建设项目固定资产投资表示为资金的消耗数量标准时，工程造价（第一种含义）与其同量。但是，工程造价无论是哪一种含义，都不与建设项目投资同义，因为工程造价并不具备明确的主体性。

与工程造价相关概念的工程造价管理的基本任务是如何合理地确定工程造价及怎样对工程造价进行有效的控制。而建设项目投资管理则侧重于投资决策的正确性，更加关注投资效益能否最大限度地实现。

四、工程价格

（一）工程价格的概念

当前认为，工程造价的第二种含义即工程价格。造价在英语中为 cost（也有费用的意思），而价格则为 price，如前所述，工程造价是为完成某项工程所消耗的费用数量，而工程价格则是建筑产品价值的货币表现，是买卖双方用来交换的货币数量标准。在工程建设中，工程价格可以认为是通过要约——承诺的方式（即招标投标方式）确定的工程造价，因此工程价格是指工程承包方提出要约，工程发包方承诺所确定的承包合同价。工程价格特指工程承发包阶段的工程造价，是工程造价的表现形式之一。在工程招标投标中，标底是业主期望的预先确定的工程价格，投标报价是承包商提出的能够反映其水平的工程价格（即要约价），承包商中标后所签订的工程承包合同价是业主和承包商最终确定的工程价格（即承诺价），显然工程价格只是在承发包过程中才产生的。

（二）工程造价与工程价格

由于工程造价计价的多次性特点，工程造价在工程建设中的各个阶段都有其特定的称谓，如在可行性研究阶段的工程造价称为估算造价，在初步设计阶段的工程造价称为概算造价等；而工程价格仅指工程承发包阶段的工程造价。它们的区别在于：

（1）编制的阶段不同。工程造价在各个阶段均要编制，而工程价格只是在工程承发包阶段才编制。

（2）编制的目的不同。编制工程价格的目的是合理地确定建筑产品的交换价格，编制工程造价并不一定具有这个目的，例如：决策阶段编制工程造价的目的是为决策提供可靠的依据。

（3）编制的水平不同。工程造价一般按社会平均水平进行编制，而工程价格一般反映社会平均先进水平。在招标投标中，合理的低价中标，这个“合理的低价”一般不会低于社会平均水平。

由工程价格的概念可知，在工程建设承发包阶段，工程造价与工程价格同义，均是指工程预期消耗的货币数量，但不一定同量，这是因为业主编制的标底和各个承包商编制的报价虽然都是该招标工程的造价，但各自的出发点不同，各承包商的技术水平、管理水平不同。最终业主同中标的承包商签订的合同价（工程价格），显然不一定与标底甚至中标的承包商的报价相同,因此这时工程造价与工程价格同义而不一定同量。

建设项目投资、工程造价、工程价格是既相互区别又相互联系的概念。一般而言,建设项目投资管理是国家站在宏观的角度对投资规模、投资方向、投资结构进行的管理,也可以是投资者站在市场需求角度进行的管理;工程造价的管理则具有多主体性。因此,区别它们的内容,有利于理顺关系、把握重点。例如,建设项目投资管理的重点是保证投资规模、投资方向、投资结构的合理性,以及建设项目决策的正确性和投资效果。工程造价管理的重点则是合理地确定和有效地控制工程造价,工程价格管理的重点则是力求与市场的实际相吻合,准确地反映市场对工程价格的影响。

五、工程成本

工程成本与工程造价一样,其内涵是十分丰富的。广义上讲,成本是除劳动者为社会创造的价值(如税金和利润)外所发生的全部费用的总和。工程成本是指建筑施工企业以施工项目作为成本核算对象的施工过程中所耗费的生产资料转移价值和劳动者的必要劳动所创造的价值的货币形式。也即某施工项目在施工中所发生的全部生产费用的总和,包括所消耗的主、辅材料,构配件,周转材料的摊销费或租赁费,施工机械的台班费或租赁费,支付给生产工人的工资、奖金以及项目经理部为组织和管理工程施工所发生的全部费用支出。显然,其所包括的内容与工程造价是不同的。工程成本从不同的角度进行考察,可有不同的成本形式。

(1)按社会与个体划分,工程成本可分为社会平均成本和个别成本。社会平均成本是反映各地区或行业的大多数都能达到的成本水平。它是根据统一的工程量计算规则计算出来的工程量,统一的建筑、安装工程基础定额和各地区的市场劳务价格、材料价格信息及价差系数,并按有关取费的指导性费率进行计算。个别成本则是反映施工企业自身技术和管理水平的成本消耗标准。

(2)按成本发生的时间划分,工程成本可分为计划成本和实际成本。计划成本是指施工项目经理部根据计划期的工程成本计算要素和有关资料,在实际成本发生前预先计算的成本。它反映了施工企业在计划期内应达到的成本水平。实际成本是施工项目在报告期内实际发生的各项生产费用的总和。把实际成本与计划成本进行比较,可看出成本节约或超支情况,考核施工企业技术水平及技术组织措施的贯彻执行情况和企业的经营成果。计划成本和实际成本都是反映施工企业成本水平的,它受企业本身的生产技术、施工条件及生产经营管理水平的制约。

(3)按生产费用计入成本的方法划分,工程成本可分为直接成本和间接成本。直接成本是指直接耗用于并能直接计入工程对象的费用。间接成本是指非直接耗用于也无法直接计入工程对象,但为进行工程施工所必须发生的费用。

(4)按生产费用与工程量的关系划分,工程成本可分为固定成本和变动成本。固定成本是指在一定时期和一定的工程量范围内,其发生的成本额不受工程量增减变动的影响而相对固定的成本。如管理人员的工资、办公费等。但是,当工程量发生较大变化时,固定成本也会发生变化。比如当工程量发生较大变化时,可能就要增加管理人员,办公费也会增加。变动成本是指随着工程量增减变动而成比例变动的费用,如直接用于工程的材料、机械台班费等。

第二节 工程造价的特点、职能与作用

一、工程造价的特点

基本建设工程造价有以下特点：

(1)工程造价的大额性。能够发挥投资效用的任一项工程，不仅实物形体庞大，而且造价高昂。一项工程的造价可以达到上千万、上亿元人民币，特大的工程项目造价可达千亿元人民币。如长江三峡工程，初步设计静态总概算(1993 年 5 月末价格)为 900.9 亿元，工程施工期长达 17 年，计入物价上涨及施工期贷款利息，估算动态总投资约为 2 000 亿元。工程造价的大额性使它关系到有关各方面的重大经济利益，同时也会对宏观经济产生重大影响。

(2)工程造价的差异性。由于基本建设产品的单件性、露天性、建设地点的不固定性，并且用途、功能、规模一般也都不一样，这样就决定了工程造价的差异性。如二滩水电站和丹江口水利枢纽，一个以发电为主，一个以防洪为主，并且所处地区、河流也不一样，工程的空间布置、建筑结构、机电设备配置等都有自己的具体特点，造成工程造价差别很大。

(3)工程造价的动态性。任一项工程从决策到竣工交付使用，都有一个较长的建设期间，特别是水利水电工程更是如此。在预计工期内，存在许多影响工程造价的动态因素，如工程变更，设备材料价格变动，工资标准以及费率、利率、汇率变化。这种变化必然会影响到造价的变动，所以工程造价在整个建设期中处于不确定状态，直至竣工决算后才能最终确定工程的实际造价。如黄河小浪底工程 1994 年主体工程开工，2001 年全部竣工，总工期 11 年，静态总投资 253.49 亿元(1997 年)，工程总概算经过调整并经国家计划委员会批准为：动态总投资 347 亿元。

(4)工程造价的层次性。造价的层次性取决于工程的层次性，一个建设项目往往含有多个能够独立发挥设计效能的单项工程，如一个水库工程项目由挡水工程、泄洪工程、引水工程等组成。一个单项工程又是由能够各自发挥专业效能的多个单位工程组成的，如引水工程由进(取)水口工程、引水明渠工程、引水隧洞工程、调压井工程、高压管道工程等组成。与此相适应，工程造价也有 3 个层次，建设项目总造价、单项工程造价和单位工程造价。如果专业分工更细，单位工程的组成部分——分部分项工程也可以成为交易对象，如土方工程、基础工程、混凝土工程等，这样工程造价的层次就增加分部工程和分项工程而成为 5 个层次。

二、工程造价的职能

工程造价的职能除具有一般商品价格职能外，还有自己特殊的职能，具体如下：

(1)预测职能。由于建设工程特别是水利水电工程，造价一般都很大，无论是投资者还是建筑商都要对拟建工程进行预先测算。投资者预先测算的工程造价不仅作为项目决策的依据，同时也是筹措资金、控制造价的依据。承包商对工程造价的测算，既为投标决策提供依据，也为投标报价和成本管理提供依据。

(2)控制职能。工程造价的控制职能表现在两方面：一方面，是它对投资的控制，即在

投资的各个阶段,根据对造价的多次性预估,对造价进行全过程多层次的控制;另一方面,是对以承包商为代表的商品和劳务供应企业的成本控制。在价格一定的条件下,企业实际成本开支决定企业的盈利水平。成本越高盈利越低,成本高于价格就危及企业的生存。所以,企业要以工程造价来控制成本,利用工程造价提供的信息资料作为控制成本的依据。

(3)评价职能。工程造价是评价总投资和分项投资合理性与投资效益的主要依据之一。在评价各项工程价格的合理性时,就必须利用工程造价资料。在评价建设项目偿贷能力、获利能力和宏观效益时,也可依据工程造价。工程造价也是评价建筑安装企业管理水平和经营效益的重要依据。

(4)调控职能。工程建设直接关系到经济增长,也直接关系到国家重要资源分配和资金流向,对国计民生都产生重大影响。所以,国家对建设规模、结构进行宏观调控在任何条件下都是不可缺少的,对政府投资项目进行直接调控和管理也是非常必要的;这些都要用工程造价作为经济杠杆,对工程建设中的物资消耗水平、建设规模、投资方向等进行调控和管理。

工程造价的四个职能是由建设工程自身特点决定的,但在不同的经济体制下这些职能的实现情况很不相同。在单一计划经济体制下,工程造价的职能很难得到实现;只有在社会主义市场经济体制下,才能充分发挥工程造价的职能。工程造价职能实现的条件,最主要的是市场竞争机制的形成。在现代市场经济中,市场主体要有自身独立的经济利益,并能根据市场信息和利益取向来决定其经济行为。无论是购买者还是出售者,在市场上都处于平等竞争的地位,他们都不可能单独地影响市场价格,更没有能力单方面决定价格。价格是按市场供需变化和价值规律运动的,需求大于供给,价格上涨;供给大于需求,价格下跌。作为买方的投资者和作为卖方的建筑安装企业,以及其他商品和劳务的提供者,是在市场竞争中根据价格变动,根据自己对市场走向的判断来调节自己的经济活动的。这种不断调节使价格总是趋向价值,形成价格围绕价值上下波动的基本运动规律。也只有在这种条件下,价格才能实现它的职能。所以,建立和完善市场机制,创造平等竞争的环境是十分重要的。

三、工程造价的作用

工程造价涉及社会再生产中的各个环节,涉及国民经济各个部门、各行各业,也直接关系到人民群众的生产和生活条件,所以它的作用范围和影响程度都很大。其主要作用如下:

(1)工程造价是进行建设项目决策的工具。建设工程一般投资都很大,生产和使用周期也长,因此项目决策至关重要。工程造价决定着项目的一次投资费用。投资者是否有足够的财务能力支付工程费用,是否认为值得支付这项费用,是项目决策中要考虑的主要问题。财务能力是一个独立的投资主体必须首先要解决的,如果建设工程的价格超过投资者的支付能力,就会迫使投资者放弃拟建的项目;如果项目投资的效果达不到预期目标,投资者也会自动放弃拟建的工程。因此,在项目决策阶段,建设工程造价就成为项目财务分析和经济评价的重要依据。

(2)工程造价是编制建设项目投资计划和控制投资的工具。投资计划是按照建设工期、工程进度和建设工程价格等逐年逐月加以制订的,制订正确的投资计划有助于合理和有效地使用资金。在控制投资方面,工程造价是通过多次性预估,最终通过竣工决算确定下来的,每一次预估的过程就是对造价的控制过程;而每一次估算对下一次估算又都是对造价严格的控制,具体说后一次估算不能超过前一次估算的一定幅度。这种控制是在投资者财务能力的限度内为取得既定的投资效益所必需的。建设工程造价对投资的控制也表现在利用制定各类定额、标准和参数,对建设工程造价的计算依据进行控制。在市场经济利益风险机制的作用下,造价对投资控制作用称为投资的内部约束机制。

(3)工程造价是筹措建设资金的依据。工程造价基本决定了建设资金的需要量,从而为筹集资金提供了比较准确的依据。当建设资金来源于金融机构的贷款时,金融机构在对项目的偿贷能力进行评估的基础上,也需要依据工程造价来确定给予投资者的贷款数额。

(4)工程造价是分配合理利益和调节产业结构的手段。工程造价的高低,涉及国民经济各部门和企业间的利益分配。在市场经济中,工程造价也无例外地受供求状况的影响,并在围绕价值的波动中实现对建设规模、产业结构和利益分配的调节。加上政府正确的宏观调控和价格政策导向,工程造价在这方面的作用会充分发挥出来。

(5)工程造价是评价投资效果的重要指标。就一个工程项目来说,工程造价既是建设项目的总造价,又包含单项工程的造价和单位工程的造价,同时也包含单位生产能力的造价,或一个平方米建筑面积的造价等。所有这些,使工程造价自身形成了一个指标体系。所以,它能够为评价投资效果提供出多种评价指标,并能够形成新的价格信息,为今后类似项目的投资提供参考。

由于受传统观念和旧体制的影响,目前在我国的基本建设中,工程造价的作用还没有得到充分发挥。

第三节　水利水电工程造价的分类

基本建设工程概预算,是根据不同设计阶段的具体内容和有关定额、指标分阶段进行编制的。

基本建设在国民经济中占有重要的地位。国家每年用于基本建设的投资占财政总支出的40%左右。其中,用于建筑安装工程方面的资金占基本建设总投资的50%～60%。为了合理而有效地利用建设资金,降低工程成本,充分发挥投资的效益,必须对基本建设项目进行科学的管理和有效的监督。

基本建设工程概预算所确定的投资额,实质上是相应工程的计划价格。这种计划价格在实际工作中,通常称为概算造价和预算造价,它是国家对基本建设实行科学管理和有效监督的重要手段之一,对于提高企业的经营管理水平和经济效益,节约国家建设资金具有重要的意义。

根据我国基本建设程序的规定,水利水电工程在不同建设阶段,要编制相应的工程造价,一般有以下几种。

(1)投资估算。它是指在项目建议书阶段、可行性研究阶段对建筑工程造价的预测,它应考虑多种可能的需要、风险、价格上涨等因素,要打足投资、不留缺口,并适当留有余地。它是设计文件的重要组成部分,是编制基本建设计划,实行基本建设投资大包干,控制其中建设拨款、贷款的依据;也是考核设计方案和建设成本是否合理的依据。它是可行性研究报告的重要组成部分,是业主为选定近期开发项目、作出科学决策和进行初步设计的重要依据。投资估算是工程造价全过程管理的“龙头”,抓好这个“龙头”有十分重要的意义。它主要是根据估算指标、概算指标或类似工程的预决算资料进行编制的。

投资估算是建设单位向国家或主管部门申请基本建设投资时，为确定建设项目投资总额而编制的技术经济条件，它是国家或主管部门确定基本建设投资计划的重要文件，主要根据估算指标、概算指标或类似工程的预(决)算资料进行编制。投资估算控制初设概算，它是工程投资的最高限额。

(2)设计概算。它是指在初步设计阶段，设计单位为确定拟建基本建设项目所需的投资额或费用而编制的工程造价文件。它是设计文件的重要组成部分。由于初步设计阶段对建筑物的布置、结构形式、主要尺寸以及机电设备型号、规格等均已确定，所以设计概算是对建设工程造价有定位性质的造价测算，设计概算不得突破投资估算。设计概算是编制基本建设计划，实行基本建设投资包干，控制其中建设拨款、贷款的依据；也是考核设计方案和建设成本是否合理的依据。设计单位在报批设计文件的同时，要报批设计概算，设计概算经过审批后，就成为国家控制该建设项目总投资的主要依据，不得任意突破。水利水电工程采用设计概算作为编制施工招标标底、利用外资概算和执行概算的依据。

当工程开工时间与设计概算所采用的价格水平不在同一年份时，按规定由设计单位根据开工年的价格水平和有关政策重新编制设计概算，这时编制的概算一般称为调整概算。调整概算仅仅是在价格水平和有关政策方面的调整，工程规模及工程量与初步设计均保持不变。

水利水电工程的建设特点决定了在水利水电工程概预算工作中，概算比施工图预算重要；对一般建筑工程，施工图预算更重要。水利水电工程到了施工阶段其总预算还未做，只做了局部的施工图预算，而一般的建筑工程则常用施工图预算代替概算。

(3)修改概算。对于某些大型工程或特殊工程，当采用三阶段设计时，在技术设计阶段随着设计内容的深化，可能出现建设规模、结构造型、设备类型和数量等内容与初步设计相比有所变化的情况，设计单位应对投资额进行具体核算，对初步设计总概算进行修改，即编制修改设计概算，作为技术文件的组成部分。修改概算是在量(指工程规模或设计标准)和价(指价格水平)都有变化的情况下，对设计概算的修改。由于绝大多数水利水电工程都采用两阶段设计(即初步设计和施工图设计)，未作技术设计，故修改概算也就很少出现。

(4)业主预算。它是在已经批准的初步设计概算基础上，对已经确定实行投资包干或招标承包制的大中型水利水电工程建设项目，根据工程管理与投资的支配权限，按照管理单位及分标项目的划分，进行投资的切块分配，以便于对工程投资进行管理和控制，并作为项目投资主管部门与建设单位签订工程总承包(或投资包干)合同的主要依据。它是为了满足业主控制和管理的需要，按照总量控制、合理调整的原则编制的内部预算，业主预算也称为执行概算。

(5)标底与报价。标底是招标工程的预期价格，它主要是根据招标文件、图纸，按有关规定，结合工程的具体情况，计算出的合理工程价格。它是由业主委托具有相应资质的设计单位、社会咨询单位编制完成的，包括发包造价、与造价相适应的质量保证措施及主要施工方案、为了缩短工期所需的措施费等。其中主要是合理的发包造价，应在编制完成后报送招标投标管理部门审定。标底的主要作用是招标单位在一定浮动范围内合理控制工程造价，明确自己在发包工程上应承担的财务义务。标底也是投资单位考核发包工程造价的主要尺度。

投标报价即报价，是企业（或厂家）对建筑工程施工产品（或机电、金属结构设备）的自主定价。它反映的是市场价格，体现了企业的经营管理、技术和装备水平。中标报价是基本建设产品的成交价格。

（6）施工图预算。它是指在施工图设计阶段，根据施工图纸、施工组织设计、国家颁布的预算定额和工程量计算规则、地区材料预算价格、施工管理费标准、计划利润率、税金等，计算每项工程所需人力、物力和投资额的文件。它应在已批准的设计概算的控制下进行编制。它是施工前组织物资、机具、劳动力，编制施工计划，统计完成工作量，办理工程价款结算，实行经济核算，考核工程成本，实行建筑工程包干和建设银行拨（贷）工程款的依据。它是施工图设计的组成部分，由设计单位负责编制。它的主要作用是确定单位工程项目造价，是考核施工图设计经济合理性的依据。一般建筑工程以施工图预算作为编制施工招标标底的依据。

（7）施工预算。它是指在施工阶段，施工单位为了加强企业内部经济核算，节约人工和材料，合理使用机械，在施工图预算的控制下，通过工料分析，计算拟建工程工、料和机具等需要量，并直接用于生产的技术经济文件。它是根据施工图的工程量、施工组织设计或施工方案和施工定额等资料进行编制的。

（8）竣工结算。它是施工单位与建设单位对承建工程项目的最终结算（施工过程中的结算属于中间结算）。竣工结算与竣工决算是不同的两个概念，其主要区别在于：一是范围不同，竣工结算的范围只是承建工程项目，是基本建设的局部，而竣工决算的范围是基本建设的整体；二是成本不同，竣工结算是承包合同范围内的预算成本，而竣工决算是完整的预算成本，它还要计入工程建设的其他费用、临时费用、建设期还贷利息等工程成本和费用。由此可见，竣工结算是竣工决算的基础，只有先办竣工结算才有条件编制竣工决算。

（9）竣工决算。它是指建设项目全部完工后，在工程竣工验收阶段，由建设单位编制的从项目筹建到建成投产全部费用的技术经济文件。它是建设投资管理的重要环节，是工程竣工验收、交付使用的重要依据，也是进行建设项目财务总结，银行对其实行监督的必要手段。

水利水电工程基本建设程序与各阶段的工程造价之间的关系如图2-2所示。从图2-2可以看出，建设项目估算、概算、预算及决算，从确定建设项目，确定和控制基本建设投资，进行基本建设经济管理和施工企业经济核算，到最后核定项目的固定资产，它们以价值形态贯穿于整个基本建设过程中。其中，设计概算、施工图预算和竣工决算，通常简称为基本建设的“三算”，是建设项目概预算的重要内容，三者有机联系，缺一不可。设计要编制概算，施工要编制预算，竣工要编制决算。一般情况下，决算不能超过预算，预算不能超过概算，概算不能超过估算。此外，竣工结算、施工图预算和施工预算一起被称为施工企业内部的“三算”，它是施工企业内部进行管理的依据。

建设项目概算中的设计概算和施工图预算，在编制年度基本建设计划，确定工程造价，评价设计方案，签订工程合同，银行据以进行拨款、贷款和竣工结算等方面有着共同的作用，都是业主对基本建设进行科学管理和监督的有效手段，在编制方法上也有相似之处。但由于二者的编制时间、依据和要求不同，它们还是有区别的。设计概算与施工图预算的区别有以下几点：

（1）编制费用内容不完全相同。设计总概算包括建设项目从筹建开始至全部项目竣工

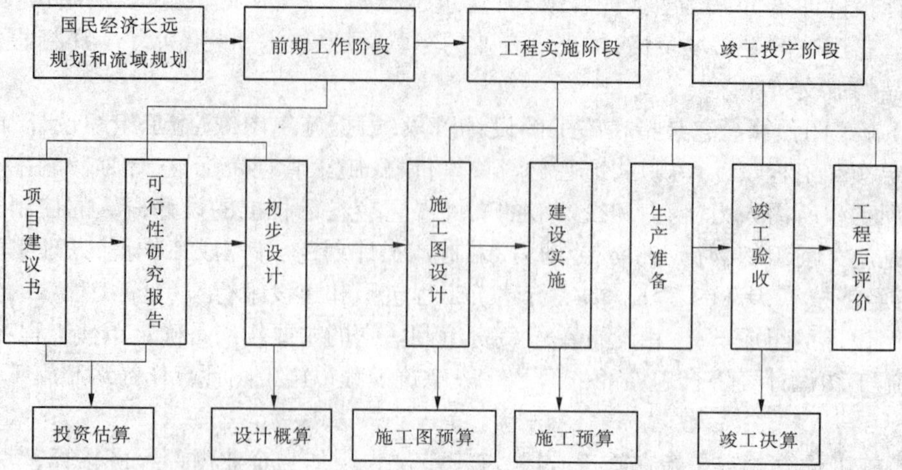

图2-2　水利水电工程基本建设程序与工程造价关系简图

和交付使用前的全部建设费用。施工图预算一般包括建筑工程、设备及安装工程、临时工程等。建设项目的设计总概算除包括施工图预算的内容外,还应包括水库淹没处理补偿费和其他费用等。

(2)编制阶段不同。建设项目设计总概算的编制是在初步设计阶段进行的,由设计单位编制。施工图预算是在施工图设计完成后,由设计单位编制的。

(3)审批过程及其作用不同。设计总概算是初步设计文件的组成部分,由有关主管部门审批,作为建设项目立项和正式列入年度基本建设计划的依据。只有在初步设计图纸和设计总概算经审批同意后,施工图设计才能开始,因此它是控制施工图设计和预算总额的依据。施工图预算是先报建设单位初审,然后送交建设银行经办行审查认定,就可作为拨付工程价款和竣工结算的依据。

(4)概预算的分项大小和采用的定额不同。设计概算分项和采用定额,具有较强的综合性,设计概算采用概算定额。施工图预算用的是预算定额,预算定额是概算定额的基础。另外,设计概算和施工图预算采用的分级项目不一样,设计概算一般采用三级项目,施工图预算一般采用比三级项目更细的项目。

第四节　水利水电工程造价编制程序

一、水利水电工程造价构成

水利水电工程一般投资多,规模庞大,包括的建筑物及设备种类繁多,形式各异,因此在编制概预算时,必须深入工程现场,收集第一手资料,熟悉设计图纸,认真划分工程建设包含的各种费用,既不重复又不遗漏。水利工程建设项目概预算造价构成按现行划分方法分为工程部分、移民和环境部分。其中,工程部分包括建筑工程费、机电设备及安装工程费、金属结构及安装工程费、施工临时工程费、独立费用等。移民和环境部分包括水库移民征地补偿费、水土保持工程费用、环境保护工程费。电力系统水力发电工程建设项目概预算造价构成与上述划分方法略有不同,它是由枢纽建筑物投资及水库淹没补偿投资两大部分组成的,枢纽建筑物投资由建筑及安装工程费、设备费、其他费用、预备费和工程建设期贷款利息组成。这些费用的具体内容及计算方法将在以后各章节中详细介绍。编制水利水电工程概预算，就是在不同的建设阶段，根据设计深度及掌握的资料，按设计要求编制这些费用。因此，针对具体工程情况，认真分析费用的组成，是编制工程概预算的前提和基础。

二、水利水电工程造价编制依据和编制程序

在编制工程概预算时，只有正确选择编制依据和遵照一定的编制程序，才能编制好切合实际的工程造价。

（一）编制依据

编制依据包括以下几个方面：

（1）国家、地方政府和主管部门颁发的有关法令法规、制度、规程。

（2）水利水电工程设计概（估）算编制规定。

（3）水利水电建筑工程概预算定额、水利水电设备安装工程概预算定额、水利水电工程施工机械台时费定额和有关行业主管部门颁发的定额。

（4）水利水电工程设计工程量计算规则。

（5）初步设计文件及图纸。

（6）相关合同协议及资金筹措方案。

（7）其他。

在这里，选择好现行的定额与费用标准很重要。在每个具体工程项目施工时，实际情况和定额规定的劳动组合、施工措施不可能完全一致，这时应选用定额条件与实际情况相近的规定，不允许对定额水平作修改和变动。当定额条件与实际情况相差较大，或定额缺项时，应按有关规定编制补充定额，经上级主管部门审批后，作为编制概预算的依据。随着社会、经济和科学技术的发展，各种定额也是在发展的，在编制概预算时必须选用现行定额。目前，水利系统水利水电工程执行水利部1999年颁发的《水利水电设备安装工程概算定额》，2002年颁发的《水利建筑工程概算定额》、《水利工程施工机械台时费定额》、《水利工程设计概（估）算编制规定》。对于大中型水力发电工程，采用电力部1997年颁发的《水力发电建筑工程概算定额》、《水力发电设备安装工程概算定额》、《水力发电工程施工机械台时费定额》，以及有关的费用标准、编制办法、规定。在使用定额编制概预算的过程中，要密切注意现行定额的变化和有关费用标准、编制办法、规定的变化，做到始终采用现行定额和规定。

（二）编制程序

水利水电工程建设项目的特点决定其概预算的编制程序与一般建筑工程的编制程序是有所不同的。水利水电工程概预算的编制程序如下：

（1）熟悉工程的基本情况。编制概预算前要熟悉上一阶段设计文件和本阶段设计成果，从而了解工程规模、主要水工建筑物的结构形式和技术数据、工程布置、设备型号、地形地质、施工场地布置、对外交通方式、施工导流、施工进度及主体工程施工方法等。

（2）收集所需的资料。深入实地进行踏勘，了解工程和工地现场情况、砂砾料与天然建筑材料料场开采运输条件、场内外交通运输条件等情况。收集人工工资、运杂费、供电价格、设备价格等各项基础资料，并且注意新技术、新工艺、新定额资料的收集与分析。

（3）编制基础单价。基础单价是编制工程单价时计算人工费、材料费和机械使用费所

必需的最基本的价格资料。水利水电工程概预算基础单价有:人工预算单价,材料预算价格和施工机械台班费,水、电、风、砂、石单价等。

(4)计算工程量。按照设计图纸和工程量计算的有关规定计算并列出工程量清单。要对工程量进行检查和复核,以确保工程量计算的准确性。

(5)编制分部分项工程概预算价格和工程总概预算。划分工程项目,按照造价的计算种类,根据基础单价和相应的工程量,计算分部分项工程概预算价格,汇总分部分项工程概预算以及其他费用,计算出工程总概预算。

(6)编制各种概预算表、说明书及附件。按照有关的概预算编制办法编制概预算表格、编制说明和相应的附件。附件一般是前述各项工作的计算书及成果汇总表。

本书以下各章节主要以水利系统水利水电工程(以下称水利工程)为对象进行阐述,兼顾电力系统水力发电工程(以下称水力发电工程),由于水利工程和水力发电工程编制概预算的基本方法差别不大,本书介绍的基本原理和方法对两者都是适用的。

第三章　水利水电工程定额

第一节　概　述

一、水利水电工程定额组成

现行水利水电工程定额一般由总说明、分册分章说明、目录、定额表和有关附录组成，其中定额表是定额的主要组成部分。《水利水电建筑安装工程统一劳动定额》(2002)按建筑工程和设备安装工程分册，各册的定额表内列有各定额项目的不同子目的劳动定额或机械台时定额，均以时间定额与产量定额双重表示，如表3-1所示的人工挖、装土方定额。

表3-1　人工挖、装土方1 m^3 自然方的劳动定额

项目	土质级别			
	Ⅰ	Ⅱ	Ⅲ	Ⅳ
挖、装筐、双轮车	$\frac{0.0925}{10.80}$	$\frac{0.144}{6.94}$	$\frac{0.241}{4.15}$	$\frac{0.370}{2.70}$
挖、装斗车、机动翻斗车	$\frac{0.102}{9.80}$	$\frac{0.158}{6.33}$	$\frac{0.265}{3.77}$	$\frac{0.407}{2.46}$
挖、装汽车	$\frac{0.122}{8.20}$	$\frac{0.190}{5.26}$	$\frac{0.318}{3.14}$	$\frac{0.490}{2.04}$

注：横线上方为时间定额，横线下方为产量定额。

水利部颁发的现行《水利建筑工程概算定额》(2002)（简称《概算定额》）和《水利建筑工程预算定额》(2002)（简称《预算定额》），是以完成不同子目单位工程量所消耗的人工、材料和机械台时数量表示的。各定额表的上方均注明了该定额项目的适用范围和工作内容。

二、水利水电工程定额的特性

(1)经济性。定额的经济性表现在它为项目评估决策、控制项目投资、确定工程造价及全面经济核算提供了合理的尺度。

(2)科学性。定额的科学性是指它和生产力发展水平相适应，反映出工程建设中生产消费的客观规律；它是工程建设定额管理在理论、方法和手段上适应现代科学技术和信息社会发展的需要。

(3)法令性。定额的法令性是指它由被授权部门根据当时的实际生产力水平而制定，经授权部门颁发并供有关单位使用，在执行范围内任何单位必须遵照执行，不得任意调整和修改。

(4)群众性。定额的群众性表现在它必须为广大企业和工人所接受，并在实践中证明是切实可行的。

三、工程定额宏观表现形式

(1)价目表式。这种表现定额的形式是以编制年(部颁的以北京,省颁的以省会所在地)的价格水平给出完成单位产品的价格的。这种表现形式使用比较简单,但必须进行调整,很难满足工程建设动态发展的需要,已逐步被实物量形式所取代。

(2)百分率式。这种表现定额的形式是以某取费基础的百分率表示的。《水利工程设计概(估)算编制规定》(2002)中现场经费费率和间接费费率定额的表示形式见表3-2。

表3-2　枢纽工程现场经费费率

序号	工程类别	计算基础	现场经费费率(%)		
			合计	临时设施费	现场管理费
一	建筑工程				
1	土石方工程	直接费	9	4	5
2	砂石备料工程(自采)	直接费	2	0.5	1.5
3	模板工程	直接费	8	4	4
4	混凝土浇筑工程	直接费	8	4	4
5	钻孔灌浆及锚固工程	直接费	7	3	4
6	其他工程	直接费	7	3	4
二	机电、金属结构设备安装工程	人工费	45	20	25

(3)实物量式。这种表现定额的形式是以完成单位工程(工作)量所消耗的人工、材料及施工机械台时的数量表示的。如水利部颁布的现行《水利建筑工程概算定额》(2002)、《水利建筑工程预算定额》(2002)、《水利水电设备安装工程预算定额》(2002)等即是这种表现形式。这种形式使用时要用工程所在地编制年的价格水平计算工程单价,它不受物价上涨因素的影响,使用时间较长。实物量式定额表示形式参见表3-3。

表3-3　一般石方开挖——风钻钻孔

适用范围:一般明挖　　　工作内容:钻孔、爆破、撬移、解小、翻渣、清面　　　单位:100 m^3

项目	单位	岩石级别			
		Ⅴ~Ⅷ	Ⅸ~Ⅹ	Ⅺ~Ⅻ	ⅩⅢ~ⅩⅣ
工长	工时	1.4	1.8	2.3	3.0
高级工	工时				
中级工	工时	10.8	17.6	26.7	42.3
初级工	工时	57.7	70.1	84.3	105.8
合计	工时	69.9	89.5	113.3	151.1
合金钻头	个	0.99	1.69	2.48	3.55
炸药	kg	25.03	33.17	39.56	45.90

续表 3-3

项目	单位	岩石级别			
		Ⅴ~Ⅷ	Ⅸ~Ⅹ	Ⅺ~Ⅻ	ⅩⅢ~ⅩⅣ
雷管	个	22.85	30.34	36.32	42.06
导线 火线	m	61.94	82.12	97.96	113.68
导线 电线	m	113.01	149.80	178.67	207.33
其他材料费	%	18	18	18	18
风钻 手持式	台时	4.34	7.89	13.03	22.07
其他机械费	%	10	10	10	10
编号		20001	20002	20003	20004

(4)综合式。这种表现定额的形式是现行《水利工程施工机械台时费定额》(2002),是一种综合式定额表现形式,其一类费用是价目表式,二类费用是实物量式。综合式表示形式参见表3-4。

表3-4 土石方机械

项目		单位	单斗挖掘机				
			油动		电动		
			斗容(m^3)				
			0.5	1.0	2.0	3.0	4.0
(一)	折旧费	元	21.97	28.77	41.56	68.28	175.15
	修理及替换设备费	元	20.47	29.63	43.57	55.67	84.67
	安装拆卸费	元	1.48	2.42	3.08		
	小计	元	43.92	60.82	88.21	123.95	259.82
(二)	人工	工时	2.7	2.7	2.7	2.7	2.7
	汽油	kg					
	柴油	kg	10.7	14.2			
	电	kWh			100.6	128.1	166.8
	风	m^3					
	水	m^3					
	煤	kg					
备注							
编号			1001	1002	1003	1004	1005

四、工程定额的类别划分

水利水电工程定额是定额的总称，类别划分见表3-5。

表3-5　水利水电工程定额的类别划分

类别		内容
按专业性质分	一般通用定额	一般通用定额，是指工程性质、施工条件与方法相同的建设工程，各部门都应共同执行的定额
	专业通用定额	专业通用定额，是指某些工程项目具有一定的专业性质，但有的是几个专业共同使用的定额
	专业专用定额	专业专用定额，是指一些专业性工程，只在某一专业内使用的定额，如水利工程定额、公路工程定额、建筑工程定额等
按主编单位和执行范围分	全国统一定额	全国统一定额，是指工程建设中，各行业、部门普遍使用，需要全国统一执行，由国务院有关部门制定和颁发的定额。它不分地区，全国适用
	行业定额	行业定额是由各行业结合本行业特点，在国家统一指导下编制的具有较强行业或专业特点的定额，一般只在本行业内部使用。 目前，水利水电工程使用的全国行业定额有： 水利部《水利建筑工程预算定额》(2002) 水利部《水利建筑工程概算定额》(2002) 水利部《水利水电设备安装工程预算定额》(2000) 水利部《水利水电设备安装工程概算定额》(2000) 水利部《水利工程施工机械台时费定额》(2002) 水利部《水利工程设计概(估)算编制规定》(2002)
	地方定额	地方定额一般是指省、自治区、直辖市根据地方工程特点，编制颁发的在本地区执行的地方通用定额和地方专业定额
	企业定额	企业定额，是指在国家统一定额、行业定额、地方定额的基础上，由企业自行编制，只限于本企业内部使用的定额，如施工企业及附属的加工厂、车间编制的用于企业内部管理、成本核算、投标报价的定额，以及对外实行独立经济核算的单位编制的不纳入建筑安装工程定额系列之内的定额标准、出厂价格、机械台班租赁价格等
	临时定额	临时定额，也称一次性定额，它是因上述定额中缺项而又实际发生的新项目而编制的。一般由施工企业提出测定资料，与建设单位或设计单位协商议定，只作为一次性使用，并同时报主管部门备查，以后陆续遇到此类项目时，经过总结和分析，往往成为补充或修订正式统一定额的基本资料
按定额内容分	劳动定额	劳动定额也称工时定额或人工定额，是指在合理的劳动组织条件下，具有某种专长和规定技术水平的工人以社会平均熟练程度和劳动强度在单位时间内生产合格产品的数量或完成单位合格产品所需的劳动时间。劳动定额是反映生产活动中劳动消耗量的标准数量，是指在正常的生产(施工)组织和生产(施工)技术条件下，为完成单位合格产品或完成一定量的工作所预先规定的必要劳动消耗量的标准数额。

续表 3-5

类别		内容
按定额内容分	劳动定额	劳动定额有时间定额和产量定额两种表达形式： (1)时间定额是指在一定的生产技术和生产组织条件下，某工程、某种技术等级的工人小组或个人，完成单位合格产品所消耗的工作时间； (2)产量定额是指在一定的生产技术和生产组织条件下，某工程、某种技术等级的工人小组或个人，在单位时间内(工日)应完成合格产品的数量
	材料消耗定额	材料消耗定额，是指在生产(施工)组织和生产(施工)技术条件正常，材料供应符合技术要求，合理使用材料的条件下，完成单位合格产品，所需一定品种规格的建筑或构、配件消耗量的标准数量，包括净用在产品中的数量和在施工过程中发生的自然和工艺性质的损耗量。 材料消耗定额包括材料净消耗定额、必要损耗量、材料产品定额和材料周转定额等几种
	机械使用定额	机械使用定额，是指施工机械在正常的生产(施工)和合理的人机组合条件下，由熟悉机械性能、有熟悉技术的工人或工人小组操纵机械时，该机械在单位时间内的生产效率或产品数量。也可以表述为该机械完成单位合格产品或某项工作所必需的工作时间。 机械台班定额有时间定额和产量定额两种表达形式： (1)机械台班时间定额是指在合理的劳动组织和一定的技术条件下，生产某一单位合格产品所需消耗的机械台班数量。 (2)机械台班产量定额是指在合理的劳动组织和一定的技术条件下，工人操作机械在一个工作台班内应完成合格产品的标准数量
按建设阶段和用途分	投资估算指标	投资估算指标是在项目建议书和可行性研究报告阶段编制投资估算、计算投资需要量时使用的一种定额。 投资估算指标的主要作用是为项目决策和投资控制提供依据。投资估算指标往往根据历史的预、决算资料和价格变动等资料编制，但其编制基础仍然离不开预算定额、概算定额
	概算定额	概算定额是编制初步设计概算及修正设计概算时，计算和确定工程概算造价、计算人工、机械台班、材料需要量所使用的定额。 概算定额是控制项目投资的重要依据，在工程建设的投资管理中有重要作用
	预算定额	预算定额主要用于施工图设计阶段编制施工图或招标阶段编制标底，是在施工定额基础上综合扩大编制而成的。在工程委托承包的情况下，它是确定工程造价的主要依据；在招标承包的情况下，它是计算标底和确定报价的主要依据。预算定额是概算定额或估算指标的编制基础，可以说，预算定额在计价中是基础性定额
	施工定额	施工定额是指一种工种完成某一计量单位合格产品所需的人工、材料和施工机械台班或台时消耗量的标准。 施工定额是工程建设定额中的基础性定额，是编制预算定额的重要依据

五、工程定额的意义

工程定额是企业实行科学管理的必备条件，其意义如图 3-1 所示。

工程定额的意义	是编制工程建设计划，指导生产的基础	企业的生产和经济活动都是有计划地进行的，在制订计划时，直接或间接以各种定额为依据计算人力、物力和财力等各项资金需用量
	是工程概预算的依据及衡量设计方案经济与否的尺度	建筑产品价格是由其产品生产过程中所消耗的人工、材料、机械台时的数量以及其他资源的数量所决定的，消耗量又是由定额计算而得；建设项目的投资数额大小反映了不同设计方案技术经济水平的高低，故定额还是衡量设计方案是否经济的尺度
	是总结先进生产方法的方式	用定额的方法可以对同一产品在同一操作条件下的不同生产方式进行观察、分析和总结，从而在生产过程中推进生产方法，提高生产率
	是签订投资包干与招标承包制的依据	为了提高工程建设的经济效益，我国在经济改革中推进了投资包干和招标承包制，即在其实施过程中，签订投资包干协议必须以定额为依据，编制招标标底与投标报价也可参考定额

图 3-1　工程定额的意义

第二节　施工过程分析及工作时间研究

一、概述

（一）施工过程的概念

施工过程就是在建筑工地上进行的各种建筑物的兴建过程，包括建造、改建、扩建、修复或拆除工业及民用建筑物和构筑物的全部或其中一部分。例如，浇筑混凝土、安装机组、敷设管道等都是施工过程。对施工过程的研究是制定劳动定额的基本环节。施工过程按使用的工具、设备的机械化程度不同，分为手工施工过程、机械施工过程和机手并动施工过程。

每个施工过程的结果都获得一定的产品，该产品的尺寸、形状、表面结构、空间位置、强度等质量因素，必须符合建筑和结构设计及现行技术规范的要求。只有合格的产品才能计入施工过程中消耗工作时间的劳动成果。

施工过程包括生产力三要素，即劳动者、劳动对象、劳动工具。这是施工过程必须具备的三个要素。

在许多施工过程中还要使用用具，用具是用来使劳动者、劳动对象、劳动工具和产品处于必要的位置上。如电气安装工程使用的人字梯，木工使用的工作台，砖瓦工使用的灰浆槽等。

在施工过程中，有时还要借助自然或人为的作用，使劳动对象发生物理和化学变化。如混凝土的养护，预应力钢筋的时效，石灰砂浆的砌筑过程等。

（二）施工过程的分解

对于施工过程，按其不同的劳动分工、操作方法、工艺特点，以及不同的复杂程度进行分解，来区分和认识其内容与性质，以便采取技术测定的方法，研究其必需的作业时间消耗，进而取得编制定额和改进施工管理所需要的技术资料。

施工过程可分解为综合工作过程、工作过程、工序、操作、动作。

综合工作过程是指同时进行并在组织上彼此有直接关系，而又为一个最终产品结合起来的各个工作过程的综和。如浇筑混凝土的施工过程，是由搅拌、运输、浇灌和捣实等工作过程组成的。

工作过程是由同一工人或同一小组所完成的、在技术上互相联系的工序的综合。工作过程的特征是劳动者不变，工作地点不变，而仅仅是使用的材料和工具改变。

工序是一个工人(或一个小组)在一个工地上，对同一个(或几个)劳动对象所进行的一切连续活动的综和。工序是最简单的施工过程，它是组织上不可分割、技术上相同的施工过程，它的外观特征是劳动者、劳动工具、劳动对象都不变。例如，钢筋制作的施工过程是由调直、除锈、切断、弯曲等工序组成的。工序由一个工人来完成时叫做个人工序，由几个工人或者小组共同来完成时则为小组工序。工序按照完成的方法通常分为手工工序和机械工序两种。机械工序由人工操纵施工机械来完成，如用搅拌机搅拌混凝土或砂浆，用起重机吊装各种预制构件等。

操作是一个个动作的综合，它是工序按劳动过程所划分的组成部分，若干个操作构成一道工序。例如，弯曲钢筋工序，是由把钢筋放在工作台上、对准位置、弯曲钢筋、把弯好的钢筋放置一边等操作组成的。而把钢筋放在工作台上这一操作又由走向放钢筋处、拿起钢筋、返回工作台、把钢筋放在工作台上、把钢筋靠近立柱等动作组成。

施工过程中的工人、劳动对象、劳动工具、用具及其产品等的活动空间，称为工作地点。施工过程的各个工序，如果以同样的次序不断重复，并且每重复一次都可以生产出同一产品，则称为循环的施工过程。若施工过程的各个工序不是以同样的次序重复，或者生产出的产品各不相同，则称为非循环的施工过程。

二、工作时间分类

工作时间，就是工作班的延续时间。工作时间是按现行制度规定的，如 8 h 工作制的工作时间就是 8 h。研究工作时间消耗量及其性质，是技术测定的基本步骤和内容之一，也是编制劳动定额的基础工作。

(一)工人工作时间分类

1. 定额时间

定额时间是指在正常施工条件下，工人为完成一定数量的产品所必须消耗的工作时间。它包括有效工作时间、休息时间和不可避免的中断时间。

(1)有效工作时间是指与完成产品有直接关系的工作时间消耗。其中包括准备与结束时间、基本工作时间、辅助工作时间。

准备与结束时间是指工人在执行任务前的准备工作和完成任务后的结束工作所需消耗的时间，一般分为班内的准备与结束时间和任务内的准备与结束时间两种。班内的准备与结束工作具有经常的每天的工作时间消耗的特性，就是在执行任务之前工人本身、工作地点、劳动工具、原材料的准备工作，以及工作结束后的整理工作，交接班工作，准备与结束时间与工人所接受的任务的大小无关。任务内的准备与结束工作，由工人接受任务的内容决定，如布置操作地点、接受任务书、技术交底、熟悉施工图纸等。

基本工作时间是直接与施工过程的技术操作发生关系的时间消耗，是劳动者利用劳动工具使劳动对象发生形态或性质的变化或空间位置的改变所消耗的时间。例如，砌砖工作中，从选砖开始直至将砖铺放到砌体上的全部时间消耗。通过基本工作，可以使劳动对象直接发生变化；可以使材料改变外形，如钢管煨弯；可以改变材料的结构和性质，如混凝土制品的生产；可以改变产品的位置，如构件的安装；可以改变产品的外部及表面的性质，如粉刷、油漆等。基本工作时间的消耗与生产工艺、操作方法、工人的技术熟练程度有关，并与任务的大小成正比。

辅助工作时间是指为了保证基本工作的顺利进行而做的与施工过程的技术操作没有直接关系的辅助性工作所需要消耗的时间。辅助性工作不直接导致产品的形态、性质、结构位置发生变化，如工具磨快、校正、小修、机械上油、转移工作地点等均属辅助性工作。

(2)休息时间是工人在工作中，为了恢复体力以及生理需要(如喝水、大小便等)而暂时中断的时间。休息时间的长短与劳动强度、工作条件、工作性质等有关，例如在高温、高空、重体力、有毒性等条件下工作时，休息时间应多一些。

(3)不可避免的中断时间是指在施工过程中因技术操作或施工组织引起的不可避免的或难以避免的中断时间。如安装工人等待起吊构件、炮手放炮时的避炮、汽车司机在等待装卸货物和等交通信号所消耗的时间。

2. 非定额时间

非定额时间由以下几部分组成：

(1)多余或偶然的工作时间，是指在正常施工条件下不应该发生的时间消耗，或由于意外情况所引起的工作所消耗的时间。如质量不符合要求，返工造成的多余的时间消耗等。

(2)停工时间，包括施工本身造成的和非施工本身造成的时间。施工本身造成的停工，是由于施工组织和劳动组织不善而引起的停工，如分工不合理，不能及时领到工具和材料而引起的停工等。非施工本身而引起的停工，是指由于气候条件以及风、水、电源中断而引起的停工。

(3)违反劳动纪律的时间，是指工人不遵守劳动纪律而造成的时间损失，如迟到早退、出勤不出力、擅自离开工作岗位、工作时间聊天，以及由于个别人违反劳动纪律而使别的工人无法工作的时间损失。

上述非定额时间，在确定定额水平时，均不予考虑。图3-2为工人工作时间划分图。

(二)机械工作时间分类

1. 定额时间

定额时间由以下几部分组成：

(1)有效工作时间，包括正常负荷下、降低负荷下两种工作时间的消耗。其中，正常负荷下的工作时间，是指机械在与机械说明书规定的负荷相等的正常负荷下进行工作的时间。在个别情况下，由于技术上的原因，机械又能在低于规定负荷下工作，如汽车载运质量轻而体积大的货物，不可能充分利用汽车的全部载重能力，因而不得不降低负荷工作，此种情况亦视为正常负荷下工作。降低负荷下的工作时间，是指由于施工管理人员或工人的过失，以及机械陈旧或发生故障等，使机械在降低负荷的情况下进行工作的时间，如由于电铲司机技术不熟练，使3 m^3 电铲只挖装2 m^3 的石渣。

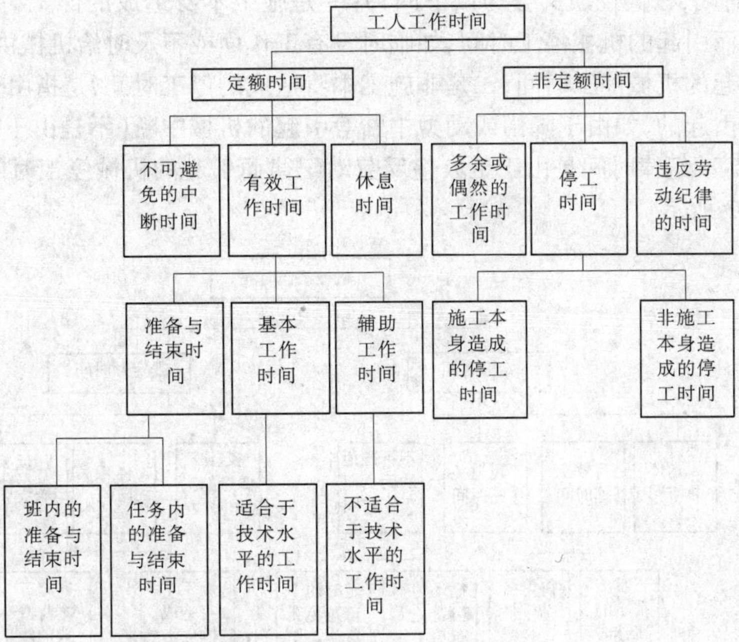

图3-2　工人工作时间划分

(2)不可避免的无负荷工作时间,是指由于施工过程的特性和机械结构的特点所造成的机械无负荷工作时间,一般分为循环的和定时的两类。循环的不可避免的无负荷工作时间是指由于施工过程的特性所引起的机械空转所消耗的时间,它在机械工作的每一个循环中重复一次。如铲运机返回到铲土地点,汽车卸车后空回。定时的不可避免的无负荷工作时间主要是指发生在运输汽车或挖土机等的工作中的无负荷工作时间。如工作班开始和结束时来回无负荷的空行,机械由一个工作地点转移到另一个工作地点。

(3)不可避免中断时间,是由于施工过程的技术和组织的特性造成的机械工作中断时间。

与操作有关的不可避免中断时间通常有循环的和定时的两种。循环的是指在机械工作的每一个循环中重复一次,如汽车装载、卸货的停歇时间。定时的是指经过一定时间重复一次。如喷浆器喷白,从一个工作地点转移到另一个工作地点时,喷浆器工作的中断时间。

与机械有关的不可避免中断时间,是指用机械进行工作的人在准备与结束工作时使机械暂停的中断时间,或者在维护保养机械时必须使其停转所发生的中断时间。前者属于准备与结束工作的不可避免中断时间,后者属于定时的不可避免中断时间。

(4)工人休息时间,是指工人休息时不可避免的机械中断时间。

2. 非定额时间

非定额时间由以下几部分组成:

(1)多余或偶然的工作时间,有两种情况:一是可避免的机械无负荷工作时间,是由于工人不及时给机械供给材料或由于组织上的原因所造成的机械空转,如皮带因没有进料而空转;二是机械在负荷下所做的多余工作,如混凝土搅拌机搅拌混凝土时超过规定搅拌时间,即属于多余工作时间。

(2)停工时间，按其性质又分为以下两种：一是施工本身造成的停工时间，是指由于施工组织得不好而引起的机械停工时间，如临时没有工作面或不及时给机械供水、燃料以及机械损坏等所引起的机械停工时间；二是非施工本身造成的停工时间，是指由于气候条件和非施工的原因所引起的，如由于降雨或动力中断等引起的机械中断(不是由于施工原因)。

(3)违反劳动纪律时间是由于工人违反劳动纪律而引起的机械停工时间。机械工作时间划分如图 3-3 所示。

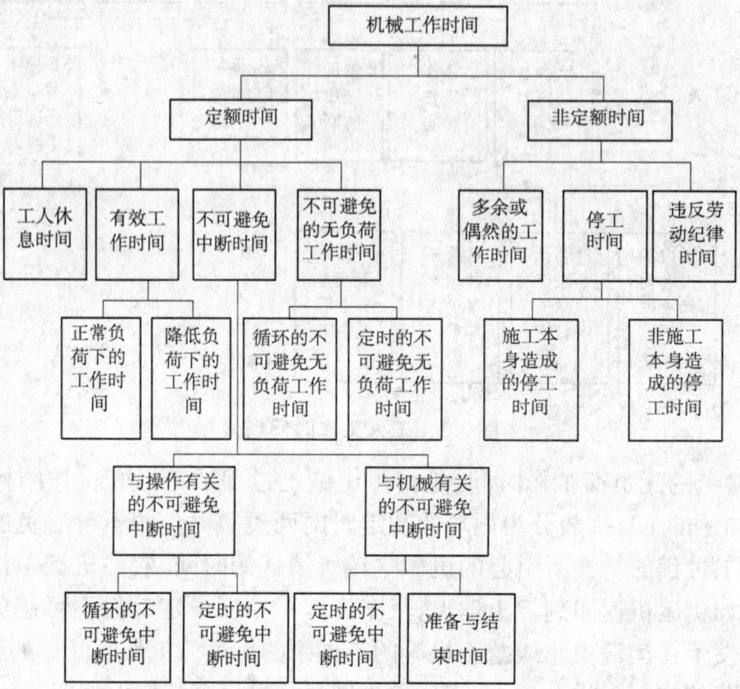

图 3-3　机械工作时间划分

三、工时分析方法

工时分析方法主要有测时法、写实记录法、工作日写实法和统计分析法等。

(一)测时法

测时法适用于研究以循环形式不断重复进行的施工过程。它用于观测施工过程循环(定时重复)组成部分的时间消耗，如人工挖装运土方、起重机吊运混凝土、挖土机挖土等；不研究工人休息、准备与结束及其他非循环的工作时间。测时法一般用于研究循环延续时间短的工作过程或工序，而且每一循环的产品是相等的或近似的。如果产品相差悬殊，就应该分开测定。采用测时法，可以为制定劳动定额提供单位产品所必需的基本工作时间的技术数据；可以分析研究工人的操作或动作，总结先进经验，帮助工人班组提高劳动效率。

测时法是利用测时工具，来测定工作时间消耗，常用的测时工具有秒表，其他还有摄像机、录像机、录音机和电子表等。

1. 记录时间的方法

测时法按记录时间的方法不同，分为选择测时法和连续测时法两种。

(1)选择测时法是不连续地测定施工过程的全部循环组成部分,是有选择地进行测定。

当要测定的组成部分开始时,立即开动秒表,到预定的定时点时,即停止秒表,此刻显示的时间,即为所测组成部分的延续时间。当下一组成部分开始时,再开动秒表,如此循环测定。这种方法易于掌握,使用比较广泛,但在测定起始和结束点的时刻时,易发生读数的偏差。

【例 3-1】 设有一工序,由两个操作要素组成,利用选择测时法,分别对两个操作进行观测,各测得 10 个时间值,如表 3-6 所示。试求各操作要素的平均时间值。

解:首先剔除第 2 操作要素第 8 次观测时间值 62,然后计算平均值,计算结果如表 3-6 所示。

表 3-6 测定某工序时间消耗的记录(选择测时法)

操作要素	时间值(单位:0.01 min)										合计次数	平均
	1	2	3	4	5	6	7	8	9	10		
1	5	7	6	5	4	7	6	7	6	7	60 10	6
2	38	40	39	40	42	40	37	62①	41	43	360 9	40

注:①表示异常值。

(2)连续测时法是对施工过程循环的组成部分的时间不间断地记录下来,不能遗漏任何一个循环的组成部分。连续测时法所测定的时间包括了施工过程中的全部循环时间,是在各组成部分相互联系中求出每一组成部分的延续时间,这样,各组成部分延续时间之间的误差可以相互抵消。所以连续测时法是一种数值比较准确、效率高的测时方法。而在选择测时法中,这种误差却无法抵消。

2. 测时法的观察次数

由于某一施工活动的观测次数直接影响测时资料的精确度,因此要认真确定测时的次数,以保证测时资料的可靠性和代表性。尽管选择工作条件比较正常的测时对象,即使是同一工人操作,但每次所测得的延续时间,总是不会完全相等的,更何况在不同工人中测定同一施工活动的延续时间。而且测定人员也可能由于记录时间误差或错误,引起个别延续时间的偏差,因此在测时法中需要解决每份测时资料中各组成部分应观测多少次才能得到比较准确的数值。从误差理论来说,观测的次数越多,资料的准确性越高,但是过多的观察,必然耗费较多的人力、物力,为了避免多余的观察,就要规定一个较经济的测时次数。目前,我国对测时次数的规定,尚无成熟的办法。在水利水电工程中,可采用测时次数和允许数列稳定系数表,用于测时时检查所测次数是否满足需要。测时所得数据的算术平均值精确度与观测次数和稳定系数之间有一定的关系。

稳定系数 K_p 为

$$K_p = \frac{x_{max}}{x_{min}} \tag{3-1}$$

式中 x_{max}——最大观测值;

x_{min}——最小观测值。

算术平均值精确度与观测次数之间的关系可用下式表述为

$$E = \pm \frac{1}{\bar{x}} \sqrt{\frac{\sum (x_i - \bar{x})^2}{n(n-1)}} \tag{3-2}$$

式中 $\bar{x}$——所有观测值的算术平均值。

3. 测时数据的整理

测时数据的整理方法没有统一规定，在建筑工程中，一般参考巴辛斯基和彭斯基建议用的测时数据整理方法。下面介绍巴辛斯基方法。

观测所得数据的算术平均值，即为所求延续时间。为使算术平均值更加接近于各组成部分的延续时间的正确值，必须删去那些显然是错误的以及偏差极大的值，通过清理后所得出的算术平均值，通常称为平均修正值。

在清理测时数据时，应首先删掉完全由于人为因素造成的偏差，如工作时间聊天、材料供应不及时造成的等候以及测定人员记录时间的疏忽等造成的误测的数据，都应删掉。其次，应删去由于施工因素的影响而出现的偏差极大的延续时间，如手工刨刨料时遇到节疤极多的木料，挖土机挖土时土斗的边齿刮到大石块上等。此类偏差极大的数还不能认为完全无用，可作为该项施工因素影响的资料，进行专门研究。

清理偏差极大的数据时，不能单凭主观想象，这样就失去了技术测定的真实性和科学性。同时，也不能预先规定出偏差百分率。偏差百分率对某些组成部分可能显得太大，而对另一些组成可能会显得不够。为了妥善清理此类偏差，可参照表 3-7 和偏差极限算式进行。

表 3-7 偏差调整系数

观察次数	4	5	6	7 ~ 8	9 ~ 10	11 ~ 15	16 ~ 30	31 ~ 53	54 以上
调整系数	1.4	1.3	1.2	1.1	1	0.9	0.8	0.7	0.6

极限算式为

$$\lim_{max} = \bar{x} + K(x_{max} - x_{min}) \tag{3-3}$$

$$\lim_{min} = \bar{x} - K(x_{max} - x_{min}) \tag{3-4}$$

式中 $\lim_{max}$——最大极限；

$\lim_{min}$——最小极限；

K——调整系数。

清理的方法是，首先从测得的数据中删去人为因素影响出现的偏差极大的数据，然后从留下来的测时数据中，试删去偏差极大的可疑数据，求出最大极限和最小极限，再删去范围之外偏差极大的可疑数值。

【例 3-2】 根据测时法得出测时数据如下：20 s、18 s、23 s、21 s、18 s、22 s、21 s、28 s、17 s、19 s、21 s，试找出应删去的数据。

解：先在上述数据中删去 28 这一偏差大的可疑数字，然后求最大极限和最小极限。

$$\bar{x} = \frac{1}{10}(20 + 18 + 23 + 21 + 18 + 22 + 21 + 17 + 19 + 21) = 20$$

$$\lim_{max} = 20 + 0.9 \times (23 - 17) = 25.4$$

$$\lim_{min} = 20 - 0.9 \times (23 - 17) = 14.6$$

因可疑数据28大于最大极限值25.4,故应将28删去。

如一组测时数据中有两个偏差大的可疑数据,应从偏差最大的一个数字开始,连续进行检验(每次只能删去一个数据)。如一组测时数据中有两个以上的可疑数据,应将这一组测时数据抛弃,重新进行观测。

(二)写实记录法

写实记录法是研究各种性质的工作时间消耗的方法,它把施工过程像照相一样如实地用文字、数字记录下来。写实记录法可用以研究所有种类的工作时间消耗,包括基本工作时间、辅助工作时间、不可避免的中断时间、准备与结束时间以及各种损失时间等。通过写实记录可以获得分析工作时间消耗和制定定额时所必需的全部资料。这种测定方法比较简便,用有秒针的普通表就可以进行,易于掌握,并能保证所需的精确度。因此,写实记录法在实际生产中得到广泛的应用。

(1)写实记录法的分类。由一个人单独操作或产品数量可单独计算时,采用个人写实记录。如果由小组集体操作,而产品数量又无法单独计算的,可采用集体写实记录。

写实记录法除分为个人写实和集体写实外,按记录时间的方法不同又可分为数示法、图示法和混合法三种。

数示法是在测定时直接用数字记录时间的方法。这种方法记录技术比较复杂,一般计时精确度要求高的项目可采用,它可同时对两个以内的工人或机器进行测定,适用于组成部分较少且比较稳定的施工过程。记录时间的精度为5~10 s。观察的时间应记录在数示法写实记录表中,供分析用。

图示法是用图表的形式记录时间,记录时间的精度可达30 s。适用于观察3个以内的工人或机器共同完成某项施工过程。此种方法具有时间记录清楚、记录简便、整理快速准确等优点。因此,在实际工作中,图示法较数示法的使用更为普遍。

混合法吸取了图示法和数示法的优点,是经综合改进的一种写实记录的时间分析方法。用图示法表格记录所测施工过程各组成部分的延续时间,而完成每一组成部分的工人人数则用数字予以表示。这种方法适用于同时观察3个以上工人或机器工作时的集体写实记录。它的优点是比较经济,这一点是数示法和图示法都不能做到的。

(2)写实记录法的延续时间。它是指采用写实记录法进行测定时,测定每个施工过程或同时测定几个施工过程所需的总延续时间。延续时间的确定应立足于既不至于消耗过多的时间,又能得到比较可靠和完善的结果。同时,还必须注意:所测施工过程的广泛性和经济价值,已经达到的工效水平的稳定程度,同时测定不同类型施工过程的数目,被测定的工人人数,以及测定完成产品的可能次数等。这些因素在确定延续时间时均应认真加以考虑,这是一个比较复杂的问题。为便于测定人员确定写实记录法的延续时间,根据过去的实践经验拟定表3-8,供测定时参考使用。

表 3-8 写实记录法最短测定延续时间

序号	项目	同时测定施工过程的类型数	测定对象		
			单人的	集体的	
				2~3 人	4 人以上
1	被测定的个人或小组的最低数	任一数	3 人	3 个小组	2 个小组
2	测定总延续时间的最小值(h)	1	10	12	8
		2	23	18	12
		3	28	21	24
3	测定完成产品的最低次数	1	4	4	4
		2	6	6	6
		3	7	7	7

应用表 3-8 确定延续时间时,须同时满足表中三项要求,如在第 2 项和第 3 项中,其中任一项达不到最低要求时,应酌情增加延续时间。表 3-8 适用于一般施工过程,如遇个别施工过程的单位产品所消耗的时间过长,可适当减少表中测定完成产品的最低次数,同时还应酌情增加测定的总延续时间;如遇个别施工过程的单位产品所需时间过短,则应适当增加表中测定完成产品的最低次数,并酌情减少测定的延续时间。下面举例说明确定延续时间的具体方法。

【例 3-3】 电焊 40 mm 的圆钢筋,现同时测定平焊、立焊、仰焊三个类型的施工过程,求写实记录应观察的延续时间。

解:根据调查确定,由一个 4 级电焊工来完成此项工作,产品是按焊接个数计算的,每个接头的焊接长度均为已知数,焊接一个接头消耗 0.3 h。从表 3-8 第 1 项知,至少应观察 3 个人,应观测的总延续时间不少于 28 h。

在测定的总延续时间内,可能完成产品的次数 = 28 ÷ 0.36 = 78(次)。

查表 3-8 第 3 项可得测定完成产品的最低次数为 7 次,而计算值为 78 次,所以测定的总延续时间保持 28 h 完全满足要求。

(三)工作日写实法

工作日写实法也是写实记录法的一种,它是以一个工作班的延续时间为一个测定单元,把工人或机器在整个工作班内按照时间顺序,把各种时间消耗情况详细记录下来,然后按工时分类把各种工时消耗归类,从而研究分析工时使用是否合理,以揭露工时损失的原因,便于采取措施消除工时损失,提高工时利用率和工作效率。它侧重于研究工作日的工时利用情况,总结推广先进生产者或先进班组的工时利用经验,同时还可以为制定劳动定额提供必需的准备和结束时间、休息时间和不可避免的中断时间的资料。采用工作日写实法研究工时利用的情况,是基层管理工作中挖潜力、反浪费,达到增产节约的一项有效措施。

根据写实对象的不同,工作日写实法可分为个人工作日写实、小组工作日写实和机械工作日写实三种。个人工作日写实是测定一个工人在工作日的工时消耗,这种方法最为常用。小组工作日写实是测定一个小组的工人在工作日内的工时消耗,它可以是相同工种的工人,也可以是不同工种的工人。前者是为了取得同工种工人的工时消耗资料,后者则主要是为了取得确定小组成员和改善劳动组织的资料。机械工作日写实是测定某一机械在一个台班内机械效能发挥的程度,以及配合工作的劳动组织是否合理,其目的在于最大限度地发挥机械的效能。

工作日写实用手表计时,记录方法同写实记录法一样,有数示法、图示法、混合法,不同的是,工作日写实中属于工人的基本工作,辅助工作或属于机械的直接消耗时间,不要求作详细划分,而损失时间和其他各类时间,则要求详细按造成的原因划分组成部分。写实记录的原始资料应填入有关表格中。

工作日写实法的延续时间以一个工作日为准,如其他完成产品的时间消耗大于 8 h,则应酌情延长观测时间。观测次数根据不同的要求确定,一般来说,如为了总结先进工人的工时利用经验,应测定 1 ~2 次;为了掌握工时利用情况或制定标准工时规范,应测定 3 ~5 次;为了分析造成损失的原因,改进施工管理,应测定 1 ~3 次,以取得所需要的有价值的资料。

(四)统计分析法

统计分析法是测定人工、材料和机械等利用效率的一种方法,一般应用统计学中抽样的原理来进行研究。用统计分析方法研究工时最先开始于 1934 年的英国,统计学家梯皮特(L. C. Tippett)第一次用抽样理论研究工作时间,以提高织布机的工作效率,这个过程称为"快读法";20 世纪 40 年代该法被引入美国,得到了更广泛的应用和发展,发展以后的方法被称为"比例延迟法";1956 年美国工业工程专家巴恩斯(R. M. Bernes)把这种方法又定名为"工作抽样法"。

这种被抽查的活动(抽样),可以是一个操作工人(或班组、机械)在生产某一产品中的全部活动过程中每一活动的消耗时间,也可以是其中一项活动的消耗时间。因此,抽样完全可以由我们的调查目的和要求来决定,所以它具有以下优点:①抽查工作单一,观察人员思想集中,有利于提高调查的原始数据的质量;②所需的总时间较短,费用可以降低。工作抽查法的基本原理是概率论。在相同条件下,对于一系列的试验或观察,每次的试验和观察的可能结果不止一个,并在试验或观察之前无法预知它的确切结果,但在大量重复试验或观察下,它的结果却呈现出某种规律。这种规律就是观察结果符合统计规律。工作抽查法就是利用这个客观规律,在相同的条件下,重复工作的活动,对它进行若干次瞬时观察,从这些观察的结果便可认定该项活动是否正常;而累计更多次的瞬时观察结果,便可代表其全部情况。

(1)样本的取样和观察次数的确定。所谓样本,在这里就是对被观察对象的观察结果。首先,对每一个观察对象的观察,在时间上应该是随机的,这样可以避免观察结果的虚假性,较大程度保持其真实性。其次,所选取的样本的工作条件应尽量一致,才能使将来观察的记录数据具有代表性。再次,观察对象的选择应该根据抽样的目的来确定。

总的来说,观察对象越多,对每一个观察对象的观察次数越多,所得到的结果的正确程度越高。但观察次数越多,则所需要的时间就会越长,同时观察所需要的费用就会增加。因此,观察次数应根据观察的目的及所要求的正确程度来确定。例如,我们要制定的某一项定额,制定以后在多大的范围内能经过努力完成呢?或者说此定额有多大程度上的真实性呢?这个程度就称为置信水平。置信水平以百分比表示,例如我们在 N 次观察中,它的置信水平为 95%,即有 95% 的数据是比较接近真实的,也即在 N 次观察中真实数据的发生率达到

95%，于是在 N 个观察记录的数据中有5%的数据是偏离真实的，这就是精度。对于一般工程建筑，工作的"纯生产率"取40%～60%，置信水平取95%。

观察次数 N 可按下式计算

$$N = \frac{\lambda^2(1-P)}{S^2P} \tag{3-5}$$

式中 N——随机观察的总次数；

S——需求精度；

P——观察事件发生的概率；

λ——参数，一般取2或3。

式(3-5)中，需求精度 S 可以事先根据观察的目的确定，但 P 和 N 仍是两个未知数，因此只能采用逐次逼近法求解。其方法是：先假定一个基值计算出第一个 N_1。然后根据相当时日的实际观察结果，又可获得一个新的 P_2 值，再代入式(3-5)中，求得第二个 N_2，再以观察次数 N_2 及实际观察所得的 P 值代入公式反求 S，若求得的 S 较原定的精度小，即可用最后的 P 值和反求的 S 值代入公式，求得所需的观察次数 N。

(2)观察期限和观察时刻的确定。在确定了观察次数以后，还应该确定观察期限和观察时刻。

观察期限是完成一项抽查任务的工作天数。观察期限一般是由抽查工作的目的和重要性，以及观察任务的大小(即观察次数 N)和观察人员的多少来确定的。

当确定了观察期限(即工作日 T)后，即可按下式计算为

$$n = \frac{N}{T} \tag{3-6}$$

式中 n——每个工作日内的观察次数，次/工作日。

观察时刻是指在一个工作班内每一次观察的时刻。观察时刻的确定直接影响到观察结果的真实程度。因此，从理论上讲，观察时刻应该是随机的。可以查用随机数表和工作抽查观察时刻对照表。

第三节　施工定额

一、劳动定额

劳动定额又称人工定额或人工消耗定额，是指在正常的施工技术和合理的劳动组织条件下，为完成单位合格产品所需消耗的工作时间，或在一定工作时间内应完成的产品数量。

劳动定额表现的主要形式是时间定额，也可为产量定额，劳动定额的编制方法如图3-4所示。

【例3-4】 时间定额的确定。已知××工程人工挖土，土质为Ⅰ类土，挖深1.5 m且上口宽超过3 m，若每挖1 m^3 需要0.104工日，每工日产量为9.62 m^3，试计算人工挖土的时间定额及产量定额。

解：(1)时间定额 $=\frac{1}{9.62}=0.104$(工日/m^3)

劳动定额的编制方法

- 技术测定法

技术测定法是应用几种计时观察法获得工时消耗数据，制定劳动消耗定额。这种方法有较充分的科学依据，准确程度较高，但工作量较大，测定的方法和技术复杂。

技术测定法适用于工料消耗比较大的定额项目。

(1)确定基本工作时间。基本工作时间在必须消耗的工作时间中占的比重最大。基本工作时间消耗根据计算观察资料确定，应首先确定工作过程每一组成部分的工时消耗，之后再综合该工作过程的工时消耗。

(2)确定辅助工作时间和准备与结束工作时间。

①确定不可避免的中断时间。施工中有两种不同的工作中断情况。一种情况是由工艺特点所引起的不可避免的中断，消耗可以列入工作过程的时间定额；另一种情况是由于班组工人所担负的任务存在的不均衡引起的中断，这种中断应该通过改善班组人员编制、合理进行劳动分工来克服。不可避免中断时间根据测时资料通过整理分析获得。

②确定休息时间。休息时间是工人恢复体力所必需的时间，应列入工作过程时间定额。休息时间应通过对工作班作息制度、经验资料、计时观察资料以及对工作的疲劳程度作全面分析来确定，尽可能利用不可避免中断时间作为休息时间。

基本工作时间、辅助工作时间、准备与结束工作时间、不可避免中断时间和休息时间确定后，就可以计算劳动定额的时间定额了，计算公式为

$$时间定额=基本工作时间+辅助工作时间+准备与结束工作时间+不可避免中断时间+休息时间$$

或

$$时间定额=\frac{基本工作时间}{1-其他各项工作时间所占百分比}$$

- 比较类推法

比较类推法是选定一个已精确测定好的典型项目的定额，经过对比分析，计算出同类型其他相邻项目定额的方法。这种方法制定定额简单易行、工作量小，但往往会因对定额的时间构成分析不够，对影响因素估计不足，或所选典型定额不当而影响定额的质量。比较类推法适用于制定同类产品品种多、批量小的劳动定额和材料消耗定额。

比较类推的计算公式为

$$T=pt$$

式中：T为比较类推同类相邻定额项目的时间定额；t为典型项目的时间定额；p为各同类相邻项目耗用工时的比例

- 统计分析法

统计分析法是将以往施工中所积累的同类型工程项目的工时耗用量加以科学地统计、分析，并考虑施工技术与组织变化的因素，经分析研究后制定劳动定额的一种方法。统计分析法需有准确的原始记录和统计工作基础，并且选择正常的及一般水平的施工单位与班组，同时还要选择部分先进和落后的施工单位与班组进行分析和比较。

由于统计分析资料是过去已经达到的水平，且包含了某些不合理的因素，水平可能偏于保守。为了使定额保持平均先进水平，应从统计资料中求出平均先进值

- 经验估计法

经验估计法是对生产某一品种或完成某项工作所消耗的工日、原材料、机械台班等的数量，依据定额管理人员、技术人员、工人等以往的经验，结合图纸分析、现场观察、分解施工工艺、组织条件和操作方法来估计编制定额的办法。

经验估计法的优点是简便易行、工作量小、速度快，但往往受主观因素的影响，缺乏详细的分析和计算，准确性较差，容易出现偏高或偏低现象。所以，经验估计法只适用于企业内部，作为某些局部项目的补充定额。

通常用于品种多、工程量少、施工时间短以及一些不常出现的项目等一次性定额的制定

图3-4　劳动定额的编制方法

(2)产量定额 $=\frac{1}{0.104}=9.62$(工日/m^3)

【例3-5】　用统计分析法计算劳动定额平均值：已知××型号混凝土搅拌机搅拌混凝土的工时消耗数据资料：122 s、123 s、125 s、126 s、130 s、124 s、123 s、127 s、128 s、129 s，试计算此工程劳动定额的平均值。

解：(1)全数平均值

$$\bar{t}_1 = \frac{1}{10} \times (122 + 123 + 125 + 126 + 130 + 124 + 123 + 127 + 128 + 129)$$
$$= 125.7(s)$$

(2)小于全数平均值的各数平均值

$$\bar{t}_2 = \frac{1}{5} \times (122 + 123 + 125 + 124 + 123) = 123.4(s)$$

(3)平均先进值

$$\bar{t}_n = \frac{1}{2} \times (125.7 + 123.4) = 124.55(s)$$

二、材料消耗定额

在我国,建筑工程的直接成本中,材料费约占70%,材料消耗量多少、消耗是否合理,不仅关系到资源的有效利用,而且对工程造价的确定和成本控制有决定性影响。建筑工程使用的材料可分为直接性消耗材料和周转性消耗材料。材料消耗定额的编制方法有观测法、试验法、统计法和理论计算法,如图3-5所示。

施工定额中直接性材料消耗定额由材料净用量和损耗量构成,材料净用量是指直接用于工程并构成工程实体的材料数量;材料损耗量则是指不可避免的施工废料和材料损耗数量,例如场内运输及场内堆放在允许范围内不可避免的损耗、加工制作中的合理损耗及施工操作中的合理损耗等。

材料消耗量可表示为

$$材料消耗量 = 材料净用量 + 材料损耗量$$

材料损耗量常用损耗率表示,损耗率通过观测和统计确定,不同材料的损耗率不同。材料损耗量计算方法是

$$材料损耗量 = 材料消耗量 \times 材料损耗率$$

材料损耗率为

$$材料损耗率 = \frac{材料损耗量}{材料消耗量}$$

材料消耗量也可表示为

$$材料消耗量 = \frac{材料净耗量}{1 - 材料损耗率}$$

施工定额中周转性材料消耗定额是指每使用一次的摊销数量,计算时须考虑一次使用量、周转使用量、回收价值和摊销量之间的关系。

例如,现浇构件周转材料(模板)用量的计算为:

(1)一次使用量,即第一次投入使用时的材料数量,计算公式为

$$一次使用量 = 混凝土模板接触面积 \times 1\ m^3 接触面积需模板量 \times (1 - 制作损耗量)$$

(2)周转次数,即指周转性材料在补损条件下可以重复使用的次数。

(3)周转使用量,即指在周转使用和补损的条件下,每周转一次的平均需用量。周转使用量为

$$周转使用量 = \frac{投入使用量}{周转次数} = \frac{一次使用量 + 一次使用量 \times (周转次数 - 1) \times 损耗率}{周转次数}$$

材料消耗定额的编制方法

- 理论计算法

理论计算法是根据施工图纸和其他技术资料，用理论公式计算出产品的材料净用量，从而制定出材料的消耗定额。理论计算法只能计算出单位产品的材料净用量，材料的损耗量还要在现场通过实测取得。这种方法主要适用于块状、板状和卷筒状产品(如砖、钢材、玻璃、油毡等)材料的计算。

例如，1 m^3标准砖墙中，砖、砂浆的净用量计算公式为

$$1\ m^3\text{的一砖墙中，砖净用量}=\frac{1}{(\text{砖宽}+\text{灰缝})\times(\text{砖厚}+\text{灰缝})}\times\frac{1}{\text{砖长}}$$

$$1\ m^3\text{的一砖半砖墙中，砖净用量}=\left[\frac{1}{(\text{砖长}+\text{灰缝})\times(\text{砖厚}+\text{灰缝})}+\frac{1}{(\text{砖宽}+\text{灰缝})\times(\text{砖厚}+\text{灰缝})}\right]\times\frac{1}{\text{砖长}+\text{砖宽}+\text{灰缝}}$$

$$\text{砂浆净用量}=1\ m^3\text{砌体}-\text{砖体积}$$

- 观测法

观测法是对施工过程中实际完成产品的数量进行现场观察、测定，再通过分析整理和计算确定建筑材料定额的一种方法。

观测法最适宜制定材料的损耗定额，用观测法制定材料的消耗定额时，所选用的观测对象应符合下列要求：

(1)建筑物应具有代表性。

(2)施工方法符合操作规范的要求。

(3)建筑材料的品种、规格、质量符合技术及设计的要求。

(4)被观测对象在节约材料和保证产品质量等方面有较好的成绩。

观测中要区分不可避免的材料损耗和可以避免的材料损耗，可以避免的材料损耗不应包括在定额损耗量内。必须经过科学的分析研究后，确定确切的材料消耗标准，列入定额

- 统计法

统计法是指通过统计现场各分部分项工程的进料数量、用料数量、剩余数量及完成产品数量，并对大量统计资料进行分析计算，获得材料消耗的数据。这种方法不能作为确定材料净用量定额和材料损耗定额的精确依据。

采用统计法必须要保证统计与测算的耗用材料与其相应产品符合。在施工现场中的某些材料，往往难以区分用在各个不同部位上的准确数量。要注意统计资料的准确性和有效性

- 试验法

试验法是通过专门的仪器和设备在实验室内确定材料消耗定额的一种方法。这种方法适用于能在实验室条件下进行测定的塑性材料和液体材料(如混凝土、砂浆、油漆涂料及防腐等)，例如，求得不同强度等级混凝土的配合比，用以计算每立方米混凝土的各种材料耗用量。

试验法能更深入、详细地研究各种因素对材料消耗的影响，从中得到比较准确的数据。但是，在实验室中无法充分估计到施工现场中某些外界因素对材料消耗的影响，因此要求在实验室条件尽量与施工过程中的正常施工条件一致，同时在测定后用观察法进行审核和修正

图 3-5　材料消耗定额的编制方法

$$=\text{一次使用量}\times\frac{1+(\text{周转次数}-1)\times\text{损耗率}}{\text{周转次数}}$$

其中,周转性材料在周转过程中,其投入使用总量为

$$\text{投入使用总量}=\text{一次使用量}+\text{一次使用量}\times(\text{周转次数}-1)\times\text{损耗率}$$

$$\text{损耗率}=\frac{\text{平均每次损耗量}}{\text{一次使用量}}$$

设周转使用系数为 k_1,则

$$k_1=\frac{1+(\text{周转次数}-1)\times\text{损耗率}}{\text{周转次数}}$$

则　　　　　　　　周转使用量 = 一次使用量 × k_1

(4)周转回收量,指周转性材料每周转一次后,可以平均回收的数量,这部分数量应从摊销量中扣除。计算公式为

$$周转回收量 = \frac{周转使用最终回收量}{周转次数} = \frac{一次使用量 - 一次使用量 \times 损耗率}{周转次数}$$

$$= 一次使用量 \times \frac{1 - 损耗率}{周转次数}$$

设周转回收量系数为 k_2,则

$$k_2 = \frac{1 - 损耗率}{周转次数}$$

则　　　　　　　　周转回收量 = 一次使用量 × k_2

(5)摊销量,指周转材料使用一次在单位产品上的消耗量,即应分摊到每一单位分项工程或结构构件上的周转材料消耗量。

$$摊销量 = 周转使用量 - 周转使用量 \times 回收折价率$$

$$= 一次使用量 \times k_1 - 一次使用量 \times k_2 \times 回收折价率$$

$$= 一次使用量 \times (k_1 - k_2 \times 回收折价率)$$

设摊销量系数为 k_3,则

$$k_3 = k_1 - k_2 \times 回收折价率$$

则　　　　　　　　摊销量 = 一次使用量 × k_3

预制混凝土构件的模板,属周转使用材料,其摊销量的计算方法与现浇混凝土模板计算方法不同,只需根据一次使用量及周转次数即可算出摊销量。

其他定型模板,如组合式钢模板、复合木模板使用同样方法可计算摊销量。

【例 3-6】　已知××水电站工程用标准砖砌墙,墙围设计为 0.24 m,高 2.0 m,灰缝按 0.01 m 计算,砌体损耗率为 1.18%,砂浆损耗率为 15.9%,若用标准砖尺寸为 240 mm × 115 mm × 53 mm。试计算每立方米砖墙所用标准砖和砂浆的消耗量。

解:(1)标准砖和砂浆的净用量(100 m 砖墙)为

$$砖墙体积 = 0.24 \times 2.0 \times 100 = 48(m^3)$$

$$砖数 = \frac{48}{(0.115 + 0.01) \times (0.053 + 0.01) \times 0.24} = 25\ 397(块)$$

$$砖块净用量 = 25\ 397 \times 0.24 \times 0.115 \times 0.053 = 37.15(m^3)$$

$$每立方米砖墙砖块净用量 = \frac{37.15}{48} = 0.774(m^3)$$

$$每立方米砖墙砂浆净用量 = 1 - 0.774 = 0.226(m^3)$$

(2)每立方米砖墙标准砖和砂浆消耗量为

$$砖块消耗量 = \frac{0.774}{1 - 1.18\%} = 0.783(m^3)$$

$$砂浆消耗量 = \frac{0.226}{1 - 15.9\%} = 0.27(m^3)$$

【例 3-7】　××水电站工程浇筑厂房钢筋混凝土梁,周转使用模板 6 次,如果一次使用模板料 2.56 m^3,支撑料 3.66 m^3,且每次损耗率为 15.8%。试计算此水电工程施工定额模

板使用摊销量。

解:(1)模板料摊销量

$$模板周转使用量 = 2.56 \times \frac{1 + (6 - 1) \times 15.8\%}{6} = 0.764(m^3)$$

$$模板回收量 = 2.56 \times \frac{1 - 15.8\%}{6} = 0.359(m^3)$$

$$模板摊销量 = 0.764 - 0.359 = 0.405(m^3)$$

(2)支撑料摊销量

$$支撑料周转使用量 = 3.66 \times \frac{1 + (6 - 1) \times 15.8\%}{6} = 1.092(m^3)$$

$$支撑料回收量 = 3.66 \times \frac{1 - 15.8\%}{6} = 0.514(m^3)$$

$$支撑料摊销量 = 1.092 - 0.514 = 0.578(m^3)$$

三、机械台班使用定额

机械台班使用定额是在合理使用机械和合理的施工组织条件下,完成单位合格产品所必须消耗的机械台班的数量标准。机械台班使用定额也有时间定额和产量定额两种表现形式。

(1)机械台班时间定额。机械台班时间定额在正常的施工条件和合理的劳动组织下,完成单位合格产品所必需的机械台班数,计算公式为

$$机械时间定额(台班) = \frac{1}{机械台班产量}$$

(2)机械台班产量定额。机械台班产量定额在正常的施工条件、合理的劳动组织下,每一个机械台班时间中需完成的合格产品数量,计算公式为

$$机械台班产量定额 = \frac{1}{机械时间定额(台班)}$$

人工配合机械工作定额是指按照每个机械台班内配合机械工作的工人班组总工日数及完成的合格产品数量。

单位产品时间定额为完成单位合格产品所必须消耗的工作时间,计算公式为

$$单位产品时间定额(工日) = \frac{班组成员工日总数}{一个机械台班的产量}$$

一个机械台班中折合到每个工日生产单位合格产品的数量,计算公式为

$$产品定额 = \frac{一个机械台班的产量}{班组成员工日数总和(工日)}$$

实际上,机械台班定额通常用复式表示,即时间定额/台班产量定额,同时表示时间定额和台班产量定额。

实际工作中机械工作与人工操作相比,劳动生产率受到施工条件的影响更大,编制定额时更应重视确定机械工作的正常条件,内容有:

(1)工作地点的合理组织,即对施工地点机械和材料的位置、工人从事操作的场所作出

科学合理的平面布置和空间安排。

(2)拟定合理的劳动组合,即根据施工机械的性能和设计能力、工人的专业分工和劳动功效,合理确定操作机械的工人人数和直接参加机械化施工过程的工人人数,确定维护机械的工人人数及配合机械施工的工人人数,从而保持机械的正常生产率和工人正常的劳动效率。

编制机械台班定额时,除需要确定机械工作正常条件外,还需确定机械净工作 1 h 生产率。机械净工作时间是指机械必须消耗的时间,包括在满载和有根据地降低负荷下的工作时间、不可避免的无负荷工作时间与必要的中断时间。

(1)循环动作机械净工作 1 h 生产率。动作机械净工作 1 h 生产率计算公式为

$$\text{机械净工作 1 h 循环次数} = \frac{3\ 600\ \text{s}}{\text{一次循环的正常延续时间}}$$

循环动作机械净工作 1 h 生产率 = 机械净工作 1 h 循环次数 × 一次循环生产的产品数量

(2)连续动作机械净工作 1 h 生产率。连续动作机械是指施工作业中只作某一动作的连续动作机械。确定机械净工作 1 h 生产率计算公式如下

$$\text{连续动作机械净工作 1 h 生产率} = \frac{\text{工作时间内完成的产品数量}}{\text{工作时间(h)}}$$

(3)确定机械的正常利用系数。机械的正常利用系数是指机械在工作班内对工作时间的利用率。机械正常利用系数的计算公式为

$$\text{机械正常利用系数} = \frac{\text{机械在一个工作班内净工作时间}}{\text{一个工作班延续时间(8 h)}}$$

确定了机械工作正常条件、机械净工作 1 h 生产率和机械正常利用系数之后,即采用下列公式计算施工机械定额:

机械台班产量定额 = 机械净工作 1 h 生产率 × 工作班净工作时间

或

机械台班产量定额 = 机械净工作 1 h 正常生产率 × 工作班延续时间 × 机械正常利用系数

【例 3-8】 已知 × × 水电站工程,吊装混凝土板用 12 t 塔式起重机,若机械台班产量定额为 36 块,且有 2 名起重机司机、6 名安装起重工和 1 名电焊工。试计算此水电工程吊混凝土板小组吊一块板的机械时间定额和人工时间定额。

解:(1)吊一块板的机械时间定额

$$\text{机械时间定额} = \frac{1}{36} = 0.03\text{(台班)}$$

(2)吊一块板的人工时间定额

起重机司机时间定额 = 2 × 0.03 = 0.06(工日)

安装起重工时间定额 = 6 × 0.03 = 0.18(工日)

电焊工时间定额 = 1 × 0.03 = 0.03(工日)

$$\text{工作小组人工时间定额} = \frac{2+6+1}{36} = 0.25\text{(工日)}$$

第四节　预算定额

一、预算定额的编制原则

(1)体现社会必要劳动量。定额水平应反映社会平均水平,体现社会必要劳动量,预算定额水平应是在正常施工条件下多数工人与企业能够达到和超过的水平。

(2)应遵循价值规律的要求。在市场经济条件下,作为确定建设产品价格的工具,预算定额应遵循价值规律的要求来确定定额水平。

(3)合理、严谨及适用。预算定额子目的划分粗细应恰当、结构严谨,且各指标应尽量固定、减少换算,避免发生争议。

二、预算定额的编制依据及资料

(1)国家颁布的经济政策和劳动制度。

(2)水利水电工程现行的设计规范、施工及验收规范、质量评定标准和安全操作规程。这些文件是确定设计标准和设计质量、施工方法和施工质量、保证安全施工的法规。

(3)现行的水利水电工程预算定额、过去颁发的预算定额和相关单位颁发的预算定额及其编制的基础材料。

(4)现行施工定额。现行预算定额应该在现行施工定额的基础上进行编制,只有参考现行施工定额,才能保证二者的协调性与可比性。

(5)常用的施工方法和施工机具性能资料、现行的工资标准、材料市场价格与预算价格。

(6)有关科学试验、测定、统计和经验分析资料,新技术、新结构、新材料、新工艺和先进经验等资料。

三、预算定额的编制方法

(一)定额项目的划分

预算定额项目应在施工定额的基础上进一步综合。通常应根据建筑的不同部位、不同构件,将庞大的建筑物分解为较为简单的、各种不同的、可以用适当计量单位计算工程量的基本构造要素,做到项目齐全、粗细适度、简明实用。同时,根据项目的划分,确定预算定额的名称、工作内容及施工方法,并使施工和预算定额协调一致,以便于相互比较。

(二)计量单位的选择

定额项目计量单位应根据结构构件或分项工程的特征及变化规律来确定。当物体有一定厚度,而长度和宽度不定时,采用面积单位,如层面、地面等;如果物体断面形式、大小固定,则采用长度单位,如管道、钢筋等;如果物体的长、宽、高均不一定,则采用体积单位,如土方、砖石、混凝土工程等。

(三)人工、材料、机械台班消耗指标的确定

1.人工消耗指标

预算定额中的人工消耗指标是由基本用工和其他用工两部分组成的,包括完成该分项工程必需的各种用工量,这些用工量可依据对多个典型工程测算后综合取定或依据国家颁

发的、现行的《全国建筑安装工程统一劳动定额》计算而得。

(1)基本用工,指为完成某个分项工程所需的主要用工量。包括砌筑各种墙体工程中的砌砖、调制砂浆以及运砖和运砂浆的用工量,还包括属于预算定额项目工作内容范围内的一些基本用工量,例如在墙体中的门窗洞、预留抗震柱孔等工作内容。

(2)其他用工,指辅助基本用工消耗的工日或工时,按工作内容包括以下三类:

①人工幅度差用工,是指在劳动定额中未包括而在一般正常施工情况下又不可避免的一些工时消耗。

②超运距用工,是指超过劳动定额所规定的材料、半成品运距的用工数量。

③辅助用工,是指材料需要在现场加工的用工数量,如筛砂子等需要增加的用工数量。

2. 材料消耗指标

预算定额中的材料消耗指标是指在正常施工条件下,用合理使用材料的方法完成单位合格产品所必须消耗的各种材料、成品、半成品的数量标准。

预算中的材料用量由材料的净用量和材料的损耗量组成。预算定额内的材料由主要材料、零星材料、辅助材料三部分组成,反映了材料的使用性质、用途和用量大小。材料消耗指标在编制预算定额方案中已确定的有关因素(如工程项目划分、工程内容范围、计量单位和工程量的计算)的基础上,可采用观测法、试验法、统计法和计算法确定。首先确定出材料的净用量,然后确定材料的损耗率,计算出材料的消耗量,并结合测定的资料,采用加权平均的方法计算出材料的消耗指标。

3. 机械台班消耗指标

预算定额中的机械台班消耗指标是以台时为单位计算的,有的按台班计 1 h 为一个台班,其中:

(1)以手工操作为主的工人班组所配备的施工机械(如砂浆、混凝土搅拌机,垂直运输的塔式起重机)为小组配合使用,所以应以小组产量计算机械台班量或台时量。

(2)机械施工过程(如机械化土石方工程、打桩工程、机械化运输及吊装工程所用的大型机械及其他专用机械)应在劳动定额中的台班定额或台时定额的基础上另加机械幅度差。

其中,机械幅度差是指在劳动定额中机械台班或台时耗用量中未包括的,而机械在合理的施工组织条件下所必需的停歇时间。这些因素会影响机械的生产效率,所以应另外增加一定的机械幅度差的因素,其内容包括:

(1)在正常施工情况下,机械施工中不可避免的工序间歇时间。

(2)施工机械转移工作面及配套机械互相影响损失的时间。

(3)临时水、电线路在施工中移动位置所发生的机械停歇时间。

(4)施工中工作不饱满和工程结尾时工作量不多而影响机械的操作时间等。

(5)工程质量检查影响机械的操作时间。

机械幅度差系数即机械时间利用系数,大型土方机械幅度差系数为 1.25,打桩机械为 1.33,吊装机械为 1.30,其他分项工程机械则为 1.10。

预算定额中机械台班消耗指标计算公式如下:

(1)操作小组配合机械台班消耗指标。操作小组配合机械台班消耗指标是以结合取定的小组产量计算,不另行计算机械幅度差。计算公式为

$$\text{机械台班消耗指标} = \frac{\text{分项定额的计算单位值}}{\text{小组总产量}}$$

(2)按机械台班产量计算机械台班消耗量。大型机械施工的土石方、打桩、构件吊装、运输等项目,机械台班消耗量按劳动定额中规定的各分项工程的机械台班产量计算,再加上机械幅度差。计算公式为

$$\text{大型机械台班消耗量} = \frac{\text{工序工程量}}{\text{机械台班产量定额}}(1 + \text{机械幅度差})$$

式中,机械幅度差一般为20% ~40%。

(3)打夯、钢筋加工、木作、水磨石等各种专用机械台班消耗指标。专用机械台班消耗指标,有的直接将值计入预算定额中,也有的以机械费表示,不列入台班数量。计算公式为

$$\text{台班产量} = \text{机械配备人数} \times \text{每工产量}$$

$$\text{台班消耗量} = \frac{\text{计量单位值}}{\text{台班产量}} \times (1 + \text{机械幅度差})$$

四、预算定额的编制程序

(1)编制小组,拟定大纲。对使用的定额水平、项目划分、表示形式等进行统一研究,并对参加编制定额人员、项目完成时间与编制进度作出安排。

(2)编制初稿。调查并熟悉资料,然后按确定的项目和图纸逐项计算工程量,并在此基础上,对相关规范、资料进行深入分析和测算,编制初稿。

(3)修正与报批。组织相关基本建设部门讨论,听取基层单位和职工的意见,并通过新旧预算定额的对比,测算定额水平,对定额进行必要的修正,报送领导机关审批。

第五节 概算定额及概算指标

一、概算定额的编制内容

(1)总说明。概算定额总说明主要阐明编制依据、使用范围、定额的作用及有关统一规定等。

(2)分部工程说明。在分部工程说明中主要阐明了有关工程量计算规则及本分部工程的相关规定等。

(3)概算定额表。概算定额表中的分节定额的表头部分分列有本节定额的工作内容及计量单位,概算定额表中罗列有定额项目的人工、材料和机械台班消耗量指标。

二、概算定额的编制原则

(1)概算定额须适应设计、计划、统计和拨款的要求,更好地为基本建设服务。

(2)编制概算定额时,原则上不留活口,对于设计和施工变化多而影响工程量多、价差大的,应根据有关资料进行测算,综合取定常用数值;对于其中还包括不了的个性数值,可适当留些活口。

(3)概算定额的编制项目划分,应坚持简化、准确和适用的原则。概算定额项目计量单

位的确定，与预算定额要尽量一致；应考虑统筹法及应用电子计算机编制的要求，以简化工程量和概算的计算编制。

(4)概算定额的水平，应与预算定额的水平基本一致。它必须是反映正常条件下大多数企业的设计、生产施工管理水平。

三、概算定额的编制依据

(1)现行的设计标准及规范，施工验收规范。

(2)上级颁发的有关政策性文件。

(3)现行的概算定额。

(4)过去颁发的概算定额。

(5)有关的工程概算、施工图预算、工程结算和工程决算等经济资料。

(6)现行的工程预算定额和施工定额。

(7)现行人工工资标准、材料预算价格和机械台班(时)费等。

(8)经过批准的标准设计和有代表性的设计图纸等。

四、概算定额的编制方法

概算定额的编制方法与预算定额基本相似，只是因为在可行性研究阶段及初步设计阶段，设计资料尚不如施工图设计阶段详细和准确，设计深度也有限，要求概算定额具有比预算定额更大的综合性，所包含的可变因素更多。概算定额与预算定额之间允许有5%以内的幅度差。

在水利工程中，从预算定额过渡到概算定额，通常采用的扩大系数为1.03。

五、概算定额的编制程序

(一)准备阶段

(1)确定编制定额的机构和人员组成。

(2)调查研究并了解现行概算定额执行情况和存在的问题。

(3)明确编制目的，制定概算定额的编制方案和划分概算定额的项目。

(二)初审阶段

(1)依据所制定的编制方案和定额项目。

(2)收集资料、整理分析各种预算资料并选定有代表性的工程图纸。

(3)依据选定的工程图纸，计算工程量，套用预算定额中的人工、材料和机械消耗量。

(4)加权平均得出概算项目的人工、材料、机械消耗指标。

(5)计算出概算项目基价。

(三)定稿阶段

(1)测算概算定额和预算定额水平，以保证两者在水平上的一致性。

(2)当与预算定额不一致或幅度差不合理时，则需要对概算定额作必要的修改。

(3)定稿，批准后颁布执行。

第六节　定额的应用

一、定额的组成内容

水利水电工程建设中现行的各种定额一般由总说明、分册分章说明、目录、定额表及有关附录组成,其中定额表是各种定额的主要组成部分。

《水利建筑工程概算定额》(2002)和《水利建筑工程预算定额》(2002)的定额表内列出了各定额项目完成不同子目单位工程量所必需的人工、主要材料和主要机械台班消耗量。各定额项目的定额表上方注明该定额项目的适用范围和工作内容,在定额表内列出了完成不同子目单位工程量所必须耗用的人工、用料及机具费用,如表3-9所示的浆砌块石定额。

表3-9　三—6　浆砌块石

工作内容:选石、修石、冲洗、拌浆、砌石、勾缝。　　(单位:100 m^3)

项目	单位	护坡		护底	基础	挡土墙	桥闸墩
		平面	曲面				
工长	工时	16.8	19.2	14.9	13.3	16.2	17.7
高级工	工时						
中级工	工时	346.1	423.5	284.1	236.2	329.5	376.5
初级工	工时	475.8	515.7	443.9	415.0	464.6	490.0
合计	工时	838.7	958.4	742.9	664.5	810.3	884.2
块石	m^3	108	108	108	108	108	108
砂浆	m^3	35.3	35.3	35.3	34.0	34.4	34.8
其他材料费	%	0.5	0.5	0.5	0.5	0.5	0.5
砂浆搅拌机　0.4 m^3	台时	6.35	6.35	6.35	6.12	6.19	6.26
胶轮车	台时	158.68	158.68	158.68	155.52	156.49	157.46
编号		30017	30018	30019	30020	30021	30022

《水利水电设备安装工程概算定额》(2000)和《水利水电设备安装工程预算定额》(2000)的定额表对完成不同设备安装所必须耗用的人工、用料及机械费用作了规定,如表3-10所示的拦污栅安装定额。

表3-10　十二—5　拦污栅

项目	单位	栅体	栅槽
工长	工时	2	6
高级工	工时	8	33
中级工	工时	14	58
初级工	工时	8	33
合计	工时	32	130

续表 3-10

项目	单位	栅体	栅槽
型钢	kg		40
氧气	m^3		8
乙炔气	m^3		3.5
电焊条	kg		14
油漆	kg	2	2
黄油	kg	1	
其他材料费	%	15	15
门式起重机　10 t	台时	0.9	1.4
电焊机　20～30 kVA	台时		14
其他机械费	%	15	15
编号		12047	12075

在计算装置性材料（即被安装的材料，如电缆、管材、母线等）用量时，应按表 3-11 所列操作损耗率记入操作损耗量。

表 3-11　装置性材料操作损耗率

序号	材料名称	损耗率（%）
1	钢板（齐边）： （1）压力钢管直管； （2）压力钢管弯管、叉管、渐变管； （3）各种闸门及埋件； （4）容器	 5 15 13 10
2	钢板（毛边）：压力钢管、容器等	17
3	型钢	5
4	管材及管件　机组管路、系统管路及其他管路	3
5	电力电缆	1
6	控制电缆、高频电缆	1.5
7	绝缘导线	1.8
8	硬母线（包括铜、铝、铜质的带形、管形及槽形母线）	2.3
9	裸软导线（包括铜、铝、钢及钢芯铝绞线）	1.3
10	压接式线夹、螺栓、垫圈、铝端头、护线条及紧固件	2
11	金具	1

续表 3-11

序号	材料名称	损耗率(%)
12	绝缘子	2
13	塑料制品(包括塑料槽板、塑料管、塑料板等)	5

注:1. 裸软导线的损耗率中包括了因弧垂及因杆位高低差而增加的长度;但变电站中的母线、引下线、跳线、设备连接线等因弯曲而增加的长度,均不应以弧垂看待,应计入基本长度中。

2. 电力电缆及控制电缆的损耗率中未包括预留、备用段长度,敷设时各种弯曲而增加的长度,以及为连接电气设备而预留的长度,均应计入设计长度。

二、定额的使用

定额在水利水电工程建设经济管理工作中起着重要作用,设计单位的造价工作人员和施工企业的经济管理人员都必须熟练准确地使用定额。为此,必须做到以下几点。

(一)专业专用

水利水电工程建设项目除水工建筑物及水利水电设备外,还有房屋建筑工程、公路、铁路、输变电线路、通信工程等。水利工程应采用水利电力部门颁发的定额,其他工程分别采用所属主管部门颁发的定额。如公路工程采用交通部门颁发的公路工程定额,房屋建筑工程采用建筑工程定额。

(二)工程定额要与费用定额配套使用

在计算水利水电工程投资的过程中,除采用工程定额外,还应结合现行的有关文件颁发的费用定额。

(三)选用的定额应与设计阶段和定额的作用相适应

可行性研究阶段编制投资估算采用投资估算指标;初设阶段编制设计概算应采用概算定额;施工图预算阶段应采用预算定额。当因本阶段定额缺项,需用下阶段定额时,应按规定乘以过渡系数。

(四)熟悉定额中的有关内容

(1)要认真阅读定额的总说明和分章说明。对说明中指出的编制原则、依据、适用范围、使用方法、已经考虑和没有考虑的因素以及有关问题的说明等,都要通晓和熟悉。

(2)要了解定额项目的工作内容。能根据工程部位、施工方法、施工机械和其他施工条件正确地选用定额项目,做到不错项、不漏项、不重项。

(3)要学会使用定额的各种附录。例如,对建筑工程要掌握土壤和岩石分级、砂浆与混凝土配合材料用量的确定,对安装工程要掌握安装费调整、各种装置性材料用量和概算指标的确定等。

(4)要注意定额修正的各种换算关系。当施工条件与定额项目规定条件不符时,应按定额说明和定额表附注中有关规定换算修正。例如,人工挖运土方除注明者外,一般不包括修边,如需修边,不同上口宽度、不同土质类别,修边工时按表 3-12 ~ 表 3-14 增加。

表 3-12　人工挖倒沟槽土方　　单位:100 m^3

项目	单位	上口宽度(m)								
		≤1		1～2			2～4			
		深度(m)								
		≤1	1～1.5	1～1.5	1.5～2	2～3	1～1.5	1.5～2	2～3	3～4
Ⅰ～Ⅱ类土	工时	30.8	32.9	15.4	15.4	16.8	8.4	8.4	9.8	11.2
Ⅲ类土	工时	42.7	46.2	21.0	21.7	23.1	11.2	11.9	13.3	15.4
Ⅳ类土	工时	67.2	72.8	32.9	34.3	36.4	18.2	18.9	21.0	24.5

表 3-13　人工挖倒柱坑土方　　单位:100 m^3

项目	单位	上口面积(m^2)								
		≤5		5～10			10～20			
		深度(m)								
		≤1.5	1.5～2	≤1.5	1.5～2	2～3	≤1.5	1.5～2	2～3	3～4
Ⅰ～Ⅱ类土	工时	23.1	24.5	18.2	18.9	21.0	12.6	12.6	13.3	14.7
Ⅲ类土	工时	32.2	32.9	25.2	26.6	28.7	17.5	18.2	18.9	20.3
Ⅳ类土	工时	50.4	51.8	39.9	42.0	45.5	26.6	28.0	29.4	32.2

表 3-14　人工挖柱坑土方人力挑抬运输　　单位:100 m^3

项目	单位	上口面积(m^2)						增运 10 m
		10～20		20～40		40～80		
		挖土	挖土 10 m	挖土	挖土 10 m	挖土	挖土 10 m	
Ⅰ～Ⅱ类土	工时	14.7		9.8		7.0		
Ⅲ类土	工时	20.3		14.0		9.8		
Ⅳ类土	工时	32.2		22.4		15.4		

(5)要注意定额单位和定额中数字表示的适用范围。概预算工程项目的计算单位要和定额项目的计量单位一致。要注意区分土石方工程的自然方和压实方，砂石备料中的成品方、自然方与堆石码方，砌石工程中的砌体方与石料码方，沥青混凝土的拌和方与成品方等。定额中凡数字后用“以上”、“以外”表示的都不包括数字本身；凡数字后用“以下”、“以内”表示的都包括数字本身。凡用数字上下限表示的，如 1 000 ~ 2 000，相当于 1 000 以上至 2 000以下。

三、定额使用举例

【例 3-9】 某导流明渠开挖工程，Ⅲ类土，拟采用人工挖装、胶轮车运土，弃土用于填筑围堰。运距 180 m，上口宽度为 6 m。围堰土方压实干密度 1.38 t/m^3，天然干密度 0.99 t/m^3，试求填筑围堰 100 m^3 所需人工、胶轮车的预算量。

解：查《水利建筑工程预算定额》——10，根据例题要求，如表 3-15 所示。

表 3-15 ——10 人工挖渠道土方胶轮车运输

工作内容：1. 挖土：挖土、修边底。

2. 挖运：挖、装、运、修边底。

(2)Ⅲ类土 单位：100 m^3

项目	单位	上口宽度(m)				增运 20 m
		4 ~ 8		8 ~ 16		
		挖土	挖运 20 m	挖土	挖运 20 m	
工长	工时	2.8	5.0	2.6	4.9	
高级工	工时					
中级工	工时					
初级工	工时	139.3	247.4	128.3	236.5	7.7
合计	工时	142.1	252.4	130.9	241.4	7.7
零星材料费	%	4	2	4	2	
胶轮车	台时		63.78		63.78	6.24
编号		10152	10153	10154	10155	10156

(1)计算土料挖运劳动量。查表3-15，人工挖土、胶轮车运土定额编号为10153，每增运20 m需人工7.7工日，胶轮车6.24台班（定额编号为10156），共增运$(180-20)\div20=8$（次）。

100 m^3 土料消耗劳动量：

人工　　$(247.4+5.0)+8\times7.7=314$（工时）

胶轮车　　$63.78+6.24\times8=113.7$（台班）

(2)计算围堰填筑劳动量。

$$100\ m^3\text{成品原方定额数需要自然方定额数}=\frac{(100+A)\times\text{设计干密度}}{\text{天然干密度}}=\frac{(100+4.93)\times1.38}{0.99}=146.27(m^3)$$

式中，A为综合系数，见表3-16。

表3-16　综合系数A取值

项目	A(%)
机械填筑混合坝坝体土料	5.86
机械填筑均质坝坝体土料	4.93
机械填筑心(斜)墙土料	5.70
人工填筑坝体土料	3.43
人工填筑心(斜)墙土料	3.43
坝体砂砾料、反滤料	2.20
坝体堆石料	1.40

综合系数A，包括开挖、土坝运输、雨后清理、边坡削坡、接缝削坡、施工沉陷、取土坑、试验坑和不可避免的压坏等损耗因素。根据不同的施工方法和坝料按表3-16选取A值，使用时不再调整。

则填筑围堰100 m^3 需用：

人工 $314\times146.27\div100=459.29$（工时）

胶轮车 $113.7\times146.27\div100=166.31$（台班）

【例3-10】 某渠道工程，采用浆砌石护坡，设计砂浆强度等级为M10，砌石用材料就近堆放。求每立方米浆砌石所需人工、材料预算耗用量。

解:查《水利建筑工程预算定额》三—6,根据例题要求,如表3-9所示。

(1)查表3-9,每100 m^3 砌体需消耗人工838.7工时,块石108 m^3(码方),砂浆35.3 m^3。因砌石工程定额已综合包含了拌浆、勾缝和20 m以内运料用工,故不需另计其他用工。

(2)确定砂浆材料预算用量。根据设计砂浆强度等级,查《水利建筑工程预算定额》附录8砂浆材料配合比表1,每立方米砂浆主要材料预算用量有:强度等级32.5级矿渣硅酸盐水泥305 kg,砂1.10 m^3。

(3)综合计算每立方米浆砌石人工与材料用量。人工为8.39工日,块石1.08 m^3(码方),水泥为 $305 \times 35.3 \div 100 = 107.67$(kg),砂 $1.10 \times 35.3 \div 100 = 0.39$($m^3$)。

第四章　水利水电工程概预算项目划分及费用构成

第一节　概预算项目划分

一、水利工程项目划分概述

水利工程是个复杂的建筑群体,尤其是大型水利工程,包含的建筑群体种类多、涉及范围广、投资大、建设周期长、影响因素复杂,建设内容涉及水利、电力、交通、铁路、航运、通信、房屋建筑、设备制造等。因此,为了便于编制水利工程基本建设计划,预测水利工程造价,组织材料供应,进行招标投标,开展施工,控制工程投资,控制施工质量,实行经济核算等,在水利工程概预算中,对一个水利工程建设项目要系统地逐级划分为若干个各级项目和费用项目。水利工程很难像一般的基本建设工程一样严格按单项工程、单位工程来确切划分工程项目。现行的水利工程项目划分按照水利部2002年颁发的水总[2002]116号文有关项目划分的规定(简称《工程项目划分》)。

(一)工程类别划分

水利工程按工程性质划分为两类:一类是枢纽工程,包括水库、水电站和其他大型独立建筑物,枢纽工程大多为多目标开发项目,建筑物种类多,布置集中,施工难度大;另一类是引水工程及河道工程,包括供水工程、灌溉工程、河湖整治工程、堤防工程,这类工程建筑种类少,布置分散,施工难度小。

(二)工程概算构成

水利工程概算由工程部分、移民和环境部分组成(包括水库移民征地补偿、水土保持工程、环境保护工程)。工程部分概算编制和项目划分按照水利部2002年颁发的水总[2002]116号文有关项目划分的规定执行。移民和环境部分概算编制和项目划分的各级项目执行《水利工程建设征地移民补偿投资概(估)算编制规定》、《水利工程环境保护设计概(估)算编制规定》和《水土保持工程概(估)算编制规定》。

(三)工程部分概算项目划分

工程部分概算项目划分为五部分,包括建筑工程、机电设备及安装工程、金属结构设备及安装工程、施工临时工程、独立费用。

(四)三级项目

工程各部分一般划分为三个等级项目,即各部分下设一级、二级、三级项目,每个上一级项目包含若干个下一级项目。一级项目是具有独立功能的单项工程,二级项目相当于单位工程,三级项目相当于分部分项工程。以第一部分建筑工程为例,枢纽工程中的泄洪工程是一项具有独立功能的单项工程,属一级项目;构成泄洪工程的溢洪道、泄洪洞、冲砂洞(孔)、放空洞等工程为单位工程,属二级项目;各单位工程中的土石方开挖、回填、混凝土、灌浆、钢筋等为分部分项工程,属三级项目。在进行水利工程概算编制时,主体建筑工程工程量要计算到三级项目,三级项目是进行水利工程概(估)算的基础。

《工程项目划分》在对工程部分进行项目划分规定时,第二、三级项目中仅列出了代表性子目,在编制概预算时,应根据工程的设计阶段、设计工作深度和工程的具体情况进行增删调整或再划分。以三级项目为例,项目划分如下:

(1)土方开挖工程,应将土方开挖与砂砾石开挖分列。

(2)石方开挖工程,应将明挖与暗挖、平洞与斜井及竖井分列。

(3)土石方回填工程,应将土方回填与石方回填分列。

(4)砌石工程,应将工程不同部位的干砌石、浆砌石、抛石、铅丝笼块石分列。

(5)混凝土工程,应将工程不同部位、不同强度等级、不同级配的混凝土分列。

(6)模板工程,应将不同材质、不同规格形状的模板分列。

(7)钻孔工程,应根据使用的钻孔机械和钻孔的用途分列。

(8)灌浆工程,应按不同的灌浆种类分列。

(9)机电、金属结构设备及安装工程,应根据设计提供的设备清单,分项逐一列出。

(10)钢管制作及安装工程,应将不同管径的钢管、叉管分列。

二、水利工程项目划分

(一)第一部分 建筑工程

1. 枢纽工程

枢纽工程是指水利枢纽建筑物和其他大型独立建筑物,引水工程的水源工程包含在水利枢纽建筑物中。本部分由挡水工程、泄洪工程、引水工程、发电厂工程、升压变电站工程、航运工程、鱼道工程、交通工程、房屋建筑工程和其他建筑工程共10项组成。其中,挡水工程等前7项称为主体建筑工程,后3项称为一般建筑工程。

(1)主体建筑工程。主要有:

①挡水工程。指拦河挡水的各类坝(闸)工程,包括混凝土坝(闸)工程和土(石)坝工程。

②泄洪工程。指用于宣泄洪水的各类工程,包括溢洪道、泄洪洞、冲砂洞(孔)、放空洞等工程。

③引水工程。指用于引水的各类工程,包括引水明渠、进(取)水口、引水隧洞、调压井、高压管道等工程。

④发电厂工程。包括各类发电厂工程,有地面厂房、地下厂房、交通洞、出线洞(井)、通风洞(井)、尾水洞、尾水调压井、尾水渠等工程。

⑤升压变电站工程。包括变电站工程和开关站工程。

⑥航运工程。指用于航运的各类工程,包括上游引航道、船闸(升船机)、下游引航道等工程。

⑦鱼道工程。根据枢纽建筑物布置情况,可以独立列项。与拦河坝相结合的,也可以作为拦河坝的组成部分。

(2)一般建筑工程。主要有:

①交通工程。包括上坝、进厂、对外等场内外永久性的公路、铁路、桥梁、码头等工程。

②房屋建筑工程。包括为生产运行服务的永久性辅助生产厂房、仓库、办公、生活及文化福利等永久房屋建筑和室外工程。

③其他建筑工程。包括内外部观测工程,动力线路工程(厂坝区),照明线路工程,通信线路工程,厂坝区及生活区供水、供热、排水等公用设施,厂坝区环境建设工程,水情自动测报系统工程及其他工程。

2. 引水工程及河道工程

引水工程及河道工程指供水、灌溉、河湖整治、堤防修建与加固工程。它包括供水、灌溉渠(管)道、河湖整治与堤防工程,建筑物工程(水源工程除外),交通工程,房屋建筑工程,供电设施工程和其他建筑工程等6项。

(1)供水、灌溉渠(管)道、河湖整治与堤防工程。包括渠(管)道工程、清淤疏浚工程、堤防修建与加固工程。

(2)建筑物工程。包括泵站、水闸、隧洞、渡槽、倒虹吸、跌水、小水电站、排水沟(涵)、调蓄水库等工程。

(3)交通工程。指永久性的公路、铁路、桥梁、码头等工程。

(4)房屋建筑工程。包括为生产运行服务的永久性辅助生产厂房、仓库、办公、生活及文化福利等永久房屋建筑和室外工程。

(5)供电设施工程。指为工程生产运行供电需要架设的输电线路及变配电设施工程。

(6)其他建筑工程。包括内外部观测工程、照明线路工程、通信线路工程、厂坝(闸、泵站)区及生活区供水、供热、排水等公用设施工程,工程沿线或建筑物周围环境建设,水情自动测报系统工程及其他工程。

(二)第二部分　机电设备及安装工程

1. 枢纽工程

枢纽工程是指构成枢纽工程固定资产的全部机电设备及安装工程。本部分由发电设备及安装工程、升压变电设备及安装工程和公用设备及安装工程3项组成。

(1)发电设备及安装工程。包括水轮机、发电机、主阀、起重设备、水力机械辅助设备、电气设备等。

(2)升压变电设备及安装工程。包括主变压器、高压电气设备、一次拉线及其他等。

(3)公用设备及安装工程。包括:通信设备,通风采暖设备,机修设备,计算机监控系统,管理自动化系统,全厂接地及保护网,电梯,坝区馈电设备,厂坝区供水、排水、供热设备,水文、泥沙监测设备,水情自动测报系统设备,外部观测设备,消防设备,交通设备等设备及安装工程。

2. 引水工程及河道工程

引水工程及河道工程指构成该工程固定资产的全部机电设备及安装工程。本部分一般由泵站设备及安装工程、小水电设备及安装工程、供变电工程和公用设备及安装工程4项组成。

(1)泵站设备及安装工程。包括水泵、电动机、主阀、起重设备、水利机械辅助设备、电气设备等。

(2)小水电设备及安装工程。参照枢纽工程的发电设备及安装工程和升压变电设备及安装工程。

(3)供变电工程。包括供电、变配电设备及安装工程。

(4)公用设备及安装工程。包括：通信设备，通风采暖设备，机修设备，计算机监控系统，管理自动化系统，全厂接地及保护网，电梯，坝（闸、泵站）区馈电设备，厂坝（闸、泵站）区供水、排水、供热设备，水文、泥沙监测设备，水情自动测报系统设备，外部观测设备，消防设备，交通设备等。

（三）第三部分　金属结构设备及安装工程

本部分指构成枢纽工程、引水工程及河道工程固定资产的全部金属结构设备及安装工程。金属结构设备及安装工程项目要与第一部分建筑工程项目相对应。

金属结构设备及安装工程，主要包括闸门、启闭机、拦污栅、升船机等，压力钢管制作及安装工程及其他金属结构设备及安装工程。

（四）第四部分　施工临时工程

施工临时工程指为辅助主体工程施工所必须修建的生产和生活用临时性工程。本部分一般由导流工程、施工交通工程、施工房屋建筑工程、施工场外供电线路工程和其他施工临时工程5项组成。

1. 导流工程

导流工程包括导流明渠、导流洞、土石围堰、混凝土围堰、蓄水期下游断流补偿设施等工程和金属结构设备及安装工程。

2. 施工交通工程

施工交通工程指为工程建设服务的施工现场内外的临时交通工程，包括公路、铁路、桥梁、码头、转运站、施工支洞等工程。

3. 施工房屋建筑工程

施工房屋建筑工程指工程在建设过程中建造的临时房屋，包括施工临时施工仓库、办公及生活、文化福利建筑及所需的配套设施工程。

4. 施工场外供电线路工程

施工场外供电线路工程包括从现有电网向施工现场供电的高压输电线路和施工变（配）电设施工程。对高压输电线路，枢纽工程是指35 kV及以上电压等级，引水工程及河道工程是指10 kV及以上电压等级。施工变（配）电设施工程不包括场内变（配）电设施。

5. 其他施工临时工程

其他施工临时工程指除施工导流、施工交通、施工场外供电、施工房屋建筑、缆机平台以外的施工临时工程。主要包括施工供水（大型泵房及干管）、砂石料系统、混凝土拌和浇筑系统、大型机械安装拆卸、防汛、防冰、施工排水、施工通信、施工临时支护设施（含隧洞临时钢支撑）等工程。

在进行临时工程项目划分时，凡是永久工程与临时工程相结合的项目均列入相应永久工程项目中。

（五）第五部分　独立费用

本部分由建设管理费、生产准备费、科研勘测设计费、建设及施工场地征用费和其他5项组成。

1. 建设管理费

建设管理费包括项目建设管理费、工程建设监理费和联合试运转费。

2. 生产准备费

生产准备费包括生产及管理单位提前进厂费、生产职工培训费、管理用具购置费、备品备件购置费、工器具及生产家具购置费。

3. 科研勘测设计费

科研勘测设计费包括工程科学研究试验费和工程勘测设计费。

4. 建设及施工场地征用费

建设及施工场地征用费包括永久征地和临时征地所发生的费用。

5. 其他

其他包括定额编制管理费、工程质量监督费、工程保险费、其他税费。

三、水力发电工程项目划分

电力部于 1997 年 10 月颁发了《水利水电工程可行性研究设计概算编制办法及费用标准》,该办法中项目划分与水利工程现行项目划分基本相同,都设立了三级项目。主要不同点是将水利工程划分中的第四部分施工临时工程改为第一部分"施工辅助工程"。第二至五部分分别为:建筑工程、机电设备及安装工程、金属结构设备及安装工程、其他费用。第一部分施工辅助工程是指辅助主体工程修建的临时工程。现分部介绍如下。

(一)第一部分　施工辅助工程

施工辅助工程指为辅助主体工程施工而修建的临时性工程,由以下项目组成:

(1)施工交通工程。

(2)施工供电工程。包括从现有电网向施工场内供电的高压输电线路及施工场内供电的一级降压变(配)电设备进线端至最后一级降压变(配)电设备进线端之间的线路及供电设施工程。

(3)施工供水系统工程。包括取水建筑物、水池、输水干管敷设和移设等工程。

(4)施工供风系统工程。包括施工供风厂房建筑、供风干管敷设和移设等工程。

(5)施工通信工程。包括施工期所需的场内外通信设施及通信线路工程等。

(6)砂石料生产系统工程。指为建造砂石骨料生产系统所需进行的建筑工程。

(7)混凝土拌和及浇筑系统工程。指为建造混凝土拌和及浇筑系统所需进行的临时建造工程及混凝土制冷、供热系统等。

(8)导流工程。

(9)施工期环境保护设施工程。包括施工期生产、生活污废水处理工程,大气噪声污染防治工程,生活垃圾处理工程,废渣及施工场地水土保持工程,施工环境影响补偿措施,施工期环境监测设施等。

(10)临时房屋建筑工程。指工程在建设过程中兴建的临时房屋。包括施工仓库及辅助加工厂,办公及生活、文化福利建筑以及所需的场地平整。

施工仓库及辅助加工厂指为工程建设而兴建的设备、材料、工器具仓库以及木材加工厂、钢筋加工厂、金属结构加工厂、机械修理厂、汽车修理厂、混凝土预制构件厂等。

办公及生活、文化福利建筑指在施工现场兴建的建设、监理、设计及施工单位人员的房屋建筑和配套设施工程。

(11)其他施工辅助工程。包括除上述所列工程外,其他所有的施工辅助工程。主要包括施工场地平整,施工临时支撑,地下施工排风散烟管道,上石料场,施工排水,施工道路养护,大型施工机械安装拆卸,水文、气象、地震监测站(台)网,防汛、防冰工程等。其中:

施工排水包括施工期内需要建设的排水工程及经常性的排水措施费。

施工道路养护,指对施工场地内交通设施的养护费用。

水文、气象、地震监测站(台)网,包括施工期水文、气象、地震监测站(台)网的建设工程。

其他施工辅助工程所包含的项目中,如有费用高、工程量大的项目,可根据工程实际情况在此项工程内单独列项处理。

(二)第二部分　建筑工程

建筑工程指水力发电枢纽建筑物和其他永久建筑物。与水利工程项目划分基本一致。

(三)第三部分　机电设备及安装工程

机电设备及安装工程指构成电站固定资产的全部机电设备及安装工程。本部分由发电设备及安装工程、升压变电设备及安装工程和其他设备及安装工程3项组成。与水利工程项目划分基本一致。

(四)第四部分　金属结构设备及安装工程

金属结构设备及安装工程指构成电站固定资产的全部金属结构设备及安装工程。

金属结构设备及安装工程一级项目,应与第二部分建筑工程一、二级项目相对应。分类项目的金属结构设备及安装工程,分别包括闸门、启闭机、拦污栅、升船机等设备及安装工程,压力钢管制作及安装工程和其他金属结构设备及安装工程。

(五)第五部分　其他费用

其他费用由建设管理费、生产准备费、科研勘测设计费和其他等4项组成。

(1)建设管理费。包括建设单位开办费、建设单位人员经常费、项目建设管理费、工程建设监理费、建设场地征用费和联合试运转费。

(2)生产准备费。包括生产单位提前进厂费、生产职工培训费、管理用具购置费、备品备件购置费和工器具及生产家具购置费。

(3)科研勘测设计费。包括工程科学研究试验费、前期勘察规划统筹费和勘测设计费。

(4)其他。包括承包商进退厂费、定额编制管理费及供电补贴费等。

第二节　费用的构成及计算程序

一、建设项目的费用构成

建设项目费用是指工程项目从筹建到竣工验收、交付使用所需要的费用总和。各个系统对工程建设项目费用划分的原则基本相同,但具体费用划分又有所不同。水利工程一般规模大、项目多、投资大,在编制概预算时,对建设项目费用划分得更细、更多。水利工程建设项目费用包括工程部分、移民和环境部分两部分。移民和环境部分的费用包括水库移民征地补偿费、水土保持工程费、环境保护工程费,其费用构成按《水利工程建设征地移民补偿投资概(估)算编制规定》、《水利工程环境保护设计概(估)算编制规定》和《水土保持工程概(估)算编制规定》执行。

根据水利部现行规定,工程部分的建设项目费用由工程费(包括建筑及安装工程费和设备费)、独立费用、预备费、建设期融资利息组成。建筑及安装工程费由直接工程费、间接费、企业利润和税金组成。按概预算项目划分,工程费分为四部分,即建筑工程费、机电设备及安装工程费、金属结构设备及安装工程费、施工临时工程费。

编制水利工程概预算,要针对每个工程的具体情况,在工程的不同设计阶段,根据设计深度及掌握的资料,按照设计要求编制工程建设项目费用。认真划分费用的组成是编制工程概预算的基础和前提,图4-1是水利工程建设项目费用构成图。

水力发电工程的费用构成与水利工程大同小异,建设项目投资由枢纽建筑投资及水库

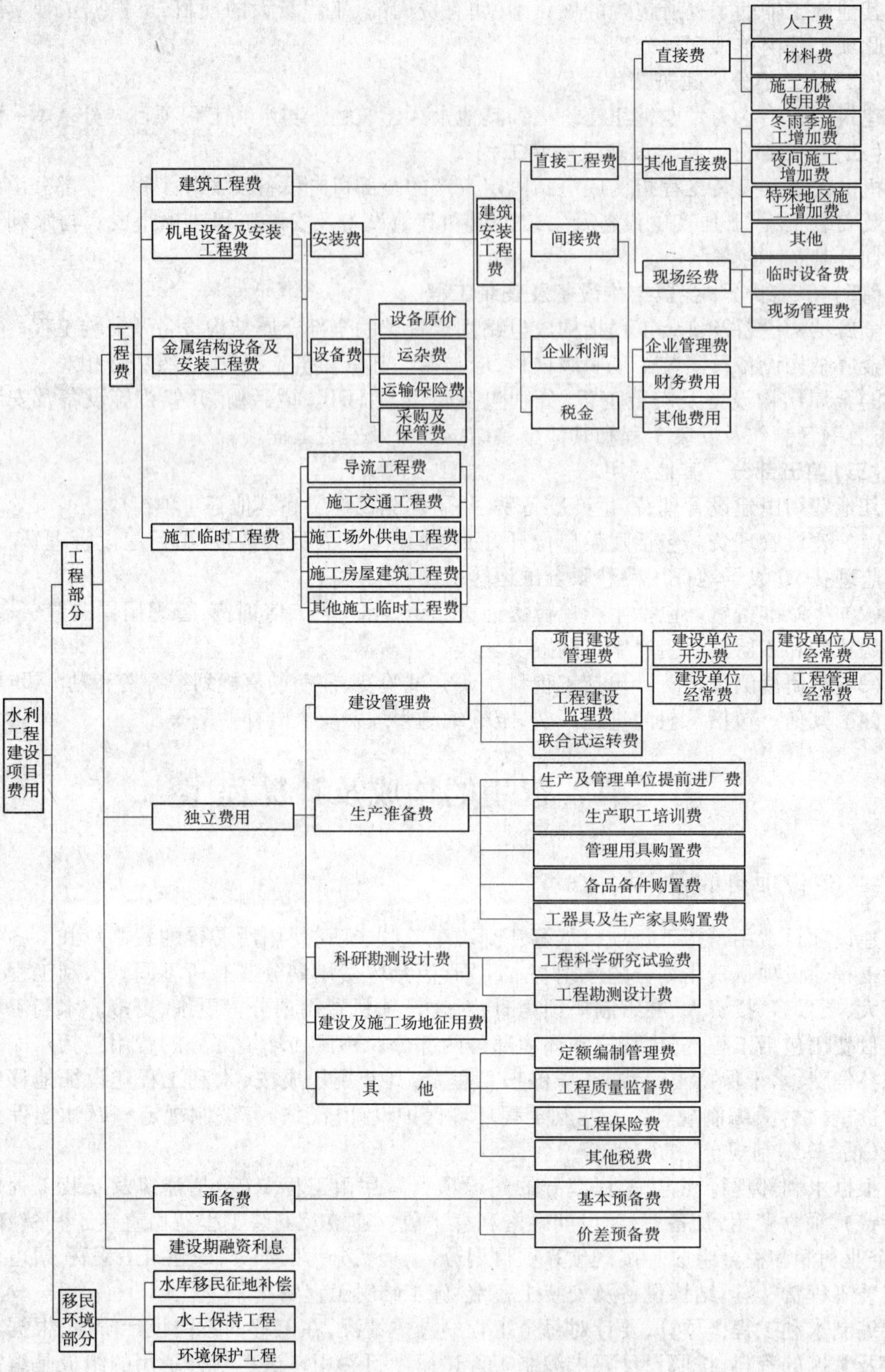

图 4-1　水利工程建设项目费用构成

淹没处理补偿投资两大部分组成。其中枢纽建筑投资由建筑及安装工程费、设备费、其他费用、预备费、建设期贷款利息组成，见图 4-2。

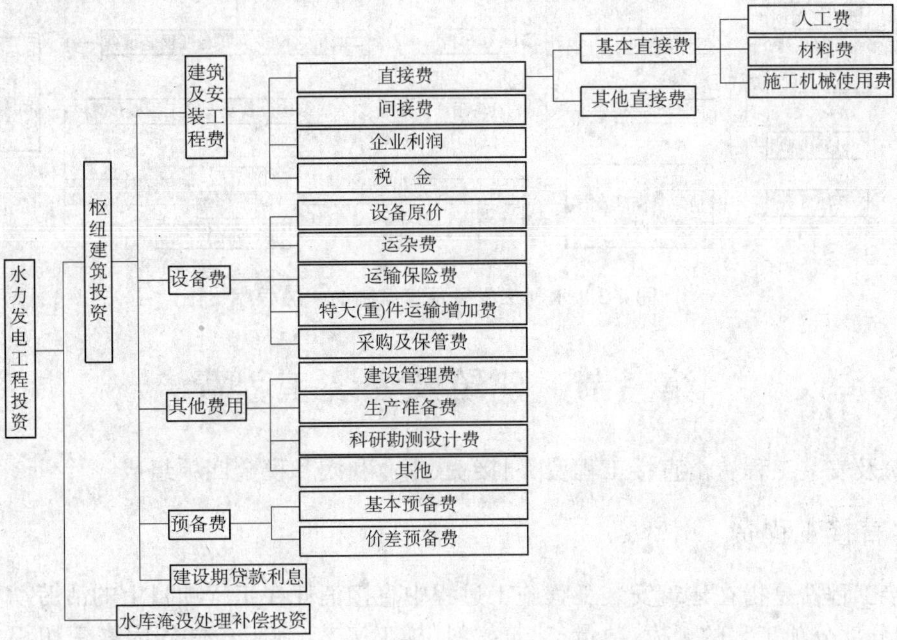

图 4-2　水利工程项目建设费用构成

水力发电工程的费用划分与水利工程大致相同，不同点主要有：①取消直接工程费中现场经费一项；②临时设施费中的小型临时设施摊销费划入其他直接费中；③大型临时设施费在概算第一部分施工辅助工程中单列，而将现场管理费划入间接费中；④将间接费中的施工企业进退场补贴划出，在概算第五部分的其他费用中单列；⑤设备费中增列特大（重）件运输增加费。

二、水利水电工程费用的计算程序

编制水利水电工程费用时，第一，要熟悉了解工程概况，内容包括工程地理位置、自然条件，水文、气象、地质条件，工程的总体布置、规模、设计标准、主要建设内容，施工总体布置、施工导流、施工交通条件、主体工程施工方法和施工进度计划等，在此基础上制定编制水利工程费用的工作计划和工作大纲；第二，根据工作计划和工作大纲，收集工程的各专业设计成果，包括报告、图纸及其他设计资料，收集各种现场资料、文件资料、定额及其他与编制概预算有关的资料；第三，要根据水利水电工程项目划分办法，对工程进行详细的项目划分，确定工程量清单；第四，编制工程基础单价，包括：人工预算单价，材料预算价格，电、水、风预算价格，砂、石料单价，混凝土材料单价，施工机械台时费；第五，根据项目划分结果和基础单价计算结果，编制建筑、安装工程单价，计算设备费；第六，进行各部分工程概预算编制，汇总分部分项工程概预算，形成单位工程或单项工程概预算，汇总单位、单项工程概预算以及独立费用，编制出总概预算；第七，要按规定进行分级校审和装订成册。水利工程概预算编制的一般程序如图 4-3 所示。

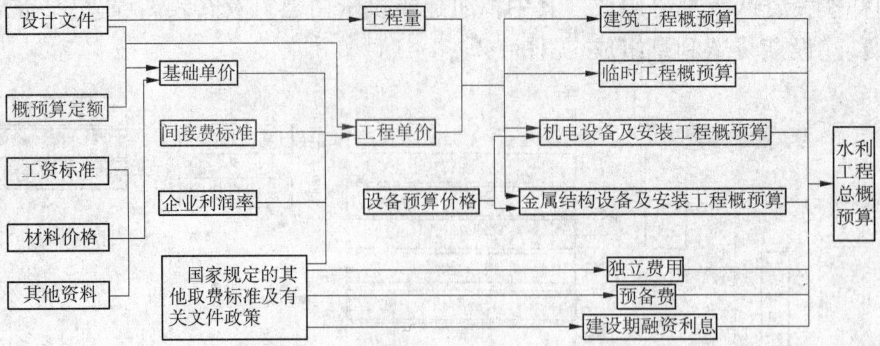

图 4-3 水利工程概预算编制的一般程序

第三节 建筑及安装工程费

建筑及安装工程费由直接工程费、间接费、企业利润和税金四项组成。

一、直接工程费

直接工程费是指在建筑安装工程施工过程中直接消耗在工程项目上的活劳动和物化劳动,它和分部分项工程的规模、数量、建筑材料、施工工艺、施工条件等因素密切相关。直接工程费由直接费、其他直接费、现场经费三项组成。

(一)直接费

直接费是指建筑安装工程施工过程中直接耗费的有助于工程形成和构成工程实体的各项费用,包括人工费、材料费、施工机械使用费。

1. 人工费

人工费指列入概预算定额的直接从事建筑安装工程施工的生产工人开支的各项费用,包括基本工资、辅助工资和工资附加费。

(1)基本工资。由岗位工资、年功工资和年应工作天数内非作业天数的工资组成。

岗位工资是指按照职工所在岗位各项劳动要素测评结果确定的工资。

年功工资是指按照职工工作年限确定的工资,随工作年限的增加而逐年累加。

年应工作天数以内非作业天数的工资,包括职工开会学习、培训期间的工资,调动工作、探亲、休假期间的工资,因气候影响的停工工资,女工哺乳期间的工资,病假在六个月以内的工资及产、婚、丧假期的工资。

(2)辅助工资。指基本工资以外,以其他形式支付给职工的工资性收入,主要是根据国家有关规定支付给职工的属于工资性质的津贴。包括地区津贴、施工津贴、夜餐津贴、节日加班津贴等。

(3)工资附加费。指按照国家规定提取的职工福利基金、工会经费、养老保险费、医疗保险费、工伤保险费、职工失业保险基金和住房公积金。

2. 材料费

材料费指用于建筑安装工程项目上的消耗性材料、装置性材料和周转性材料摊销费。包括定额工作内容规定应计入的未计价材料和计价材料。

材料预算价格一般包括材料原价、包装费、运杂费、运输保险费和采购及保管费五项。

材料原价是指材料指定交货地点的价格。

包装费是指材料在运输和保管过程中的包装费和包装材料的折旧摊销费,该项费用并非都有。

运杂费是指材料从指定交货地点至工地分仓库或相当于工地分仓库(材料堆放场)所发生的全部费用,包括运输费、装卸费、调车费及其他杂费。

运输保险费是指材料在运输途中的保险费。

采购及保管费是指材料在采购、供应和保管过程中所发生的各项费用,主要包括材料的采购、供应和保管部门工作人员的基本工资、辅助工资、工资附加费、教育经费、办公费、差旅交通费及工具用具使用费,仓库及转运站等设施的检修费、固定资产折旧费、技术安全措施费和材料检验费,材料在运输、保管过程中发生的损耗。

3. 施工机械使用费

施工机械使用费指消耗在建筑安装工程项目上的机械磨损、维修、人工费和动力燃料费用等。它包括折旧费、修理费、替换设备费、安装拆卸费、机上人工费和动力燃料费。

折旧费是指施工机械在规定使用年限内回收原值的台时折旧摊销费用。

修理费是指施工机械在使用过程中,为了使机械保持正常功能而进行修理所需的摊销费用和机械正常运转及日常保养所需的润滑油料、擦拭用品的费用,以及保管机械所需的费用。

替换设备费是指施工机械正常运转时所耗用的替换设备及随机使用的工具附具等摊销费用。

安装拆卸费是指施工机械进出工地的安装、拆卸、试运转和场内转移及辅助设施的摊销费用,部分大型施工机械的安装拆卸费不在其施工机械使用费中计列,包含在其他施工临时工程中。

机上人工费是指施工机械使用时机上操作人员的人工费用。

动力燃料费指施工机械正常运转时所耗用的风、水、电、油和煤等费用。

直接费具体计算方法见第五章。

(二)其他直接费

其他直接费是指直接费以外在施工过程中直接发生的其他费用。它包括冬雨季施工增加费、夜间施工增加费、特殊地区施工增加费和其他。

1. 冬雨季施工增加费

冬雨季施工增加费指在冬雨季施工期间为保证工程质量和安全生产所需增加的费用。它包括增加施工工序,增设防雨、保温、排水等设施增耗的动力、燃料、材料以及因人工、机械效率降低而增加的费用。根据水利部现行规定,根据工程所在的不同地区,按直接费的百分率计算。西南、中南、华东区取0.5% ~1.0%,华北区取1.0% ~2.5%,西北、东北区取2.5% ~4.0%。

在西南、中南、华东区中,按规定不计冬季施工增加费的地区取小值,计算冬季施工增加费的地区可取大值;在华北区中,内蒙古等较严寒地区可取大值,其他地区取中值或小值;在西北、东北区中,陕西、甘肃等省取小值,其他地区可取中值或大值。

2. 夜间施工增加费

夜间施工增加费指施工场地和公用施工道路的照明费。根据水利部现行规定,按直接费的百分率计算,其中建筑工程为0.5%,安装工程为0.7%。一班制作业的工程,不计算此项费用。

照明线路工程费用包括在临时设施费中;施工附属企业系统、加工厂、车间的照明,列入相应的产品成本中,均不包括在本项费用之内。

3. 特殊地区施工增加费

特殊地区施工增加费指在高海拔和原始森林等特殊地区施工而增加的费用。其中高海拔地区的高程增加费,按规定直接计入定额;其他特殊增加费(如酷热、风沙),应按工程所在地区规定的标准计算;地方没有规定的不得计算此项费用。

4. 其他

其他包括施工工具用具使用费、检验试验费、工程定位复测、工程点交、竣工场地清理、工程项目及设备仪表移交生产前的维护观察费等。其中,施工工具用具使用费是指施工生产所需,但不属于固定资产的生产工具、检验试验用具等的购置、摊销和维护费。检验试验费是指对建筑材料、构件和建筑安装物进行一般鉴定、检查所发生的费用,包括自设实验室进行试验所耗用的材料和化学药品费用,以及技术革新和研究试验费,不包括新结构、新材料的试验费和建设单位要求对具有出厂合格证明的材料进行试验、对构件进行破坏性试验,以及其他特殊要求检验试验的费用。

根据水利部现行规定,其费用按直接费的百分率计算。其中,建筑工程为1.0%,安装工程为1.5%。

(三)现场经费

现场经费包括临时设施费和现场管理费。

1. 临时设施费

临时设施费是指施工企业为进行建筑安装工程施工所必需的但又未被列入施工临时工程的临时建筑物、构筑物和各种临时设施的建设、维修、拆除、摊销等费用。如:供风、供水(支线)、供电(场内)、夜间照明、供热系统及通信支线,土石料场,简易砂石料加工系统,小型混凝土拌和浇筑系统,木工、钢筋、机修等辅助加工厂,混凝土预制构件厂,场内施工排水,场地平整、道路养护及其他小型临时设施。

2. 现场管理费

(1)现场管理人员的基本工资、辅助工资、工资附加费和劳动保护费。

(2)办公费。指现场办公用具、印刷、邮电、书报、会议、水、电、烧水和集体取暖(包括现场临时宿舍取暖)用燃料等费用。

(3)差旅交通费。指现场职工因公出差期间的差旅费、误餐补助费,职工探亲路费,劳动力招募费,职工离退休和退职一次性路费,工伤人员就医路费,工地转移费,以及现场管理使用的交通工具的运行费、养路费及牌照费。

(4)固定资产使用费。指现场管理使用的属于固定资产的设备及仪器等的折旧、大修理、维修费或租赁费等。

(5)工具用具使用费。指现场管理使用的不属于固定资产的工具、器具、家具、交通工具和检验、试验、测绘、消防用具等的购置、维修和摊销费。

(6)保险费。指施工管理用财产、车辆保险费,高空、井下、洞内、水下、水上作业等特殊工种安全保险费等。

(7)其他费用。

3. 现场经费标准

按水利部现行规定,现场经费标准根据工程性质的不同分为枢纽工程、引水工程及河道工程两部分,对于有些施工条件复杂、大型建筑物较多的引水工程可执行枢纽工程的费率标准。

(1)枢纽工程现场经费标准见表4-1,表中枢纽工程类别划分如下:

表4-1 枢纽工程、引水工程及河道工程现场经费费率

工程性质	序号	工程类别	计算基础	现场经费费率(%)		
				合计	临时设施费	现场管理费
枢纽工程	一	建筑工程				
	1	土石方工程	直接费	9	4	5
	2	砂石备料工程(自采)	直接费	2	0.5	1.5
	3	模板工程	直接费	8	4	4
	4	混凝土浇筑工程	直接费	8	4	4
	5	钻孔灌浆及锚固工程	直接费	7	3	4
	6	其他工程	直接费	7	3	4
	二	机电、金属结构设备安装工程	人工费	45	20	25
引水工程及河道工程	一	建筑工程				
	1	土方工程	直接费	4	2	2
	2	石方工程	直接费	6	2	4
	3	模板工程	直接费	6	3	3
	4	混凝土浇筑工程	直接费	6	3	3
	5	钻孔灌浆及锚固工程	直接费	7	3	4
	6	疏浚工程	直接费	5	2	3
	7	其他工程	直接费	5	2	3
	二	机电、金属结构设备安装工程	人工费	45	20	25

注:引水工程及河道工程若自采砂石料,则费率标准同枢纽工程。

①土石方工程包括土石方开挖与填筑、砌石、抛石工程等。

②砂石备料工程包括天然砂石料和人工砂石料开采加工。

③模板工程包括现浇各种混凝土时制作及安装的各类模板工程。

④混凝土浇筑工程包括现浇和预制各种混凝土、钢筋制作安装、伸缩缝、止水、防水层、温控措施等。

⑤钻孔灌浆及锚固工程包括各种类型的钻孔灌浆、防渗墙及锚杆(索)、喷浆(混凝土)工程等。

⑥其他工程。指除上述工程外的工程。

(2)引水工程及河道工程现场经费标准见表4-1,表中引水工程和河道工程工程类别划分如下:

①除疏浚工程外,其余均与枢纽工程相同。

②疏浚工程是指挖泥船、水力冲挖机组等机械疏浚江河及湖泊的工程。

二、间接费

间接费是相对于直接工程费而言的,施工企业为了生产建筑安装工程产品,除在该工程上直接消耗一定的人力、物力和财力外,也必须耗用一定的人力、物力和财力对施工进行组织与管理,施工企业为建筑安装工程施工而进行组织与经营管理所发生的各项费用即间接费。

这部分费用与整个工程有关,构成产品成本,但又不直接用于建筑安装工程产品生产上,不能直接按比例计入某个具体工程项目成本中,而是采用将发生的费用汇总起来除以直接工程费总额,计算出其占直接工程费的百分率,或除以直接人工费计算出其占人工费的百分率。按现行部颁规定,间接费的计算基础有两种形式,建筑工程以直接工程费为计算基础,机电、金属结构设备及安装以人工费为计算基础。间接费是建筑安装企业组织施工管理的间接成本,采用以直接工程费为计算基础,不会因定额直接人工的减少而影响间接费收入,有利于企业使用先进技术。间接费由企业管理费、财务费用和其他费用组成。

(一)企业管理费

企业管理费是指施工企业为组织施工生产经营活动所发生的管理费用。主要包括以下内容:

(1)施工企业管理人员的基本工资、辅助工资、工资附加费和劳动保护费。

(2)差旅交通费。指施工企业管理人员因公出差、工作调动的差旅费、误餐补助费,职工探亲路费,劳动力招募费,离退休职工一次性路费,交通工具油料、燃料、牌照、养路费等。

(3)办公费。指施工企业办公用具、印刷、邮电、书报、资料、会议、水、电、燃煤(气)等费用。

(4)固定资产折旧、修理费。指企业属于固定资产的房屋、设备、仪器等折旧及维修等费用。

(5)工具用具使用费。指企业管理使用不属于固定资产的工具、用具、家具、交通工具、检验、试验、消防等的摊销及维修费用。

(6)职工教育经费。指企业为职工学习先进技术和提高文化水平按职工工资总额计提的费用。

(7)劳动保护费。指企业按照国家有关部门规定标准发放给职工的劳动保护用品的购置费、修理费、保健费、防暑降温费、高空作业及进洞津贴、技术安装措施费以及洗澡用水、饮用水的燃料费。

(8)保险费。指企业财产保险、管理用车辆等保险费用。

(9)税金。指企业按规定缴纳的房产税、管理用车辆使用税、印花税等。

(10)其他。包括技术转让费、设计收费标准中未包括的应由施工企业承担的部分施工辅助工程设计费、投标报价费、工程图纸资料费及工程摄影费、技术开发费、业务招待费、绿化费、公证费、法律顾问费、审计费、咨询费等。

(二)财务费用

财务费用是指企业为筹集资金而发生的各项费用,包括企业经营期间发生的短期融资利息净支出、汇兑净损失、金融机构手续费,企业筹集资金发生的其他财务费用,以及投标和承包工程发生的保函手续费等。

(三)其他费用

其他费用是指企业定额测定费及施工企业进退场补贴费,包括临时工、民工的进、退场费用。

(四)间接费标准

间接费标准根据工程性质的不同分为枢纽工程、引水工程及河道工程两部分,对于有些施工条件复杂、大型建筑物较多的引水工程可执行枢纽工程的费率标准。

按水利部现行规定,水利工程间接费的取费标准见表4-2。表中工程类别范围划分同现场经费的工程类别划分。

表4-2　枢纽工程、引水工程及河道工程间接费费率

工程性质	序号	工程类别	计算基础	间接费费率(%)	说明
枢纽工程	一				若土石方填筑等工程项目所利用原料为已计取现场经费、间接费、企业利润和税金的砂石料,则其间接费费率选取括号中的数值
	1	土石方工程	直接工程费	9(8)	
	2	砂石备料工程(自采)	直接工程费	6	
	3	模板工程	直接工程费	6	
	4	混凝土浇筑工程	直接工程费	5	
	5	钻孔灌浆及锚固工程	直接工程费	7	
	6	其他工程	直接工程费	7	
	二	机电、金属结构设备安装工程	人工费	50	
引水工程及河道工程	一	建筑工程			若工程自采砂石料,则费率标准同枢纽工程
	1	土方工程	直接工程费	4	
	2	石方工程	直接工程费	6	
	3	模板工程	直接工程费	6	
	4	混凝土浇筑工程	直接工程费	4	
	5	钻孔灌浆及锚固工程	直接工程费	7	
	6	疏浚工程	直接工程费	5	
	7	其他工程	直接工程费	5	
	二	机电、金属结构设备安装工程	人工费	50	

水利工程一般比较复杂,包含的工程类别多,不宜采用统一的间接费费率,应根据不同的工程类别,采用相应的费率。同时,不同的专业,间接费费率及其取用方法差别也较大,对于水利工程项目中有关铁路、公路、桥梁、房屋建筑等专业工程,应参照有关专业标准计算。

间接费是工程概预算的组成部分,间接费不直接构成工程实体,其支出不随工程量的增减而同步增减,间接费取费标准与建安工作量直接挂钩,这样有利于促进施工企业通过加强管理、扩大业务、提高劳动效率等来增加收入,相对减少间接费支出。

三、企业利润和税金

(一)企业利润

企业利润指按规定应计入建筑安装工程费用中的利润。按水利部现行规定,企业利润率不分建筑工程和安装工程,均按直接工程费与间接费之和的7%计算。

(二)税金

税金指国家对施工企业承担建筑、安装工程作业收入所征收的营业税、城市维护建设税和教育费附加。应根据国务院发布的有关文件规定的征用范围和税率进行计算。在编制概(估)算时,可按下列公式和税率进行简便计算

$$\text{税金} = (\text{直接工程费} + \text{间接费} + \text{企业利润}) \times \text{税率} \tag{4-1}$$

若安装工程中含未计价装置性材料费,则计算税金时应计入未计价装置性材料费。

税率标准:建设项目在市区的为3.41%,建设项目在县城镇的为3.35%,建设项目在市区或县城镇以外的为3.22%。

第四节　设备费

设备费包括设备原价、运杂费、运输保险费和采购及保管费。

一、设备原价

国产设备原价是指设备制造厂的出厂价。

进口设备以设备到岸价和进口设备征收的税金、手续费、商检费及港口费等各项费用之和为原价。

大型机组分搬运至工地后的拼装费用应包括在设备原价内。

二、运杂费

运杂费是指设备由厂家运至工地安装现场所发生的一切运杂费用,包括运输费、调车费、装卸费、包装捆扎费、大型变压器充氮费及可能发生的其他杂费。

三、运输保险费

运输保险费指设备在运输过程中的保险费用。

四、采购及保管费

采购及保管费指建设单位和施工企业在负责设备的采购、保管过程中发生的各项费用,

主要包括以下内容：

(1)采购保管部门工作人员的基本工资、辅助工资、工资附加费、劳动保护费、教育经费、办公费、差旅交通费、工具用具使用费等。

(2)仓库及转运站等设施的运行费、维修费、固定资产折旧费、技术安全措施费和设备的检验、试验费等。

第五节　独立费用

水利建设工程独立费用是指按照基本建设工程投资统计包括范围的规定,应在投资中支付并列入建设项目概算或单项工程综合概算内,与工程直接有关而又难以直接摊入某个单位工程的其他工程和费用。独立费用由建设管理费、生产准备费、科研勘测设计费、建设及施工场地征用费和其他费用5项组成。

一、建设管理费

建设管理费指建设单位在工程项目筹建和建设期间进行管理工作所需的各项费用,包括项目建设管理费、工程建设监理费和联合试运转费共3项。

(一)项目建设管理费

项目建设管理费包括建设单位开办费和建设单位经常费。

(1)建设单位开办费。指新组建的工程建设单位,为开展工程建设管理工作所必须购置的办公及生活设施、交通工具等,以及其他用于开办工作的费用。对于新建工程,其开办费应根据建设单位开办费标准和建设单位的定员人数来确定。对于改建、扩建和加固工程,原则上不计建设单位开办费,但是要根据改扩建和加固工程的具体情况决定。按照水利部现行规定,水利工程建设单位开办费费用标准见表4-3,建设单位定员见表4-4。

表4-3　建设单位开办费费用标准

建设单位人数	20人以下	21~40人	41~70人	71~140人	141人以上
开办费(万元)	120	120~220	220~350	350~700	700~850

注:1.引水工程及河道工程按总工程计算,不得分段分别计算。

2.定员人数在两个数之间的,采用内插法计算开办费。

(2)建设单位经常费。包括建设单位人员经常费和工程管理经常费。

①建设单位人员经常费。指建设单位自批准组建之日起至完成该工程建设管理任务之日止,需要开支的经常费用。主要包括工作人员基本工资、辅助工资、工资附加费、劳动保护费、教育经费、办公费、差旅交通费、会议费、交通车辆使用费、技术图书资料费、固定资产折旧费、零星固定资产购置费、低值易耗品摊销费、工具用具使用费、修理费、水电费、取暖费等。

建设单位人员经常费根据建设单位定员、费用指标和经常费用计算期进行计算。编制概算时,应根据工程所在地区和编制年的基本工资、辅助工资、工资附加费、劳动保护费以及费用标准调整表4-5、表4-6中的费用,作为计算建设单位人员经常费的依据。

表 4-4 建设单位定员

工程类别及规模				定员人数
枢纽工程	特大型工程	南水北调		140 人以上
	综合利用的水利枢纽工程	大(1)型	总库容 > 10 亿 m^3	70 ~ 140 人
		大(2)型	总库容 1 亿 ~ 10 亿 m^3	40 ~ 70 人
	以发电为主的枢纽工程	200 万 kW 以上		90 ~ 120 人
		150 万 ~ 200 万 kW		70 ~ 90 人
		100 万 ~ 150 万 kW		55 ~ 70 人
		50 万 ~ 100 万 kW		40 ~ 55 人
		30 万 ~ 50 万 kW		30 ~ 40 人
		30 万 kW 以下		20 ~ 30 人
	枢纽扩建及加固工程	大 型	总库容 > 1 亿 m^3	21 ~ 35 人
		中 型	总库容 0.1 亿 ~ 1 亿 m^3	14 ~ 21 人
引水工程及河道工程	大型引水工程	线路总长 > 300 km		84 ~ 140 人
		线路总长 100 ~ 300 km		56 ~ 84 人
		线路总长 ≤ 100 km		28 ~ 56 人
	大型灌溉或排涝工程	灌溉或排涝面积 > 150 万亩		56 ~ 84 人
		灌溉或排涝面积 50 万 ~ 150 万亩		28 ~ 56 人
	大江大河整治及堤防加固工程	河道长度 > 300 km		42 ~ 56 人
		河道长度 100 ~ 300 km		28 ~ 42 人
		河道长度 ≤ 100 km		14 ~ 28 人

注:1. 当大型引水、灌溉或排涝、大江大河整治及堤防加固工程包含较多的泵站、水闸、船闸时,定员可适当增加。

2. 本定员只作为计算建设单位开办费和建设单位经常费的依据。

3. 工程施工条件复杂者取大值,反之取小值。

4. 1 亩 = 1/15 hm^2。

表 4-5 六类(北京)地区建设单位人员经常费费用指标(枢纽、引水工程)

序号	项目	计 算 公 式	金额(元/(人·年))
1	基本工资		6 420
	工人	400 元/月 ×12 月 ×10%	480
	干部	550 元/月 ×12 月 ×90%	5 940
2	辅助工资		2 446
	地区津贴	北京地区无	
	施工津贴	5.3 元/天 ×365 天 ×0.95	1 838
	夜餐津贴	4.5 元 ×251 工日 ×30%	339
	节日加班津贴	6 420 ÷251 ×10 ×3 ×35%	269

续表 4-5

序号	项目	计 算 公 式	金额(元/(人·年))
3	工资附加费		4 432
	职工福利基金	1~2 项之和 8 866 元的 14%	1 241
	工会经费	1~2 项之和 8 866 元的 2%	177
	职工教育经费	1~2 项之和 8 866 元的 1.5%	133
	养老保险费	1~2 项之和 8 866 元的 20%	1 773
	医疗保险费	1~2 项之和 8 866 元的 4%	355
	工伤保险费	1~2 项之和 8 866 元的 1.5%	133
	职工失业保险基金	1~2 项之和 8 866 元的 2%	177
	住房公积金	1~2 项之和 8 866 元的 5%	443
4	劳动保护费	基本工资 6 420 元的 12%	770
5	小 计		14 068
6	其他费用	1~4 项之和 14 068 元×180%	25 322
7	合 计		39 390

注:工期短或施工条件简单的引水工程费用指标应按河道工程费用指标执行。

建设单位人员经常费计算公式为

建设单位人员经常费 = 费用指标(元/(人·年))×定员人数×经常费用计算期(年)　(4-2)

建设单位定员人数按表 4-4 取。按水利部现行规定,枢纽、引水工程建设单位人员经常费费用指标见表 4-5,河道工程建设单位人员经常费费用指标见表 4-6。

表 4-6　六类(北京)地区建设单位人员经常费费用指标(河道工程)

序号	项目	计 算 公 式	金额(元/(人·年))
1	基本工资		4 494
	工人	280 元/月×12 月×10%	336
	干部	385 元/月×12 月×90%	4 158
2	辅助工资		1 628
	地区津贴	北京地区无	
	施工津贴	3.5 元/天×365 天×0.95	1 214
	夜餐津贴	4.5 元×251 工日×20%	226
	节日加班津贴	4 494÷251×10×3×35%	188

续表 4-6

序号	项目	计 算 公 式	金额(元/(人·年))
3	工资附加费		3 060
	职工福利基金	1～2 项之和 6 122 元的 14%	857
	工会经费	1～2 项之和 6 122 元的 2%	122
	职工教育经费	1～2 项之和 6 122 元的 1.5%	92
	养老保险费	1～2 项之和 6 122 元的 20%	1224
	医疗保险费	1～2 项之和 6 122 元的 4%	245
	工伤保险费	1～2 项之和 6 122 元的 1.5%	92
	职工失业保险基金	1～2 项之和 6 122 元的 2%	122
	住房公积金	1～2 项之和 6 122 元的 5%	306
4	劳动保护费	基本工资 4 494 元的 12%	539
5	小 计		9 721
6	其他费用	1～4 项之和 9 721 元×180%	17 498
7	合 计		27 219

根据施工组织设计确定的施工总进度和总工期，建设单位人员从工程筹建之日起，至工程竣工之日加 3～6 个月止，为经常费用计算期。其中：大型水利枢纽、大型引水工程、灌溉或排涝面积大于 150 万亩工程等的筹建期 1～2 年，其他工程 0.5～1 年。

②工程管理经常费。指建设单位从工程筹建到工程竣工期间所发生的各种管理费用。包括在该工程建设过程中用于筹措资金、召开董事（股东）会议、视察工程建设所发生的会议和差旅等费用；建设单位为解决工程建设涉及的技术、经济、法律等问题需要进行咨询所发生的费用；建设单位进行项目管理所发生的土地使用税、房产税、合同公证费、审计费、招标业务费等；施工期所需的水情、水文、泥沙、气象监测费和报汛费；工程验收费和由主管部门主持对工程设计进行审查、进行安全鉴定等费用；在工程建设过程中，必须派驻工地的公安、消防部门的补贴费以及其他属于工程管理性质开支的费用。

按水利部现行规定，枢纽工程及引水工程一般按建设单位开办费和建设单位人员经常费之和的 35%～40% 计取；改扩建工程与加固工程、堤防及疏浚工程按建设单位开办费和建设单位人员经常费之和的 20% 计取。

（二）工程建设监理费

工程建设监理费是指在工程建设过程中聘任监理单位，对工程的质量、进度、安全和投资进行监理所发生的全部费用。它包括监理单位为保证监理工作正常开展而必须购置的交通工具、办公及生活设备、检验试验设备，以及监理人员的基本工资、辅助工资、工资附加费、劳动保护费、教育经费、办公费、差旅交通费、会议费、技术图书资料费、固定资产折旧费、零星固定资产购置费、低值易耗品摊销费、工具用具使用费、修理费、水电费、采暖费等。

工程建设监理费按照国家及省、自治区、直辖市计划（物价）部门有关规定计收。

1992 年国家物价局、建设部[1992]价费字 479 号文《关于发布〈工程建设监理费有关规定〉的通知》，对建设监理取费标准作了如下规定：

(1)工程建设监理费，根据委托监理业务的范围、深度和工程的性质、规模、难易程度以及工作条件等情况，按照下列方法之一计收：

①按所监理工程概预算的百分比计收，计收标准见表 4-7。

表 4-7　工程建设监理费收费标准

序号	工程概预算 M（万元）	设计阶段（含设计招标）监理取费 a（%）	施工（含施工招标）及保修阶段监理取费 b（%）
1	$M < 500$	$0.20 < a$	$b > 2.50$
2	$500 \leq M < 1\,000$	$0.15 < a \leq 0.20$	$2.00 < b \leq 2.50$
3	$1\,000 \leq M < 5\,000$	$0.10 < a \leq 0.15$	$1.40 < b \leq 2.00$
4	$5\,000 \leq M < 10\,000$	$0.08 < a \leq 0.10$	$1.20 < b \leq 1.40$
5	$10\,000 \leq M < 50\,000$	$0.05 < a \leq 0.08$	$0.80 < b \leq 1.20$
6	$50\,000 \leq M < 100\,000$	$0.03 < a \leq 0.05$	$0.60 < b \leq 0.80$
7	$100\,000 \leq M$	$a \leq 0.03$	$b \leq 0.60$

②按照参与监理工作的年度平均人数计算，平均每人每年 3.5 万 ~5 万元。

③不宜按以上两种方法计收的，由建设单位和监理单位按商定的其他方法计收。

(2)以上①、②两项规定的工程建设监理费收费标准为指导性价格，具体收费标准由建设单位和监理单位在规定的幅度内协商确定。

(3)中外合资、合作、外商独资的建设工程，工程建设监理费由双方参照国际标准协商确定。

(三)联合试运转费

联合试运转费指水利工程中的发电机组、水泵等安装完毕，在竣工验收前，进行整套设备带负荷联合试运转期间所需的各项费用。它包括联合试运转期间所消耗的燃料、动力、材料及机械使用费，工具用具购置费，施工单位参加联合试运转人员工资等。

按水利部现行规定，联合试运转费费用指标见表 4-8。

表 4-8　联合试运转费费用指标

类别	项目	指标										
水电站工程	单机容量（万 kW）	≤1	≤2	≤3	≤4	≤5	≤6	≤10	≤20	≤30	≤40	>40
	费用（万元/台）	3	4	5	6	7	8	9	11	12	16	22
泵站工程	电力泵站	25 ~30 元/kW										

二、生产准备费

生产准备费指水利建设项目的生产、管理单位为准备正常的生产运行或管理所发生的费用。内容包括生产及管理单位提前进厂费、生产职工培训费、管理用具购置费、备品备件购置费、工器具及生产家具购置费5项。

(一)生产及管理单位提前进厂费

生产及管理单位提前进厂费指生产、管理单位在工程完工之前,有一部分工人、技术人员和管理人员提前进厂进行生产筹备工作所需的各项费用。它包括提前进厂人员的基本工资、辅助工资、工资附加费、劳动保护费、教育经费、办公费、差旅交通费、会议费、技术图书资料费、零星固定资产购置费、修理费、低值易耗品摊销费、工具用具使用费、水电费、取暖费等,以及其他属于生产筹建期间应开支的费用。

取费标准:枢纽工程按第一至第四部分建安工作量的0.2% ~0.4%计算,大(1)型工程取小值,大(2)型工程取大值。引水工程和河道工程视工程规模参照枢纽工程计算。改扩建与加固工程、堤防及疏浚工程原则上不计此项费用,若工程中含有新建大型泵站、船闸等建筑物,按建筑物的建安工作量参照枢纽工程费率适当计列。

(二)生产职工培训费

生产职工培训费指工程在竣工验收之前,生产及管理单位为保证生产、管理工作能顺利进行,需对工人、技术人员与管理人员进行培训所发生的费用。它包括基本工资、辅助工资、工资附加费、劳动保护费、差旅交通费、实习费等,以及其他属于职工培训应开支的费用。

取费标准:枢纽工程按第一至第四部分建安工作量的0.3% ~0.5%计算,大(1)型工程取小值,大(2)型工程取大值。引水工程和灌溉工程视工程规模参照枢纽工程计算。改扩建与加固工程、堤防及疏浚工程原则上不计此项费用,若工程中含有新建大型泵站、船闸等建筑物,按建筑物的建安工作量参照枢纽工程费率适当计列。

(三)管理用具购置费

管理用具购置费指为保证新建项目的正常生产和管理所必须购置的办公和生活用具等费用。它包括办公室、会议室、档案资料室、阅览室、文娱室、医务室等公用设施需要的家具器具。

取费标准:枢纽工程按第一至第四部分建安工作量的0.02% ~0.08%计算,大(1)型工程取小值,大(2)型工程取大值。引水工程和河道工程按建安工作量的0.02% ~0.03%计算。

(四)备品备件购置费

备品备件购置费指工程在投产以后的运行初期,由于易损件损耗和可能发生的事故,而必须准备的备品备件和专用材料的购置费。不包括设备价格中配备的备品备件。

取费标准:备品备件购置费按占设备费的0.4% ~0.6%计算。大(1)型工程取下限,其他工程取中、上限。这里应注意:①设备费应包括机电设备、金属结构设备以及运杂费等全部设备费;②电站、泵站同容量、同型号机组超过1台时,只计算1台的设备费。

(五)工器具及生产家具购置费

工器具及生产家具购置费指按设计规定,为保证初期生产正常运行所必须购置的不属于固定资产标准的生产工具、器具、仪表、生产家具等的购置费。不包括设备价格中已包括的专用工具。

取费标准:工器具及生产家具购置费,按占设备费的0.08% ~0.2%计算。枢纽工程取下限,其他工程取中、上限。

三、科研勘测设计费

科研勘测设计费指为工程建设所需的科研、勘测和设计等费用。它包括工程科学研究试验费和工程勘测设计费。

(一)工程科学研究试验费

工程科学研究试验费指在工程建设中,为解决工程的技术问题而进行必要的科学研究试验所需的费用。

取费标准:枢纽工程和引水工程按建安工作量的0.5%计算,河道工程按建安工作量的0.2%计算。

(二)工程勘测设计费

工程勘测设计费指工程从项目建议书开始以后各设计阶段发生的勘测费和设计费。包括项目建议书、可行性研究、初步设计、招标设计和施工图设计阶段发生的勘测费、设计费和为勘测设计服务的科研试验费用。工程勘测设计费按国家发展计划委员会、建设部计价格[2002]10号文《关于发布〈工程勘察设计收费管理规定〉的通知》执行。

四、建设及施工场地征用费

建设及施工场地征用费指根据设计确定的建设及施工场地范围内的永久工程征地、临时工程征地和管理单位用地所发生的征地补偿费用及应缴纳的耕地占用税等。主要包括征用场地上的林木、作物的赔偿,建筑物的迁建和居民迁移费等。

具体编制方法和计算标准参照移民和环境部分概算编制规定执行。

五、其他费用

(一)定额编制管理费

定额编制管理费指为水利工程定额的测定、编制、管理、发行等所需的费用。该项费用交由定额管理机构安排使用。按照国家及省、自治区、直辖市计划(物价)部门有关规定计收。

根据国家计划委员会、财政部关于第一批降低22项收费标准的通知计价费[1997]2500号文,工程定额编制管理费收费标准为:对沿海城市和建安工作量大的地区,按建安工作量的0.4‰~0.8‰,对其他地区按建安工作量的0.4‰~1.3‰。

(二)工程质量监督费

工程质量监督费指为保证工程质量而进行的检测、监督、检查等费用。按照国家及省、自治区、直辖市计划(物价)部门有关规定计收。

根据国家计委收费管理司、财政部综合与改革司关于水利建设工程质量监督收费标准及有关问题的规定,工程质量监督费按建安工作量计费,大城市不超过1.5‰,中等城市不超过2‰,小城市不超过2.5‰,已实施工程监理的建设项目,不超过0.5‰~1‰。

(三)工程保险费

工程保险费指工程建设期内,为使工程能在遭受水灾、火灾等自然灾害和意外事故造成损失后得到经济补偿,而对建筑、设备及安装工程保险所发生的保险费用。如需对工程进行保险,保险费用可按水利部与中国人民保险公司联合商定的费率进行计算。即内资部分按第一至第四部分投资合计的4.5‰~5.0‰计算。

(四)其他税费

其他税费指按国家规定应缴纳的与工程建设有关的税费。

第六节 预备费、建设期融资利息、静态总投资和总投资

一、预备费

预备费包括基本预备费和价差预备费两项。

(一)基本预备费

基本预备费主要是为解决在工程施工过程中,经上级批准的设计变更和国家政策性变动增加的投资及为解决意外事故而采取的措施所增加的工程项目和费用。根据工程规模、施工年限和地质条件等不同情况,按工程概(估)算第一至第五部分投资合计数的百分率计算。

取费标准:按水利部现行规定,项目建议书阶段投资估算取15%~18%,可行性研究阶段投资估算取10%~18%,初步设计阶段概算取5.0%~8.0%。

(二)价差预备费

价差预备费主要是为解决在工程建设过程中,因人工工资、材料和设备价格上涨以及费用标准调整而增加的投资。计算时,根据施工年限,不分设计阶段,以资金流量表的静态投资为计算基数,按国家发展和改革委员会根据物价变动趋势,适时调整和发布的年物价指数计算。

计算公式为

$$E = \sum_{n=1}^{N} F_n[(1+P)^n - 1] \tag{4-3}$$

式中 E——价差预备费;

N——合理建设工期;

n——施工年度;

F_n——在建设期资金流量表中第 n 年的投资;

P——年物价指数。

二、建设期融资利息

建设期融资利息是指根据国家财政金融政策规定,工程在建设期内需偿还并应计入工程总投资的融资利息。

计算公式为

$$S = \sum_{n=1}^{N}\left(\sum_{m=1}^{n} F_m b_m - \frac{1}{2}F_n b_n + \sum_{m=0}^{n-1} S_m\right)i \qquad (4\text{-}4)$$

式中 S——建设期融资利息；

N——合理建设工期；

n——施工年度；

m——还息年度；

F_n、F_m——在建设期资金流量表内的第 n、m 年的投资；

b_n、b_m——各施工年份融资额占当年投资的比例；

i——建设期融资利率；

S_m——第 m 年的付息额度。

三、静态总投资和总投资

（一）静态总投资

工程建设项目费用的建筑工程、机电设备及安装工程、金属结构设备及安装工程、施工临时工程、独立费用和基本预备费之和构成静态总投资。

（二）总投资

建筑工程、机电设备及安装工程、金属结构设备及安装工程、施工临时工程、独立费用、基本预备费、价差预备费、建设期融资利息之和为总投资，即静态总投资、价差预备费和建设期融资利息之和。

第五章 水利水电工程设计工程量计算

第一节 概 述

(1)水利水电工程各设计阶段的设计工程量,是设计工作的重要成果和编制工程概(估)算的主要依据,适用于大型、中型水利水电工程项目的项目建议书、可行性研究和初步设计阶段的设计工作量计算。

(2)按照不同设计阶段设计报告编制规程的要求,永久工程和主要施工临时工程的工程量均应符合工程项目划分的要求。

(3)各设计阶段计算的工程量乘以表5-1所列的相应的阶段系数后,作为设计工程量提供给造价专业编制工程概(估)算。

表5-1 水利水电工程设计工程量阶段系数

类别	设计阶段	土石方开挖工程量(万 m^3)				混凝土工程量(万 m^3)			
		>500	500~200	200~50	<50	>300	300~100	100~50	<50
永久工程或建筑物	项目建议书	1.03~1.05	1.05~1.07	1.07~1.09	1.09~1.11	1.03~1.05	1.05~1.07	1.07~1.09	1.09~1.11
	可行性研究	1.02~1.03	1.03~1.04	1.04~1.06	1.06~1.08	1.02~1.03	1.03~1.04	1.04~1.06	1.06~1.08
	初步设计	1.01~1.02	1.02~1.03	1.03~1.04	1.04~1.05	1.01~1.02	1.02~1.03	1.03~1.04	1.04~1.05
施工临时工程	项目建议书	1.05~1.07	1.07~1.10	1.10~1.12	1.12~1.15	1.05~1.07	1.07~1.10	1.10~1.12	1.12~1.15
	可行性研究	1.04~1.06	1.06~1.08	1.08~1.10	1.10~1.13	1.04~1.06	1.06~1.08	1.08~1.10	1.10~1.13
	初步设计	1.02~1.04	1.04~1.06	1.06~1.08	1.08~1.10	1.02~1.04	1.04~1.06	1.06~1.08	1.08~1.10
金属结构工程	项目建议书								
	可行性研究								
	初步设计								

类别	设计阶段	土石方填筑、砌石工程量(万 m^3)				钢筋	钢材	模板	灌浆
		>500	500~200	200~50	<50				
永久工程或建筑物	项目建议书	1.03~1.05	1.05~1.07	1.07~1.09	1.09~1.11	1.08	1.06	1.11	1.16
	可行性研究	1.02~1.03	1.03~1.04	1.04~1.06	1.06~1.08	1.06	1.05	1.08	1.15
	初步设计	1.01~1.02	1.02~1.03	1.03~1.04	1.04~1.05	1.03	1.03	1.05	1.10

续表 5-1

类别	设计阶段	土石方填筑、砌石工程量(万 m^3)				钢筋	钢材	模板	灌浆
		>500	500~200	200~50	<50				
施工临时工程	项目建议书	1.05~1.07	1.07~1.10	1.10~1.12	1.12~1.15	1.10	1.10	1.12	1.18
	可行性研究	1.04~1.06	1.06~1.08	1.08~1.10	1.10~1.13	1.08	1.08	1.09	1.17
	初步设计	1.02~1.04	1.04~1.06	1.06~1.08	1.08~1.10	1.05	1.05	1.06	1.12
金属结构工程	项目建议书						1.17		
	可行性研究						1.15		
	初步设计						1.10		

(4)施工中允许的超挖、超填量、合理的施工附加量及施工操作损耗,已计入概算定额,不应包括在设计工程量中。

第二节 设计工程量计算规则

一、永久建筑工程工程量计算

(一)土石方开挖工程量计算

土石方开挖工程量应按岩石类别分级表(见表5-2)计算,并将明挖、暗挖分开。明挖宜分一般、坑槽、坡面等,暗挖宜分平洞、斜井、竖井和地下厂房等。

表 5-2 岩石类别分级

岩石级别	岩石名称	实体岩石自然湿度时的平均容重(kg/m^3)	净钻时间(min/m)			极限抗压强度(kg/cm^2)	强度系数 f
			用直径30 mm合金钻头,凿岩机打眼(工作气压为4.5个标准大气压)	用直径30 mm淬火钻头,凿岩机打眼(工作气压为4.5个标准大气压)	用直径25 mm钻杆,人工单人打眼		
1	2	3	4	5	6	7	8
V	1. 砂藻土及软的白垩岩 2. 硬的石炭纪黏土 3. 胶结不紧的砾岩 4. 各种不坚实的页岩	1 500 1 950 1 900~2 200 2 000		≤3.5	≤30	≤200	1.5~2

续表 5-2

岩石级别	岩石名称	实体岩石自然湿度时的平均容重（kg/m^3）	净钻时间（min/m） 用直径 30 mm 合金钻头，凿岩机打眼（工作气压为 4.5 个标准大气压）	净钻时间（min/m） 用直径 30 mm 淬火钻头，凿岩机打眼（工作气压为 4.5 个标准大气压）	净钻时间（min/m） 用直径 25 mm 钻杆，人工单人打眼	极限抗压强度（kg/cm^2）	强度系数 f
1	2	3	4	5	6	7	8
Ⅵ	1. 软的有孔隙的节理多的石灰岩及贝壳石灰岩	2 200		4 （3.5～4.5）	45 （30～60）	200～400	2～4
	2. 密实的白垩岩	2 600					
	3. 中等坚实的页岩	2 700					
	4. 中等坚实的泥灰岩	2 300					
Ⅶ	1. 水成岩卵石经石灰质胶结而成的砾石	2 200		6 （4.5～7）	78 （61～95）	400～600	4～6
	2. 风化的节理多的黏土质砂岩	2 200					
	3. 坚硬的泥质页岩	2 800					
	4. 坚实的泥灰岩	2 500					
Ⅷ	1. 角砾状花岗岩	2 300	6.8 （5.7～7.7）	8.5 （7.1～10）	115 （96～135）	600～800	6～8
	2. 泥灰质石灰岩	2 300					
	3. 黏土质砂岩	2 200					
	4. 云母页岩及砂质页岩	2 300					
	5. 硬石膏	2 900					
Ⅸ	1. 软的风化较甚的花岗岩、片麻岩及正长岩	2 500	8.5 （7.8～9.2）	11.5 （10.1～13）	157 （136～175）	800～1 000	8～10
	2. 滑石质的蛇纹岩	2 400					
	3. 密实的石灰岩	2 500					
	4. 水成岩卵石经硅质胶结的砾岩	2 500					
	5. 砂岩	2 500					
	6. 砂质石灰质的页岩	2 500					
Ⅹ	1. 白云岩	2 700	10 （9.3～10.8）	15 （13.1～17）	195 （176～215）	1 000～1 200	10～12
	2. 坚实的石灰岩	2 700					
	3. 大理岩	2 700					
	4. 石灰质胶结的质密的砂岩	2 600					
	5. 坚硬的砂质页岩	2 600					

续表 5-2

岩石级别	岩石名称	实体岩石自然湿度时的平均容重（kg/m^3）	净钻时间(min/m) 用直径 30 mm 合金钻头，凿岩机打眼（工作气压为 4.5 个标准大气压）	用直径 30 mm 淬火钻头，凿岩机打眼（工作气压为 4.5 个标准大气压）	用直径 25 mm 钻杆，人工单人打眼	极限抗压强度（kg/cm^2）	强度系数 f
1	2	3	4	5	6	7	8
Ⅺ	1. 粗粒花岗岩 2. 特别坚硬的白云岩 3. 蛇纹岩 4. 火成岩卵石经石灰质胶结的砾岩 5. 石灰质胶结的坚实砂岩 6. 粗粒正长石	2 800 2 900 2 600 2 800 2 700 2 700	11.2（10.9 ~ 11.5）	18.5（17.1 ~ 20）	240（216 ~ 260）	1 200 ~ 1 400	12 ~ 14
Ⅻ	1. 有风化痕迹的安山岩及玄武岩 2. 片麻岩、粗面岩 3. 特别坚硬的石灰岩 4. 火成岩卵石经硅质胶结的砾岩	2 700 2 600 2 900 2 600	12.2（11.6 ~ 13.3）	22（20.1 ~ 25）	290（261 ~ 320）	1 400 ~ 1 600	14 ~ 16
XⅢ	1. 中粒花岗岩 2. 坚实的片麻岩 3. 辉绿岩 4. 玢岩 5. 坚实的粗面岩 6. 中粒的正长岩	3 100 2 800 2 700 2 500 2 800 2 800	14.1（13.4 ~ 14.8）	27.5（25.1 ~ 30）	360（321 ~ 400）	1 600 ~ 1 800	16 ~ 18
XⅣ	1. 特别坚实的细粒花岗岩 2. 花岗片麻岩 3. 闪长岩 4. 最坚实的石灰岩 5. 坚实的玢岩	2 300 2 900 2 900 3 100 2 700	15.5（14.9 ~ 18.2）	32.5（30.1 ~ 40）		1 800 ~ 2 000	18 ~ 20

续表 5-2

岩石级别	岩石名称	实体岩石自然湿度时的平均容重（kg/m^3）	净钻时间（min/m）			极限抗压强度（kg/cm^2）	强度系数 f
			用直径 30 mm 合金钻头，凿岩机打眼（工作气压为 4.5 个标准大气压）	用直径 30 mm 淬火钻头，凿岩机打眼（工作气压为 4.5 个标准大气压）	用直径 25 mm 钻杆，人工单人打眼		
1	2	3	4	5	6	7	8
XV	1. 安山岩、玄武岩、坚实的角闪石 2. 最坚实的辉绿岩及闪长岩 3. 坚实的辉长岩及石英岩	3 100 2 900 2 800	20 （18.3～24）	46 （40.1～60）		2 000～2 500	20～25
XVI	1. 钙钠长石质橄榄石质玄武岩 2. 特别坚硬的辉长岩、辉绿岩、石英岩及玢岩	3 300 3 000	>24	>60		>2 500	>25

（二）土石方填（砌）筑工程量计算

土石方填（砌）筑工程量计算应符合下列规定：

（1）土石方填筑工程量应根据建筑物设计断面中不同部位填筑材料的设计要求分别计算，以建筑物实体方计量。

（2）砌筑工程量应按不同砌筑材料、砌筑方式（干砌、浆砌等）和砌筑部位分别计算，以建筑物砌体方计量。

（三）疏浚与吹填工程量计算

（1）疏浚工程量的计算，宜按设计水下方量计算，开挖过程中的超挖及回淤量不应计入。

（2）吹填工程量计算，除考虑吹填区填筑量外，还应考虑吹填土层固结沉降、吹填区地基沉降和施工期泥沙流失等因素。计量单位为水下方。

（四）土工合成材料工程量计算

土工合成材料工程量宜按设计铺设面积或长度计算，不应计入材料搭接及各种形式嵌固的用量。

（五）混凝土工程量计算

混凝土工程量计算应以成品实体方计量，并应符合下列规定：

（1）项目建议书阶段混凝土工程量宜按工程各建筑物分项、分强度、分级配计算。可行性研究和初步设计阶段混凝土工程量应根据设计图纸分部位、分强度、分级配计算。

(2)碾压混凝土宜提出工法，沥青混凝土宜提出开级配或密级配。

(3)钢筋混凝土的钢筋可按含钢率或含钢量计算。混凝土结构中的钢衬工程量应单独列出。

(六)混凝土立模面积计算

混凝土立模面积应根据建筑物结构体型、施工分缝要求和使用模板的类型计算。

项目建议书和可行性研究阶段可参考表5-3～表5-9，初步设计阶段可根据工程设计立模面积计算。

表5-3　大坝电站厂房立模面系数参考值

序号	建筑物名称	立模面系数(m^2/m^3)	各类立模面参考比例(%)					说明
			平面	曲面	牛腿	键槽	溢流面	
1	重力坝(综合)	0.15～0.24	70～90	2.0～6.0	0.7～1.8	15～25	1.0～3.0	不包括拱形廊道模板；实际工程中如果坝体纵、横缝不设键槽，键槽立模面积所占比例为0，平面模板所占比例相应增加
	分部：非溢流坝	0.10～0.16	70～98	0.0～1.0	2.0～3.0	15～28		
	表面溢流坝	0.18～0.24	60～75	2.0～3.0	0.2～0.5	15～28	8.0～16.0	
	孔洞溢流坝	0.22～0.31	65～90	1.0～3.5	0.7～1.2	15～27	5.0～8.0	
2	宽缝重力坝	0.18～0.27						
3	拱坝	0.18～0.28	70～80	2.0～3.0	1.0～3.0	12～25	0.5～5.0	
4	连拱坝	0.80～1.60						
5	平板坝	1.10～1.70						
6	单支墩大头坝	0.30～0.45						
7	双支墩大头坝	0.32～0.60						
8	河床式电站闸坝	0.45～0.90	85～95	5.0～13	0.3～0.8	0.0～10		不包括蜗壳模板、尾水肘管模板及拱形廊道模板
9	坝后式厂房	0.50～0.90	88～97	2.5～8.0	0.2～0.5	0.0～5.0		
10	混凝土蜗壳立模面积(m^2)	$13.40D_1^2$						D_1为水轮机转轮直径
11	尾水肘管立模面积(m^2)	$5.846D_4^2$						D_4为尾水肘管进口直径，可按下式估算：轴流式水轮机$D_4=1.2D_1$，混流式水轮机$D_4=1.35D_1$

注：1. 泄流和引水孔洞多而坝体较低，坝体立模面系数取大值；泄流和引水孔洞较少，以非溢流坝段为主的高坝，坝体立模面系数取小值。河床式电站闸坝的立模面系数主要与坝高有关，坝高小取大值，坝高大取小值。

2. 坝后式厂房的立模面系数，分层较多、结构较复杂的，取大值；分层较少、结构简单的，取小值；一般可取中值。

表 5-4　溢洪道立模面系数参考值

序号	建筑物名称			立模面系数（m^2/m^3）	各类模板参考比例（%）			说明
					平面	曲面	牛腿	
1	闸室	闸室（综合）		0.60～0.85	92～96	4.0～7.0	0.5(0)～0.9	
		分部（闸墩）		1.00～1.75	91～95	5.0～8.0	0.7(0)～1.2	含中、边墩等
		闸底板		0.16～0.30	100			
2	泄槽	底板		0.16～0.30				
		边墙	挡土墙式	0.70～1.00				
			边坡衬砌	$1/B+0.15$				岩石坡，B 为衬砌厚

表 5-5　隧洞立模面系数参考值

	高宽比	衬砌厚度（m）						所占比例	
		0.2	0.4	0.6	0.8	1	1.2	曲面	墙面
直墙圆拱形隧洞	0.9	3.16～3.42	1.52～1.65	0.98～1.07	0.71～0.78	0.55～0.60	0.44～0.49	49%～66%	51%～34%
	1	3.25～3.51	1.57～1.70	1.01～0.80	0.73～0.80	0.57～0.62	0.46～0.50	45%～61%	55%～39%
	1.2	3.41～3.65	1.65～1.77	0.78～0.84	0.78～0.84	0.60～0.65	0.49～0.53	39%～53%	61%～47%
	说明	本表立模面系数计算按隧洞顶拱圆心角为 120°～180°，圆心角小时取大值，反之取小值						顶拱圆心角小时，曲面取小值，反之取大值；墙面相反	

	衬砌内径（m）	衬砌厚度（m）						说明
		0.2	0.4	0.6	0.8	1	1.2	
圆形隧洞	4	4.76	2.27	1.45	1.04			
	8	4.88	2.38	1.14	1.14	0.89	0.72	
	12	4.92	2.42	1.17	1.17	0.92	0.76	

表 5-6　渡槽槽身立模面系数参考值

渡槽类型	壁厚（cm）	立模面系数（m^2/m^3）	说明
矩形渡槽	10	15.00	
	20	7.71	
	30	5.28	
箱形渡槽	10	13.26	
	20	6.63	
	30	4.42	
U 形渡槽	12～20	10.33	直墙厚 12 cm，U 形渡槽 20 cm
	15～25	8.19	直墙厚 15 cm，U 形渡槽 25 cm
	24～40	5.98	直墙厚 24 cm，U 形渡槽 40 cm

表 5-7　涵洞立模面系数参考值

类型	高宽比	部位	衬砌厚度(m)					说明
			0.4	0.6	0.8	1.0	1.2	
直墙圆拱形涵洞	0.9	顶拱	2.17	1.45	1.09	0.87	0.73	
		边墙	1.13	0.76	0.57	0.46	0.39	
	1	顶拱	2.07	1.38	1.04	0.83	0.69	
		边墙	1.32	0.88	0.66	0.53	0.44	
	1.2	顶拱	1.88	1.26	0.95	0.76	0.64	
		边墙	1.64	1.09	0.81	0.65	0.54	
矩形涵洞	高宽比		衬砌厚度(m)					说明
			0.4	0.6	0.8	1.0	1.2	
	1.0		3.00	2.00	1.50	1.20	1.00	
	1.3		3.22	2.15	1.61	1.29	1.07	
	1.6		3.39	2.26	1.70	1.36	1.13	
圆形涵洞	壁厚(cm)	15	25	35	45	55	65	说明
	立模面系数	8.89	5.41	4.05	3.15	2.62	2.23	

表 5-8　水闸立模面系数参考值

序号	建筑物名称	立模面系数(m^2/m^3)	各类模板参考比例(%)			说明
			平面	曲面	牛腿	
1	水闸闸室(综合)	0.65～0.85	92～96	4.0～7.0	0.5(0)～0.9	
2	分部:闸墩	1.15～1.75	91～95	5.0～8.0	0.7(0)～1.2	含中、边墩等
	闸底板	0.16～0.30	100			

表 5-9　明渠立模面系数参考值

序号	项目	系数参考值
1	边坡立模面	边坡立模面系数 $1/B(m^2/m^3)$。B 为边坡衬砌厚度,混凝土量按边坡衬砌量计算
2	横缝堵头立模面	横缝堵头立模面系数 $1/L(m^2/m^3)$。L 为衬砌分段长度,混凝土量按明渠衬砌量计算
3	底板纵缝立模面	底板纵缝堵头立模面积按明渠长度计算,每米渠长立模面 $n \times B(m^2/m)$。B 为衬砌厚度,n 为明渠底板纵缝条数(含边坡与底板交界处的分缝)

(七)钻孔灌浆工程量计算

钻孔灌浆工程量计算应符合下列规定:

(1)基础固结灌浆与帷幕灌浆工程量,自起灌基面算起,钻孔长度自实际孔顶高程算起。基础帷幕灌浆采用孔口封闭的,还应计算灌注孔口管的工程量,根据不同孔口管长度以孔为单位计算。地下工程的固结灌浆,其钻孔和灌浆工程量根据设计要求以长度计。

(2)回填灌浆工程量按设计的回填接触面积计算。

(3)接触灌浆和接缝灌浆的工程量,按设计所需面积计算。

(八)混凝土地下连续墙的成槽和混凝土浇筑工程量计算

混凝土地下连续墙的成槽和混凝土浇筑工程量应分别计算,并应符合下列规定:

(1)成槽工程量按不同墙厚、孔深和地层以面积计算。

(2)混凝土浇筑工程量,按不同墙厚和地层以成墙面积计算。

(九)锚固工程量计算

锚固工程量计算应符合下列规定:

(1)锚杆支护工程量,按锚杆类型、长度、直径和支护部位及相应岩石级别以根数计算。

(2)预应力锚索工程量按不同预应力等级、长度、型式及锚固对象以"束"计算。

(十)喷混凝土工程量计算

喷混凝土工程量应按喷射厚度、部位及有无钢筋以体积计算,回弹量不应计入。喷浆工程量应根据喷射对象以面积计算。

(十一)混凝土灌注桩钻孔和灌注混凝土工程量计算

混凝土灌注桩钻孔和灌注混凝土工程量应分别计算,并应符合下列规定:

(1)钻孔工程量按不同地层类别以钻孔长度计算。

(2)灌注混凝土工程量按不同桩径以桩长计算。

(十二)枢纽工程对外公路工程量计算

枢纽工程对外公路工程量,项目建议书和可行性研究阶段可根据1:50 000~1:10 000的地形图按设计推荐(或选定)的线路,分公路等级以长度计算;初步设计阶段应根据不小于1:5 000的地形图按设计确定的公路等级提出长度或具体工程量计算。

(十三)场内永久公路中主要交通道路工程量计算

场内永久公路中主要交通道路,项目建议书和可行性研究阶段应根据1:10 000~1:5 000的施工总平面布置图按设计确定的公路等级以长度计算工程量;初步设计阶段应根据1:5 000~1:2 000的施工总平面布置图按设计要求提出长度或具体工程量计算。

(十四)引(供)水、灌溉等工程的永久公路工程量计算

引(供)水、灌溉等工程的永久公路工程量可参照(十三)的要求计算。

(十五)桥梁、涵洞工程量计算

桥梁、涵洞按工程等级分别计算,提出延长米或具体工程量。

(十六)永久供电线路工程量计算

永久供电线路工程量,按电压等级、回路数以长度计算。

二、施工临时工程工程量计算

(一)施工导流工程量计算

施工导流工程量计算要求与永久水工建筑物工程量计算要求相同,其中永久与临时结合的部分应计入永久工程量中,阶段系数按施工临时工程计取。

(二)施工支洞工程量计算

施工支洞工程量应按永久水工建筑物工程量计算要求进行计算,阶段系数按施工临时工程计取。

(三)大型施工设施及施工机械布置所需土建工程量计算

大型施工设施及施工机械布置所需土建工程量,按永久建筑物的要求计算,阶段系数按施工临时工程计取。

(四)施工临时公路工程量计算

施工临时公路的工程量可根据相应设计阶段施工总平面布置图或设计提出的运输线路分等级计算公路长度或具体工程量。

(五)施工供电线路工程量计算

施工供电线路工程量可按设计的线路走向、电压等级和回路数计算。

三、结构工程量计算

(一)水工建筑物的各种钢闸门和拦污栅工程量计算

水工建筑物的各种钢闸门和拦污栅工程量以“t”计算,项目建议书阶段可按已建工程类比确定;可行性研究阶段可根据初选方案确定的类型和主要尺寸计算;初步设计阶段应根据选定方案的设计尺寸和参数计算。

各种闸门和拦污栅的埋件工程量计算均应与其主设备工程量计算精度一致。

(二)启闭设备工程量计算

启闭设备工程量计算,宜与闸门和拦污栅工程量计算精度相适应,并分别标出设备质量(t)和数量(台、套)。

(三)压力钢管工程量计算

压力钢管工程量应按钢管型式(一般、叉管)、直径和壁厚分别计算,以“t”为计算单位,不应计入钢管制作与安装的操作损耗量。

第三节　水利建筑工程清单工程量计算

一、土方开挖

(一)土方开挖工程清单工程量计算说明

(1)场地平整适用于挖(填)平均厚度在0.5 m以内。

(2)一般土方开挖适用于除渠道、沟、槽、坑土方开挖外的一般性土方明挖。

(3)渠道土方开挖适用于底宽>3 m、长度>3倍宽度的土方明挖。

(4)沟、槽土方开挖适用于底宽≤3 m、长度>3倍宽度的土方明挖。

(5)坑土方开挖适用于底宽≤3 m、长度≤3倍宽度、深度≤上口短边或直径的土方明挖。

(6)砂砾石开挖适用于岩层上部的风化砂土层或砂卵石层明挖。

(7)平洞土方开挖适用于水平夹角≤6°的土方洞挖。

(8)斜洞土方开挖适用于水平夹角6°~75°的土方洞挖。

(9)竖井土方开挖适用于水平夹角>75°、深度>上口短边或直径的土方开挖。

(二)土方开挖工程清单工程量计算规则

(1)按招标设计图标轮廓尺寸范围以内的有效自然方体积计量。施工过程中增加的超挖量和施工附加量所发生的费用,应摊入有效工程量的工程单价中。

(2)夹有孤石的土方开挖,大于0.7 m^3 的孤石按石方开挖计量。

(3)土方开挖工程均包括弃土运输的工作内容,开挖与运输不在同一标段的工程,应分别选取开挖与运输的工作内容计量。

（三）土方开挖工程清单项目设置、工作内容及解释

土方开挖工程清单项目设置、工作内容及解释见表 5-10。

表 5-10　土方开挖工程（编码 500101）

<table>
<tr><th>项目编码</th><th>项目名称</th><th>工作内容</th><th>单位</th><th>解释</th></tr>
<tr><td>500101001
×××</td><td>场地平整</td><td>(1)土类分级。
(2)土量平衡。
(3)运距</td><td>m^3</td><td rowspan="10">(1)土方明挖的计量和支付应按不同工程项目以及施工图纸所示的不同区域和不同高程分别列项，以立方米(m^3)为单位计量，并按《水利工程工程量清单计价规范》(GB 50501—2007)中各相应项目的每立方米单价进行计量和支付。
(2)植被清理工作内容，其所需的全部清理费用应分摊在《水利工程工程量清单计价规范》(GB 50501—2007)相应的土方明挖项目的每立方米单价中，不再单独进行计量和支付。
(3)土方明挖的单价应包括土方的开挖、装卸、运输及其表土开挖、植被清理、边坡整治、基础和边坡面的检查和验收以及地面平整等全部费用。
(4)土方明挖开始前，承包人应按监理人指示测量开挖区的地形和计量剖面，报监理人复核，并应按施工图纸或监理人批准的开挖线进行工程量的计量。承包人所有计量测量成果都必须经过监理人签认。超出支付线的任何超挖工程量的费用都应包括在《水利工程工程量清单计价规范》(GB 50501—2007)所列工程量的每立方米单价中，发包人不再另行支付。
(5)在施工前或在开挖的过程中，监理人对施工图纸作出的修改，其相应的工程量应按监理人签发的设计修改图进行计算，属于变更范畴的应按《合同范本》中《通用合同条款》第 39 条规定办理。
(6)除施工图纸中标明或监理人指定作为永久性排水工程的设施外，一切为土方明挖所需的临时性排水费用(包括排水设备的采购、安装、运行和维修等)，均应包括在《水利工程工程量清单计价规范》(GB 50501—2007)各土方明挖项目的单价中。
(7)除合同另有规定外，承包人对土料场或砂砾料场进行复核和复勘的费用以及取样试验所需的费用，均已包括在《水利工程工程量清单计价规范》(GB 50501—2007)各开挖项目的每立方米单价中。
(8)除合同另有规定外，开采土料或砂砾料场，而使用开采设施和设备的全部人工和使用设备的费用包括取土、含水量调整、弃土处理、土料运输和堆放等，均应包含在土石方填筑工程和混凝土工程相应项目的每立方米单价中。
(9)除合同另有规定外，料场开采结束后，承包人根据合同规定进行的开采区清理的费用，已包括在《水利工程工程量清单计价规范》(GB 50501—2007)所列项目的每平方米(或立方米)单价中</td></tr>
<tr><td>500101002
×××</td><td>一般土方开挖</td><td>(1)土类分级。
(2)开挖厚度。
(3)运距</td><td rowspan="5">m^3</td></tr>
<tr><td>500101003
×××</td><td>渠道土方开挖</td><td rowspan="3">(1)土类分级。
(2)断面形式及尺寸。
(3)运距</td></tr>
<tr><td>500101004
×××</td><td>沟、槽土方开挖</td></tr>
<tr><td>500101005
×××</td><td>坑土方开挖</td></tr>
<tr><td>500101006
×××</td><td>砂砾石开挖</td><td>(1)土类分级。
(2)土石分界线。
(3)开挖厚度。
(4)运距</td></tr>
<tr><td>500101007
×××</td><td>平洞土方开挖</td><td rowspan="4">(1)土类分级。
(2)断面形式及尺寸。
(3)洞(井)长度。
(4)运距</td><td rowspan="4">m^3</td></tr>
<tr><td>500101008
×××</td><td>斜洞土方开挖</td></tr>
<tr><td>500101009
×××</td><td>竖井土方开挖</td></tr>
<tr><td>500101010
×××</td><td>其他土方开挖工程</td></tr>
</table>

注：表中项目编码以×××表示的 10 至 12 位由编码人自 001 的顺序编码，如坝基覆盖层一般土方开挖为 500101002001，溢洪道覆盖层一般土方开挖为 500101002002，进水口覆盖层一般土方开挖为 500101002003 等，以此类推。

二、石方开挖

（一）石方开挖工程清单工程量计算说明

（1）一般石方开挖适用于除坡面、渠道、沟、槽、坑和保护层石方开挖外的一般性石方明挖。

（2）坡面石方开挖适用于倾角 >20°、厚度≤5 m 的石方明挖。

（3）渠道石方开挖适用于底宽 >7 m、长度 >3 倍宽度的石方明挖。

（4）沟、槽石方开挖适用于底宽≤7 m、长度 >3 倍宽度的石方明挖。

（5）坑石方开挖适用于底宽≤7 m、长度≤3 倍宽度、深度≤上口短边或直径的石方明挖。

（6）保护层石方开挖适用于平面、坡面、立面的保护层石方明挖。

（7）平洞石方开挖适用于水平夹角≤6°的石方洞挖。

（8）斜洞石方开挖适用于水平夹角 6°～75°的石方洞挖。

（9）竖井石方开挖适用于水平夹角 >75°、深度 >上口短边或直径的石方开挖。

（10）洞室石方开挖适用于开挖横断面较大，且轴线长度与宽度之比小于 10，如地下厂房、地下开关站、地下调压室等石方洞挖。

（二）石方开挖工程清单工程量计算规则

（1）按招标设计图示轮廓尺寸计算的有效自然方体积计量。施工过程中增加的超挖量和施工附加量所发生的费用，应摊入有效工程量的工程单价中。

（2）石方开挖均包括弃渣运输的工作内容，开挖与运输不在同一标段的工程，应分别选取开挖与运输的工作内容计量。

（三）石方开挖工程清单项目设置、工作内容及解释

石方开挖工程清单项目设置、工作内容及解释见表 5-11。

表 5-11　石方开挖工程（编码 500102）

项目编码	项目名称	工作内容	计量单位	解释
500102001×××	一般石方开挖	（1）岩石级别。 （2）钻爆特性。 （3）运距	m^3	（1）若按发包人要求将表土覆盖层和石方明挖分别开挖，应以现场实际的地形和断面测量成果，分别以每立方米为单位计算表土覆盖层及石方明挖工程量，分别按工程量清单所列项目的每立方米单价支付。其单价中包括表土覆盖层和石方明挖的开挖、地基清理及平整、运输、堆存、检测试验和质量检查、验收等全部人工、材料和使用设备等一切费用。 （2）若发包人不要求对表土和岩石分别开挖，其土方开挖的支付应以现场实际的地形和断面测量成果，经监理人对地形测量和地质情况进行鉴定后确定的土石方比例，以立方米为单位计量，并分别按《水利工程工程量清单计价规范》（GB 50501—2007）所列项目的土方和石方的每立方米单价进行计量和支付。 （3）利用开挖料作为永久或临时工程混凝土骨料和填筑料时，进入存料场以前的开挖运输费用不应在混凝土骨料开采和土石坝填筑费用中重复计算。利用开挖料直接上坝时，还应扣除至存料场的运输及堆存费用。
500102002×××	坡面石方开挖			
500102003×××	渠道石方开挖	（1）岩石级别。 （2）断面形式及尺寸。 （3）钻爆特性。 （4）运距		
500102004×××	沟、槽石方开挖			
500102005×××	坑石方开挖			

续表 5-11

项目编码	项目名称	工作内容	计量单位	解释
500102006×××	保护层石方开挖	(1)岩石级别。 (2)开挖尺寸。 (3)钻爆特性。 (4)运距	m^3	(4)基础清理的费用应包含在相应的开挖费用中，不单独列项支付。 (5)除施工图纸中已标明或监理人指定作为永久性排水工程的设施外，一切为石方明挖所需的临时性排水费用（包括排水设备的采购、安装、运行和维修、拆除等），均包括在《水利工程工程量清单计价规范》（GB 50501—2007）的相应开挖项目的单价中，不单独列项支付。 (6)石料场开采的混凝土粗细骨料的全部人工和设备运行费用，均分摊在《水利工程工程量清单计价规范》（GB 50501—2007）所列各建筑物混凝土每立方米单价中。 (7)石料场开采和生产的坝体（或围堰）反滤料、过滤料和填筑料的全部人工和使用设备的费用，应分摊在《水利工程工程量清单计价规范》（GB 50501—2007）所列的坝体（围堰）填筑材料每立方米的单价中。 (8)石料场开采过程中的弃料或废料的运输、堆放和处理的一切费用，均分摊在混凝土骨料和土石坝填筑材料的每立方米单价中。 (9)石料场开采结束后，承包人对取料区域的边坡、地面进行整治所需的费用，已包括在《水利工程工程量清单计价规范》（GB 50501—2007）所列的每平方米（或立方米）单价中。 (10)除合同另有规定外，承包人对石料场进行复核、复勘、取样试验和地质测绘所需的费用以及工程完工后的料场整治和清理的费用均已包括在《水利工程工程量清单计价规范》（GB 50501—2007）各开挖项目的每立方米单价中
500102007×××	平洞石方开挖	(1)岩石级别及围岩类别。 (2)地质及水文地质特性。 (3)断面形式及尺寸。 (4)钻爆特性。 (5)运距		
500102008×××	斜洞石方开挖			
500102009×××	竖井石方开挖			
500102010×××	洞室石方开挖			
500102011×××	窑洞石方开挖			
500102012×××	预裂爆破	(1)岩石级别。 (2)钻孔角度。 (3)钻爆特性		
500102013×××	其他石方开挖工程			

三、土石方填筑

(一)土石方填筑工程清单工程量计算说明

(1)一般土方填筑适用于土坝、土堤填筑等。

(2)黏土料、人工掺和料、防渗风化料填筑适用于土石坝等的防渗体填筑。

(3)反滤料填筑适用于土石坝的反渗体与过渡层料之间的反滤料及滤水坝趾反滤料填筑等。

(4)过渡层料填筑适用于土石坝反滤料与坝壳之间的过滤层料填筑。

(5)垫层料填筑适用于面板坝的面板与坝壳之间的垫层料填筑。

(6)堆石料填筑、石料渣填筑、石料抛投适用于坝体、围堰填筑等。

(7)钢筋笼块石抛投、混凝土块抛投适用于抛投水下。

(8)袋装土方填筑适用于围堰水下填筑等。

(9)土石合成材料铺设适用于防渗结构。

(10)水下土石填筑体拆除适用于围堰等水下部分拆除。

(二)土石方填筑工程清单工程量计算规则

(1)土石方填筑工程,按招标设计图示尺寸计算的填筑体有效压实方体积计量。施工工程中增加的超填量、施工附加量、填筑体及基础的沉陷损失、填筑操作损耗等所发生的费用,应摊入有效工程量的工程单价中;抛投水下的抛填物,石料抛投体积按抛投石料的堆方体积计量,钢筋笼块石或混凝土块抛投体积按抛投钢筋笼或混凝土块的规格尺寸计算的体积计量。

(2)钢筋笼块石的钢筋笼加工,按招标设计文件要求和钢筋、钢构件加工及安装工程的计量计价规则计算,摊入钢筋笼块石抛投有效工程量的工程单价中。

(三)土石方填筑工程清单项目设置、工作内容及解释

土石方填筑工程清单项目设置、工作内容及解释见表5-12。

表5-12　土石方填筑工程(编码500103)

<table>
<tr><th>项目编码</th><th>项目名称</th><th>工作内容</th><th>计量单位</th><th>解释</th></tr>
<tr><td>500103001×××</td><td>一般土方填筑</td><td rowspan="4">(1)土质及含水量。
(2)分层厚度及碾压遍数。
(3)填筑体干密度、渗透系数。
(4)运距</td><td rowspan="9">m^3</td><td rowspan="9">(1)坝体填筑最终工程量的计量,应按施工图所示的坝体填筑尺寸和施工图纸所示各种填筑体的尺寸和基础开挖清理完成后的实测地形,计算各种填筑体的工程量,以《水利工程工程量清单计价规范》(GB 50501—2007)所列项目的各种坝料填筑的每立方米单价支付。
进度支付的计量,应按施工图纸外轮廓尺寸边线和实测施工期各填筑体的高程计算其工程量,以《水利工程工程量清单计价规范》(GB 50501—2007)所列项目的各种坝料填筑的每立方米单价支付。
(2)各种坝料填筑的每立方米单价中,已包括填筑所需的料场清理、料物开采、加工、运输、堆存、试验、填筑、土料填筑过程中的含水量调整以及质量检查和验收等工作所需的全部人工、材料及使用设备和辅助设施等一切费用。
(3)由承包人进行的料场复查所需的费用包括在《水利工程工程量清单计价规范》(GB 50501—2007)各有关坝料的单价中,发包人不再另行支付。
(4)经监理人批准改变料场引起坝料单价的调整,应按规定办理。
(5)现场生产性试验所需的费用按《水利工程工程量清单计价规范》(GB 50501—2007)所列项目的总价进行支付。</td></tr>
<tr><td>500103002×××</td><td>黏土料填筑</td></tr>
<tr><td>500103003×××</td><td>人工掺和料填筑</td></tr>
<tr><td>500103004×××</td><td>防渗分化料填筑</td></tr>
<tr><td>500103005×××</td><td>反滤料填筑</td><td rowspan="3">(1)颗粒级配。
(2)分层厚度及碾压遍数。
(3)填筑体相对密度。
(4)运距</td></tr>
<tr><td>500103006×××</td><td>过滤层料填筑</td></tr>
<tr><td>500103007×××</td><td>垫层料填筑</td></tr>
<tr><td>500103008×××</td><td>堆石料填筑</td><td>(1)颗粒级配。
(2)分层厚度及碾压遍数。
(3)填筑料相对密度。
(4)运距</td></tr>
<tr><td>500103009×××</td><td>石渣料填筑</td><td>(1)最大粒径限制。
(2)压实要求。
(3)运距</td></tr>
</table>

续表 5-12

项目编码	项目名称	工作内容	计量单位	解释
500103010×××	石料抛投	(1)粒径。 (2)抛投方式。 (3)运距	m^3	(6)土工合成材料工程量应以完工时实际测量的铺设面积计算，以平方米(m^2)为单位计量，并按《水利工程工程量清单计价规范》(GB 50501—2007)所列项目的每平方米单价进行支付，其中接缝搭接的面积和折皱面积不另行计量。该单价中包括土工合成材料的提供及土工合成材料的拼接、铺设、保护等施工作业以及质量检查和验收所需的全部人工、材料、使用设备和辅助设施等一切费用。 土工合成材料拼接所用的黏结剂、焊接剂和缝合细线等材料的提供及其抽样检验等所需的全部费用应包括在土工合成材料的每平方米单价中，发包人不再另行支付
500103011×××	钢筋笼块石抛投	(1)粒径。 (2)笼体及网格尺寸。 (3)抛投方式。 (4)运距	m^3	
500103012×××	混凝土块抛投	(1)形状及尺寸。 (2)抛投方式。 (3)运距	m^3	
500103013×××	袋装土方填筑	(1)土质要求。 (2)装袋、封包要求。 (3)运距	m^3	
500103014×××	土工合成材料铺设	(1)材料性能。 (2)铺设拼接要求	m^2	
500103015×××	水下土石填筑体拆除	(1)断面形式。 (2)拆除要求。 (3)运距	m^3	
500103016×××	其他土石方填筑工程			

四、疏浚和吹填

(一)疏浚和吹填工程清单工程量计算说明

(1)船舶疏浚、其他机械疏浚适用于在不同土壤中的水下疏浚，并排泥于指定地点。

(2)船舶吹填、其他机械吹填适用于吹填坝、堤、淤积田地及场地。

(二)疏浚和吹填工程清单工程量计算规则

疏浚和吹填工程清单工程量计算规则见表 5-13。

(三)疏浚和吹填工程清单项目设置、工作内容及解释

疏浚和吹填工程清单项目设置、工作内容及解释见表 5-14。

表 5-13　疏浚和吹填工程清单工程量计算规则

项目类别	计算规则
疏浚工程	在江河、水库、港湾、湖泊等处的疏浚工程(包括排泥于水中或陆地)，按招标设计图示轮廓尺寸计算的水下有效自然方体积计量。施工过程中疏浚设计断面以外增加的超挖量、施工期自然回淤量、开工展布与收工集合、避险与防干扰措施、排泥管安拆移动以及使用辅助船只等所发生的费用，应摊入有效工程量的工程单价中，辅助工程(如浚前扫床和障碍物清除、排泥区围堰、隔埂、退水口及排水渠等项目)另行计量计价

续表 5-13

项目类别	计算规则
吹填工程	(1)吹填工程按招标设计图示轮廓尺寸计算(扣除吹填区围堰、隔埂等的体积)的有效吹填体积计量。施工过程中吹填土体沉陷量、原地基因上部吹填荷载而产生的沉降量和泥沙流失量、对吹填区平整度要求较高的工程配备的陆上土方机械等所发生的费用,应摊入有效工程量的工程单价中,辅助工程(如浚前扫床和障碍物清除、排泥区围堰、隔埂、退水口及排水渠等项目)另行计量计价。 (2)利用疏浚工程排泥进行吹填的工程,疏浚和吹填价格分界按招标设计文件的规定执行

表 5-14　疏浚和吹填工程(编码 500104)

项目编码	项目名称	工作内容	计量单位	解释
500104001 ×××	船舶疏浚	(1)地质及水文地质参数。 (2)需要避险和防干扰情况。 (3)船型及价格。 (4)排泥管线长度。 (5)挖深及排高。 (6)排泥方式(水中、陆地)	m^3	(1)疏浚土方以立方米(m^3)为单位计量,并按《水利工程工程量清单计价规范》(GB 50501—2007)所列项目的每立方米的单价支付。 (2)疏浚土方工程量按河道开挖断面实测方量计算,并按平均断面法计算。采用挖泥船产量计计量时,产量计使用前应会同监理人进行校正。输入的土壤饱和密度由土工试验确定,试验方法应经监理人批准,当产量计所得方量与实测断面法计算的方量相差在5%以内时,以产量计为准。 (3)对多沙河段的回淤量应测量和计入上游来沙产生的回淤量,进行计量支付。 (4)疏浚超挖工程量应包含在挖泥单价内,发包人不再另行支付。 (5)吹填挖泥工程量按吹填区计算,总吹填量包括实测吹填土方量、施工期吹填土的沉陷量、原地基因上部吹填荷载而产生的沉降量和流失量四部分。支付工程量按吹填区实测吹填量计算,其余工程量均包含在《水利工程工程量清单计价规范》(GB 50501—2007)的挖泥单价中,发包人不再另行支付。 (6)疏浚工程的排泥、吹填工程的疏浚土方量和排泥管架设费用已包含在挖泥单价中,发包人不再另行支付。 (7)承包人对合同外疏浚障碍物的清除,以及因清除障碍物对工程进度的影响而增加的费用,经监理人确认后,按实际完成工程量予以支付。 (8)排泥场围堰、隔埂、泄水口、排水渠和截水沟等按围堰工程总价项目进行计量和支付。
500104002 ×××	其他机械疏浚	(1)地质及水文地质参数。 (2)需要避险和防干扰情况。 (3)运距及排高。 (4)排泥方式(水中、陆地)		
500104003 ×××	船舶吹填	(1)地质及水文地质参数。 (2)需要避险和防干扰情况。 (3)船型及规格。 (4)排泥管线长度。 (5)排泥吹填方式。 (6)运距及排高		
500104004 ×××	其他机械吹填			

续表 5-14

项目编码	项目名称	工作内容	计量单位	解释
500104005 ×××	其他疏浚和吹填工程			(9)索铲施工的挡淤堤、弃土坑的费用已包含在挖泥单价中,发包人不再另行支付

五、砌筑工程

(一)砌筑工程清单工程量计算说明

(1)干砌块石适用于挡墙、护坡。

(2)钢筋(铅丝)石笼适用于护坡、护底等。

(3)浆砌块石、浆砌卵石适用于挡墙、护坡、排水沟、渠道等。

(4)浆砌条(料)石适用于挡墙、护坡、墩、台、堰、低坝、拱圈、衬砌等。

(5)砌砖适用于墙、柱、基础等。

(6)干砌混凝土预制块适用于挡墙、隔墙等。

(7)浆砌混凝土预制块适用于挡墙、隔墙、护坡、护底、墩、台等。

(二)砌筑工程清单工程量计算规则

(1)浆砌工程,按招标设计图示尺寸计算的有效砌筑体积计量。施工过程中的超砌量、施工附加量、砌筑操作损耗等所发生的费用,应摊入有效工程量的工程单价中。

(2)钢筋(铅丝)石笼笼体加工和砌筑体拉结筋,按招标设计图示要求和钢筋、钢构件加工及安装工程的计量计价规则计算,分别摊入钢筋(铅丝)石笼和埋有拉结筋砌筑的有效工程量的工程单价中。

(三)砌筑工程清单项目设置、工作内容及解释

砌筑工程清单项目设置、工作内容及解释见表 5-15。

表 5-15　砌筑工程(编码 500105)

项目编码	项目名称	工作内容	计量单位	解释
500105001 ×××	干砌块石	材质及规格	m^3	(1)砌石体和砌砖体按施工图纸所示的建筑物轮廓线或经监理人批准实施的砌体建筑物尺寸量测计算的工程量以立方米(m^3)为单位计量,并按《水利工程工程量清单计价规范》(GB 50501—2007)所列项目的每立方米单价进行支付。
500105002 ×××	钢筋(铅丝)石笼	(1)材质及规格。 (2)笼体及网格尺寸		
500105003 ×××	浆砌块石	(1)材质及规格。 (2)砂浆强度等级及配合比		
500105004 ×××	浆砌卵石	(1)材质及规格。 (2)砂浆强度等级及配合比		

续表 5-15

项目编码	项目名称	工作内容	计量单位	解释
500105005 ×××	浆砌条(料)石	(1)材质及规格。 (2)砂浆强度等级及配合比。 (3)勾缝要求	m^3	(2)砖石工程砌体所用的材料(包括水泥、砂石骨料、外加剂等胶凝材料)的采购、运输、保管、材料的加工、砌筑、试验、养护、质量检查和验收等所需的人工、材料以及使用设备和辅助设施等一切费用均包括在砌筑体每立方米单价中。 (3)钢筋预埋件以施工图纸和监理人指示的钢筋下料总长度折算为质量,以吨(t)为单位计量,并按《水利工程工程量清单计价规范》(GB 50501—2007)所列项目的每吨单价进行支付。 (4)因施工需要所进行砌体基础面的清理和施工排水,均应包括在砌筑体工程项目每立方米单价中,不单独计量支付
500105006 ×××	砌块	(1)品种、规格及强度等级。 (2)砂浆强度等级及配合比。 (3)勾缝要求		
500105007 ×××	干砌混凝土预制块	强度等级及规格		
500105008 ×××	浆砌混凝土预制块	(1)材质及规格。 (2)砂浆强度等级及配合比		
500105009 ×××	砌体拆除	(1)拆除要求。 (2)弃渣运距		
500105010 ×××	砌体砂浆抹面	(1)砂浆强度等级及配合比。 (2)抹面厚度。 (3)分格缝宽度	m^3	
500105011 ×××	其他砌筑工程			

六、钻孔灌浆及锚固工程

(一)锚喷支护

1. 锚喷支护工程清单工程量计算说明

(1)注浆黏结锚杆、水泥卷锚杆、普通树脂锚杆适用于明挖或洞挖围堰的永久性锚固及施工期的临时性支护。

(2)加强锚杆束适用于明挖或洞挖围岩的永久性锚固及施工期的临时性支护。

(3)预应力锚杆、其他黏结锚杆适用于明挖或洞挖围岩的永久性锚固及施工期的临时性支护。

(4)单锚头预应力锚索、双锚头预应力锚索适用于岩体的永久性锚固。

(5)岩石面喷浆适用于岩石边坡及洞挖围岩的稳固。

(6)混凝土面喷浆适用于已浇混凝土表面的防渗处理。

(7)岩石面喷混凝土适用于岩石边坡及洞挖围岩的稳定。

(8)钢支撑加工、钢支撑安装、钢筋格构架加工、钢筋格构架安装适用于洞挖围岩不拆除的临时性支护。

(9)木支撑安装一般不推荐使用。

2. 锚喷支护工程清单工程量计算规则

锚喷支护工程清单工程量计算规则见表5-16。

表5-16　锚喷支护工程清单工程量计算规则

项目类别	计算规则
锚杆	锚杆(包括系统锚杆和随机锚杆)按招标设计图示尺寸计算的有效根(或束)数计量。钻孔、锚杆或锚杆束、附件、加工及安装过程中操作损耗等所发生的费用,应摊入有效工程量的工程单价中
锚索	锚索按招标设计图示尺寸计算的有效束数计量。钻孔、锚索、附件、加工及安装过程中操作损耗等发生的费用,应摊入有效工程量的工程单价中
喷浆	喷浆按招标设计图示范围的有效面积计量,喷混凝土按招标设计图示范围的有效实体方体积计量。由于被喷表面超挖等引起的超喷量、施喷回弹损耗量、操作损耗等所发生的费用,应摊入有效工程量的工程单价中
钢支撑	钢支撑加工、钢支撑安装、钢筋格构架加工、钢筋格构架安装,按招标设计图示尺寸计算的钢支撑或钢筋格构架及附件的有效质量(包含榀钢支撑或钢筋格构架间连接钢材、钢筋等的用量)计算。计算钢支撑或钢筋格构架质量时,不扣除孔眼的质量,也不增加电焊条、铆钉、螺栓等的质量。一般情况下,钢支撑或钢筋格构架不拆除,如需拆除,招标人应另外支付拆除费用
木支撑	木支撑安装按招标设计对围岩地质情况预计需耗用的木材体积计量
喷浆和喷混凝土	喷浆和喷混凝土工程中如设有钢筋网,按钢筋、钢构件加工及安装工程的计量计价规则另行计量计价

3. 锚喷支护工程清单项目设置、工作内容及解释

锚喷支护工程清单项目设置、工作内容及解释见表5-17。

表5-17　锚喷支护工程(编码500106)

项目编码	项目名称	工作内容	计量单位	解释
500106001 ×××	注浆黏结锚杆	(1)材质。 (2)孔向、孔径及孔深。 (3)锚杆直径及外露长度。 (4)锚杆及附件加工标准。 (5)砂浆强度及注浆形式	根	(1)岩石锚杆: ①注浆和非注浆锚杆按不同锚固长度、直径,以监理人验收合格的锚杆安装数量(根数)计量。 ②每根锚杆按《水利工程工程量清单计价规范》(GB 50501—2007)中相应每根单价支付,单价中包括锚杆的供货和加工、钻孔和安装、灌浆,以及试验和质量检查验收所需的人工、材料、使用设备和辅助设施等一切费用。

续表 5-17

<table>
<tr><th>项目编码</th><th>项目名称</th><th>工作内容</th><th>计量单位</th><th>解释</th></tr>
<tr><td>500106002
×××</td><td>水泥卷锚杆</td><td>(1)材质。
(2)孔向、孔径及孔深。
(3)锚杆直径及外露长度。
(4)锚杆及附件加工标准。
(5)水泥卷种类及强度</td><td rowspan="2">根</td><td rowspan="5">(2)岩石预应力锚束:
①预应力锚束的计量,应按施工图纸所示和监理人指定使用的各类规格的预应力锚束分类并按根数和预应力吨位计量。
②预应力锚束的支付,按《水利工程工程量清单计价规范》(GB 50501—2007)中所列项目,以每根锚束的每千牛·米(kN·m)单价支付,其单价应包括锚束孔钻孔、锚束(钢丝或钢绞线)的供货、安装、张拉、锚固、注浆、检验试验和质量检查验收,以及混凝土支承墩的施工和各种附件的供货加工、安装等所需的全部人工、材料及使用设备和其他辅助设施等一切费用。
(3)喷射混凝土:
①喷射混凝土的计量和支付应按施工图纸所示或监理人指示的范围,以施喷在开挖面上不同厚度的混凝土,以平方米(m^2)为单位计量,并按《水利工程工程量清单计价规范》(GB 50501—2007)所列项目的每平方米的单价进行支付。
喷射混凝土单价应包括骨料生产、水泥供应、运输、准备、储存、配料、外加剂的供应、拌和、喷射混凝土前岩石表面清洗、施工回弹料清除、试验、厚度检测和钻孔取样以及质量检验所需的人工、材料及使用设备和其他辅助设施等一切费用。
②钢筋网(或钢丝网)的计量范围是按施工图纸所示,或由监理人指定,或由承包人建议并经监理人批准安放的钢筋网(或钢丝网),按实际使用的质量以每吨(t)为单位计量。钢材质量中应包括为固定钢筋网(或钢筋丝)所需用的短筋的质量。</td></tr>
<tr><td>500106003
×××</td><td>普通树脂锚杆</td><td>(1)材质。
(2)孔向、孔径及孔深。
(3)锚杆直径及外露长度。
(4)锚杆及附件加工标准。
(5)树脂种类</td></tr>
<tr><td>500106004
×××</td><td>加强锚杆束</td><td>(1)材质。
(2)孔向、孔径及孔深。
(3)锚杆直径、外露长度及每束根数。
(4)锚杆束附件加工标准。
(5)砂浆强度及注浆形式</td><td>束</td></tr>
<tr><td>500106005
×××</td><td>预应力锚杆</td><td>(1)材质。
(2)孔向、孔径及孔深。
(3)锚杆直径及外露长度。
(4)锚杆及附件加工标准。
(5)预应力强度。
(6)水泥砂浆强度及注浆形式</td><td rowspan="2">根</td></tr>
<tr><td>500106006
×××</td><td>其他黏结锚杆</td><td>(1)材质。
(2)孔向、孔径及孔深。
(3)锚固形式</td></tr>
</table>

续表 5-17

项目编码	项目名称	工作内容	计量单位	解释
500106007 ×××	单锚头预应力锚索	(1)材质。 (2)孔向、孔径及孔深。 (3)注浆形式、黏结要求。 (4)锚索及锚固段长度。 (5)预应力长度	束	钢筋网的支付应按《水利工程工程量清单计价规范》(GB 50501—2007)中所列项目的每千克单价进行支付,单价中应包括钢筋网的全部材料费用和制作安装费用。 ③钢纤维计量应按施工图纸或监理人指示的范围,量测喷射面积后按实际掺量计算,以千克(kg)为单位计量,并按《水利工程工程量清单计价规范》(GB 50501—2007)中所列项目的每千克单价支付。单价中应包括钢纤维全部材料费用及其增加的拌和附加费用等。 (4)钢支撑: ①钢支撑及其附件应按《水利工程工程量清单计价规范》(GB 50501—2007)中所列项目的每吨单价支付。单价中应包括钢支撑的材料、加工、安装和拆除(需要时)等费用。 ②按规定监理人所确定的备用钢支撑及其附件,不论是否已投入使用均应支付给承包人
500106008 ×××	双锚头预应力锚索			
500106009 ×××	岩石面喷浆	(1)材质。 (2)喷浆部位及厚度。 (3)砂浆强度等级及配合比。 (4)运距。 (5)检测方法	m^2	
500106010 ×××	混凝土面喷浆			
500106011 ×××	岩石面喷混凝土	(1)材质。 (2)喷混凝土部位及厚度。 (3)混凝土强度等级及配合比。 (4)运距。 (5)检测方法	m^3	
500106012 ×××	钢支撑加工	(1)结构形式及尺寸。 (2)钢材品质及规格。 (3)支撑高度和宽度	t	
500106013 ×××	钢支撑安装			
500106014 ×××	钢筋格构架加工			
500106015 ×××	钢筋格构架安装			
500106016 ×××	木支撑安装	(1)材质及规格。 (2)结构形式及尺寸。 (3)支撑高度和宽带	m^3	
500106017 ×××	其他锚喷支护工程			

（二）钻孔和灌浆工程

1. 钻孔和灌浆工程清单工程量计算说明

(1)砂砾石层帷幕灌浆适用于坝(堰)基砂砾石层防渗帷幕灌浆。

(2)土坝(堤)劈裂灌浆(含钻孔)适用于坝高在50 m以下的均质土坝、宽心墙土坝或土堤劈裂灌浆。

(3)岩石层钻孔、混凝土层钻孔适用于先导孔、灌浆孔、观测孔等。

(4)岩石层帷幕灌浆适用于坝(堰)基岩石的防渗帷幕灌浆。

(5)岩石层固结灌浆适用于坝(堰)基岩石和地下洞室围岩的固结灌浆。

(6)回填灌浆(含钻孔)适用于衬砌混凝土与岩石面或充填混凝土与钢衬之间的缝隙回填。

(7)检查孔钻孔、检查孔压水试验适用于坝(堰)基岩石帷幕、固结灌浆效果检查,混凝土浇筑质量检查。

(8)检查孔灌浆适用于坝(堰)基岩石帷幕、固结灌浆的检查孔灌浆。

(9)接缝灌浆适用于混凝土坝体内的施工缝灌浆。

(10)接触灌浆适用于混凝土坝体与坝基、岸坡岩体接触缝的灌浆。

(11)化学灌浆适用于混凝土裂缝处理、岩石微细裂隙或破碎带处理、防渗堵漏、固结补强。

2. 钻孔和灌浆工程清单工程量计算规则

钻孔和灌浆工程清单工程量计算规则见表5-18。

表5-18　钻孔和灌浆工程清单工程量计算规则

项目类别	计算规则
砂砾石层帷幕灌浆、土坝坝体劈裂灌浆	砂砾石层帷幕灌浆、土坝坝体劈裂灌浆,按招标设计图示尺寸计算的有效灌浆长度计量。钻孔、检查孔钻孔灌浆、浆液废弃、钻孔灌浆操作损耗等所发生的费用,应摊入砂砾石层帷幕灌浆、土坝坝体劈裂灌浆有效工程量的工程单价中
岩石层钻孔、混凝土层钻孔	岩石层钻孔、混凝土层钻孔,按招标设计图示尺寸计算的有效钻孔进尺,按用途和孔径分别计量。有效钻孔进尺按钻机钻进工作面的位置开始计算。先导孔或观测孔取芯、灌浆孔取芯和扫孔等所发生的费用,应摊入岩石层钻孔、混凝土层钻孔有效工程量的工程单价中
岩石层帷幕灌浆、固结灌浆	岩石层帷幕灌浆、固结灌浆,按招标设计图示尺寸计算的有效灌浆长度或设计净干耗灰量(水泥或掺和料的注入量)计量。补强灌浆、浆液废弃、灌浆操作损耗等所发生的费用,应摊入岩石层帷幕灌浆、固结灌浆有效工程量的工程单价中
隧洞回填灌浆	隧洞回填灌浆按招标设计图示尺寸规定的计量角度,计算设计衬砌外缘弧长与灌浆段长度乘积的有效灌浆面积计量。混凝土层钻孔、预埋灌浆管路、预留灌浆孔的检查和处理、检查孔钻孔和压浆封堵、浆液废弃、灌浆操作损耗等所发生的费用,应摊入有效工程量的工程单价中
高压钢管回填灌浆	高压钢管回填灌浆按招标设计图示衬砌钢板外缘全周长乘回填灌浆钢板衬砌段长度计算的有效灌浆面积计量。连接灌浆管、检查孔回填灌浆、浆液废弃、灌浆操作损耗等所发生的费用,应摊入有效工程量的工程单价中。钢板预留灌浆孔封堵不属回填灌浆的工作内容,应计入压力钢管的安装费中

续表 5-18

项目类别	计算规则
接缝灌浆、接触灌浆	接缝灌浆、接触灌浆,按招标设计图示尺寸计算的混凝土施工缝(或混凝土坝体与坝基、岸坡岩体的接触缝)有效灌浆面积计量。灌浆管路、灌浆盒及止浆片的制作、埋设、检查和处理,钻混凝土孔、灌浆操作损耗等所发生的费用,应摊入接缝灌浆、接触灌浆有效工程量的工程单价中
化学灌浆	化学灌浆按招标设计图示化学灌浆区域需要各种化学灌浆材料的有效总重量计量。化学灌浆试验、灌浆过程中操作损耗等所发生的费用,应摊入有效工程量的工程单价中

3. 钻孔和灌浆工程清单项目设置、工作内容及解释

钻孔和灌浆工程清单项目设置、工作内容及解释见表 5-19。

表 5-19　钻孔和灌浆工程(编码 500107)

项目编码	项目名称	工作内容	计量单位	解释
500107001 ×××	砂砾石层灌浆帷幕(含钻孔)	(1)地层类别、颗粒级配、渗透系数等。 (2)灌浆孔的布置。 (3)孔向、孔径及孔深。 (4)灌浆材料材质。 (5)灌浆程序,分排、分序、分段。 (6)灌浆压力、浆液配比变换及结束标准。 (7)检测方法	m	1. 钻孔 (1)凡属灌浆孔、检查孔、勘探孔、观测孔和排水孔,均应按施工图纸和监理人确认的实际钻孔进尺,以每延米为单位计量,按《水利工程工程量清单计价规范》(GB 50501—2007)中所列项目的各部位(从钻孔钻机或套管进入覆盖层、混凝土或岩石面的位置开始)钻孔每延米单价支付,该单价应包含钻孔所需的人工、材料、使用设备和其他辅助设施以及质量检查和验收所需的一切费用。因承包人施工失误而报废的钻孔,不予计量和支付。 (2)帷幕灌浆和固结灌浆孔及其检查孔等取芯钻孔,应经监理人确认,按取芯样钻孔,以每延米为单位计量,按《水利工程工程量清单计价规范》(GB 50501—2007)中取芯样钻孔的每延米单价支付。由于承包人失误未取得有效芯样的钻孔不予支付。 (3)芯样试验根据规定的钻孔取芯及其试验项目按总价列项支付。总价中应包括试验所需的人工、材料和使用设备及辅助设施,以及试验检验所需的一切费用。 (4)任何钻孔内冲洗和裂隙冲洗均不单独计量和支付,其费用包括在《水利工程工程量清单计价规范》(GB 50501—2007)中各相应钻孔项目的灌浆作业单价中。
500107002 ×××	土坝(堤)劈裂灌浆(含钻孔)	(1)坝基地质条件。 (2)坝型、筑坝材料材质、现状和隐患。 (3)灌浆孔的布置。 (4)孔向、孔径及孔深。 (5)灌浆材料材质。 (6)灌浆程序,分排、分序、分段。 (7)灌浆压力、浆液配比变换及结束标准。 (8)检测方法		
500107003 ×××	岩石层钻孔	(1)岩石类别。 (2)孔向、孔径及孔深。 (3)钻孔合格标准		
500107004 ×××	混凝土层钻孔	(1)孔向、孔径及孔深。 (2)钻孔合格标准		

续表 5-19

<table>
<tr><th>项目编码</th><th>项目名称</th><th>工作内容</th><th>计量单位</th><th>解释</th></tr>
<tr><td>500107005
×××</td><td>岩石层帷幕灌浆</td><td rowspan="2">(1)岩石类别、透水率。
(2)灌浆材料材质。
(3)灌浆程序,分排、分序、分段。
(4)灌浆压力、浆液配比变换及结束标准。
(5)检测方法</td><td rowspan="2">m(t)</td><td rowspan="9">2. 压水试验
压水试验按实际压水操作的台时数计量,并按《水利工程工程量清单计价规范》(GB 50501—2007)中的“压水试验”项目的每台时单价支付。压水试验机组设备提供、操作、搬运、装配、拆除和维修等费用均包括在每台时的单价中,发包人不另行支付。
3. 灌浆试验
灌浆试验,其计量支付应根据要求或监理人的指示完成的试验项目,按《水利工程工程量清单计价规范》(GB 50501—2007)所列的总价项目支付。总价中包括试验所需的人工、材料、设备运行,以及试验检验所需的一切费用。
4. 水泥灌浆
(1)帷幕灌浆和固结灌浆的计量和支付应按施工图纸和监理人确认或实际记录的直接用于灌浆的干水泥质量计量,按《水利工程工程量清单计价规范》(GB 50501—2007)中的灌浆干水泥的每吨单价支付。其单价中包含水泥、掺和料、外加剂等材料的采购、运输、储存和保管的全部费用,以及为实施全部灌浆作业所需的人工、材料、使用设备和辅助设施以及各种试验、观测和质量检查验收所需的一切费用。
(2)回填灌浆和接缝灌浆应按施工图纸所示并经监理人验收确认的灌浆面积,以每平方米为单位进行计量,并按《水利工程工程量清单计价规范》(GB 50501—2007)所列项目的每平方米灌浆的单价支付。
(3)灌浆过程中正常发生的浆液损耗应包含在相应的灌浆作业单价中。
(4)灌浆用水包括钻孔、灌浆、冲洗、压水试验等作业的用水不单独计量支付,其费用均包含在相应的各灌浆项目中。
5. 化学灌浆
化学灌浆按施工图纸所示和监理人批准的范围内实际耗用的化学灌浆材料的质量计量,按《水利工程工程量清单计价规范》(GB 50501—2007)所列各类化学灌浆材料的单价支付,该单价中应包含使用化学灌浆材料的单价支付,还应包含使用化学灌浆设备和仪器仪表及辅助设施、化学灌浆材料的购置、运输、储存、保管、化学灌浆施工、试验及质量检查验收等所需的人工、材料、使用设备和其他辅助设施等的一切费用。承包人因施工失误、设备故障和储运过程中损失的化学灌浆材料不予计量和支付。</td></tr>
<tr><td>500107006
×××</td><td>石岩层固结灌浆</td></tr>
<tr><td>500107007
×××</td><td>回填灌浆(含钻孔)</td><td>(1)灌浆孔布置。
(2)孔向、孔径及孔深。
(3)灌浆材料材质。
(4)灌浆分序。
(5)灌浆压力、浆液配比变换及结束标准。
(6)检测方法</td><td>m^2</td></tr>
<tr><td>500107008
×××</td><td>检查孔钻孔</td><td>(1)岩石类别。
(2)孔向、孔径及孔深。
(3)钻孔合格标准</td><td>m</td></tr>
<tr><td>500107009
×××</td><td>检查孔压水试验</td><td>(1)孔位、孔深及数量。
(2)压水试验合格标准</td><td>试段</td></tr>
<tr><td>500107010
×××</td><td>检查孔灌浆</td><td>(1)检查孔检查结果。
(2)灌浆材料材质。
(3)灌浆压力、浆液配比变换和结束标准</td><td>m</td></tr>
<tr><td>500107011
×××</td><td>接缝灌浆</td><td rowspan="2">(1)灌浆区布设及灌浆开始条件。
(2)灌浆管路及部件的制作、埋设标准。
(3)灌浆材料材质。
(4)灌浆程序、灌浆压力。
(5)灌浆结束标准。
(6)检测方法</td><td rowspan="2">m^2</td></tr>
<tr><td>500107012
×××</td><td>接触灌浆</td></tr>
<tr><td>500107013
×××</td><td>排水孔</td><td>(1)岩石类别。
(2)孔向、孔径及孔深。
(3)钻孔合格标准</td><td>m</td></tr>
</table>

续表 5-19

项目编码	项目名称	工作内容	计量单位	解释
500107014 ×××	化学灌浆	(1)地质条件或混凝土裂缝形状(长度、宽度等)。 (2)灌浆孔布置。 (3)孔向、孔径及孔深。 (4)灌浆材料材质及配比。 (5)灌浆压力、浆液配比变换及结束标准。 (6)检测方法	t (kg)	6. 管道 (1)排水孔管道和预埋灌浆管道应按施工图所示和监理人批准实际安装的管道质量以吨(t)为单位计量,并按《水利工程工程量清单计价规范》(GB 50501—2007)所列项目的每吨单价支付。单价中包含管道的购置、运输、储存、保管和加工安装等费用。 (2)根据施工图纸和监理人批示施工中所用的排水管、灌浆管、套管、保护管、导向管、止水片(止浆片)及经监理人批准的金属埋件等费用,以及埋入在永久工程中的管道阀门、接头或其他零配件等均以吨(t)为单位计量,并按《水利工程工程量清单计价规范》(GB 50501—2007)所列项目的每吨单价支付
500107015 ×××	其他钻孔和灌浆工程			

另外,岩石层钻孔的岩石分级,按《水利工程工程量清单计价规范》(GB 50501—2007)表 A.2.2 和表 5-20 确定。

钻机钻孔工程地层分类,按表 5-21 确定。

表 5-20　岩石十二类分级与十六类分级对照

十二类分级			十六类分级		
岩石级别	可钻性(m/h)	一次提钻长度(m)	岩石级别	可钻性(m/h)	一次提钻长度(m)
Ⅳ	1.60	1.70	Ⅴ	1.60	1.70
Ⅴ	1.15	1.50	Ⅵ Ⅶ	1.20 1.00	1.50 1.40
Ⅵ	0.82	1.30	Ⅷ	0.85	1.30
Ⅶ	0.57	1.10	Ⅸ Ⅹ	0.72 0.55	1.20 1.10
Ⅷ	0.38	0.85	Ⅺ	0.38	0.85
Ⅸ	0.25	0.65	Ⅻ	0.25	0.65
Ⅹ	0.15	0.50	XⅢ XⅣ	0.18 0.13	0.55 0.40
Ⅺ	0.09	0.32	XⅤ	0.09	0.32
Ⅻ	0.045	0.16	XⅥ	0.045	0.16

七、基础防渗和地基加固

(一)基础防渗和地基加固工程清单工程量计算说明

(1)混凝土地下连接墙适用于在砂卵石或松散土地基上建造防渗墙、支护墙、防冲墙、承重墙等。

(2)高压喷射注浆连续防渗墙适用于对松散透水地基的防渗处理。

(3)高压喷射水泥搅拌桩、混凝土灌注桩(泥浆护壁钻孔灌注桩、锤击或振动沉管灌注桩)、钢筋混凝土预制桩、振冲桩加固地基、钢筋混凝土沉井、钢制沉井适用于软土地基加固。

表 5-21 钻机钻孔工程地层分类与特征

地层名称	特征
(1)黏土	塑性指数 >17,人工回填压实或天然的黏土层,包括黏土含石
(2)砂壤土	1 < 塑性指数≤17,人工回填压实或天然的砂壤土层,包括土砂、壤土、砂土互层、壤土含石和砂土
(3)淤泥	包括天然孔隙比 >1.5 的淤泥和天然孔隙比 >1 且≤1.5 的黏土和亚黏土
(4)粉细砂	d_{50}≤0.25 mm,塑性指数≤1,包括粉砂、粉细砂含石
(5)中粗砂	d_{50} >0.25 mm,并且≤2 mm,包括中粗砂含石
(6)砾石	粒径 2~20 mm 的颗粒占全重 50% 的地层,包括砂砾石和砂砾
(7)卵石	粒径 20~200 mm 的颗粒占全重 50% 的地层,包括砂砾卵石
(8)漂石	粒径 200~800 mm 的颗粒占全重 50% 的地层,包括漂卵石
(9)混凝土	指水下浇筑、龄期不超过 28 d 的防渗墙接头混凝土
(10)基岩	指全风化、强风化、弱风化的岩石
(11)孤石	粒径 >800 mm 需作专项处理,处理后的孤石按基岩定额计算

注:地层名称中(1)~(5)项包括含石量≤50% 的地层。

(二)基础防渗和地基加固工程清单工程量计算规则

基础防渗和地基加固工程清单工程量计算规则见表 5-22。

表 5-22 基础防渗和地基加固工程清单工程量计算规则

项目类别	计算规则
混凝土地下连续墙、高压喷射注浆连续防渗墙	(1)混凝土地下连续墙、高压喷射注浆连续防渗墙,按招标设计图示尺寸计算不同墙厚的有效连续墙体截水面积计量;高压喷射水泥搅拌桩,按招标设计图示尺寸计算的有效成孔长度计量。造(钻)孔、灌注槽孔混凝土(灰浆)、操作损耗等所发生的费用,应摊入有效工程量的工程单价中。混凝土地下连续墙与帷幕灌浆结合的墙体内预埋灌浆管、墙体内观测仪器(观测仪器的埋设、率定、下设桁架等)及钢筋笼下设(指保护预埋灌浆管的钢筋笼的加工、运输、垂直下设及孔口对接等),另行计量计价。 (2)地下连续墙施工的导向槽、施工平台,另行计量计价

续表 5-22

项目类别	计算规则
混凝土灌注桩	混凝土灌注桩，按招标设计图示尺寸计算的钻孔（沉管）灌注桩灌注混凝土的有效体积（不含灌注于桩顶设计高程以上需要挖去的混凝土）计量。检验试验、灌注于桩顶设计高程以上需要挖去的混凝土、钻孔（沉管）灌注混凝土的操作损耗等所发生的费用和周转使用沉管的费用，应摊入有效工程量的工程单价中。钢筋笼按钢筋、钢构件加工及安装工程的计量计价规则另行计量计价
钢筋混凝土预制桩	钢筋混凝土预制桩，按招标设计图示桩径、桩长，以有效根数计量。地质复勘、检验试验、预制桩制作（或购置）、运桩、打桩和接桩过程中的操作损耗等所发生的费用，应摊入有效工程量的工程单价中
振冲桩加固地基	振冲桩加固地基，按招标设计图示尺寸计算的有效振冲成孔长度计量。振冲试验、振冲桩体密实度和承载力等的检验、填料及在振冲造孔填料振密过程中的操作损耗等所发生的费用，应摊入有效工程量的工程单价中
沉井	沉井按符合招标设计图示尺寸需要形成的水面（或地面）以下有效空间体积计量。地质复勘、检验试验和沉井制作、运输、清基或水中筑岛、沉放、封底、操作损耗等所发生的费用，应摊入有效工程量的工程单价中

（三）基础防渗和地基加固工程清单项目设置、工作内容及解释

基础防渗和地基加固工程清单项目设置、工作内容及解释见表 5-23。

表 5-23　基础防渗和地基加固工程（编码 500108）

<table>
<tr><th>项目编码</th><th>项目名称</th><th>工作内容</th><th>计量单位</th><th>解释</th></tr>
<tr><td>500108001×××</td><td>混凝土地下连续墙</td><td>（1）地层类型、粒径大小。
（2）墙厚、墙深。
（3）墙体材料材质。
（4）混凝土强度等级及配合比。
（5）槽段孔位、清孔及墙体连续性的要求。
（6）检测方法</td><td rowspan="2">m²</td><td rowspan="2">（一）基础防渗工程
1. 混凝土防渗墙
（1）混凝土、塑性混凝土防渗墙和固化灰浆防渗墙的计量和支付，应按施工图纸所示和监理人签认实施的防渗墙成墙面积，以平方米（m²）为单位进行计量，并按《水利工程工程量清单计价规范》（GB 50501—2007）所列项目的每平方米单价支付。
其每平方米单价中包括：地质复勘、施工准备、材料采购、配合比试验、导墙与槽孔施工、墙体浇筑、试验和检验，以及质量检查和验收等所需的人工、材料及使用设备和辅助设施等一切费用。
（2）钢筋混凝土防渗墙的钢筋和钢材按施工图纸和监理人签认的钢筋及钢材用量，以吨（t）为单位计量，并按《水利工程工程量清单计价规范》（GB 50501—2007）所列项目的每吨单价支付。
其每吨单价中包括钢材采购和钢筋笼制作与沉放的全部费用。</td></tr>
<tr><td>500108002×××</td><td>高压喷射注浆连续防渗墙</td><td>（1）地层类型、粒径大小。
（2）结构形式及墙厚、墙深。
（3）高压喷孔的孔距、排数。
（4）高喷材料材质。
（5）高喷浆液配合比。
（6）工艺要求。
（7）检测方法</td></tr>
</table>

续表 5-23

项目编码	项目名称	工作内容	计量单位	解释
500108003×××	高压喷射水泥搅拌桩	（1）地层类型、粒径大小。 （2）高喷材料材质。 （3）桩位、桩距、桩径、桩长。 （4）检测方法	m	2. 高压喷射注浆防渗墙 （1）高压喷射注浆防渗墙的计量和支付，应按施工图纸所示和监理人签认实施的防渗墙面积以平方米（m^2）为单位进行计量，并按《水利工程工程量清单计价规范》（GB 50501—2007）所列项目的每平方米单价支付。 （2）每平方米单价中包括：浆液材料的采购、运输、拌制、钻头、插管、喷射注浆、固结体的现场开挖和试验以及质量检查与验收所需的全部人工、材料及使用设备和辅助设施等一切费用。 （二）地基加固工程
500108004×××	混凝土灌注桩（泥浆护壁钻孔灌注桩、锤击或振动沉管灌注桩）	（1）岩土类型。 （2）灌注材料材质。 （3）混凝土强度等级及配合比。 （4）桩位、桩型、桩径、桩长。 （5）检测方法	m^3	1. 桩基 （1）钻孔灌注桩或沉管灌注桩的计量和支付。 ①钻孔灌注桩或沉管灌注桩的计量和支付，按施工图纸和《水利工程工程量清单计价规范》（GB 50501—2007）规定的桩径和桩长，并经监理人签认的混凝土灌注体积，以立方米（m^3）为单位计量，并按《水利工程工程量清单计价规范》（GB 50501—2007）所列项目的每立方米单价支付。 ②灌注桩钢筋应按施工图纸规定的含筋量，经监理人签认的钢筋总用量，以吨（t）为单位计量，并按《水利工程工程量清单计价规范》（GB 50501—2007）所列项目的每吨单价支付。
500108005×××	钢筋混凝土预制桩	（1）岩土类型。 （2）预制桩材料材质。 （3）混凝土强度等级及配合比。 （4）桩位、桩径、桩长。 （5）停锤标准。 （6）检测方法	根	③每立方米混凝土单价包括材料的采购、运输、存放、检验、试桩、钻孔、泥浆置备、混凝土配制、钢筋笼加工、造孔、清孔、吊放钢筋笼、灌注混凝土质量检查与验收所需的全部的人工、材料及使用设备和辅助设施等一切费用。 （2）钢筋混凝土预制桩的计量和支付。 ①钢筋混凝土预制桩的计量和支付，按施工图纸规定的不同桩径和桩长，经监理人签认的标准根数进行计量，并按《水利工程工程量清单计价规范》（GB 50501—2007）所列项目的每根单价支付。
500108006×××	振冲桩加固地基	（1）岩土类型。 （2）填料种类及材质。 （3）孔位、孔距、孔径及孔深。 （4）检测方法	m	②每根预制桩的单价包括预制桩及其连接钢材的采购、运输、保管和验收以及试桩、打（压）桩、接桩、试验、检验、质量检查和验收所需的全部的人工、材料及使用设备和辅助设施等一切费用。 2. 振冲 （1）振冲加密或振冲置换成孔的计量和支付，应按施工图纸所示和监理人签认的实际振冲孔长度以延米为单位计量，并按《水利工程工程量清单计价规范》（GB 50501—2007）所列项目的每延米单价支付。

续表 5-23

项目编码	项目名称	工作内容	计量单位	解释
500108007 ×××	钢筋混凝土沉井	(1)岩土类型。 (2)沉井材料材质。 (3)混凝土强度等级及配合比。 (4)井型、井径、井深及井壁厚度。 (5)施工工艺。 (6)检测方法	m^3	(2)上述每延米单价包括施工准备,填料的开采、运输、检验、保管、试桩、造孔、清孔、填料、加密,质量检查与验收等所需的全部的人工、材料及使用设备和辅助设施等一切费用。 3. 沉井 (1)钢筋混凝土沉井的计量与支付。 ①钢筋混凝土沉井的计量与支付应按施工图纸所示和监理人签认的实际浇筑体积,以立方米(m^3)为单位进行计量,并按《水利工程工程量清单计价规范》(GB 50501—2007)所列项目的每立方米单价进行支付。 ②钢筋混凝土沉井制作使用的钢筋、钢材和连接件,按施工图纸所示和监理人签认的用量以吨(t)为单位计量,并按《水利工程工程量清单计价规范》(GB 50501—2007)所列项目的每吨单价支付。
500108008 ×××	钢制沉井	(1)岩土类型。 (2)沉井材料材质。 (3)混凝土强度等级及配合比。 (4)井型、井径、井深及井壁厚度。 (5)施工工艺。 (6)检测方法	m^3	③上述单价包括钢筋混凝土各项材料的采购、运输、验收和保管,钢筋的制作和绑焊,混凝土的生产、运输、浇筑,沉井的制作、运输、下沉以及质量检查与验收等所需的全部的人工、材料及使用设备和辅助设施等一切费用。 (2)钢沉井的计量和支付。 ①钢沉井的计量和支付按施工图纸所示和监理人签认的钢沉井整体质量以吨(t)为单位进行计量,并按《水利工程工程量清单计价规范》(GB 50501—2007)所列项目的每吨单价支付。 ②单价中应包括钢材和焊接材料的提供、材料试验和检验,沉井的制作、浮运、定位和下沉以及质量检查和验收等所需的全部的人工、材料及使用设备和辅助设施等一切费用。 (3)沉井干封底或水下混凝土封底的计量和支付。
500108009 ×××	其他基础防渗和地基加固工程			①沉井干封底或水下混凝土封底的计量和支付,按施工图纸所示和监理人签认的干封底或水下混凝土浇筑体积,以立方米(m^3)为单位计量,并按《水利工程工程量清单计价规范》(GB 50501—2007)所列项目的每立方米单价支付。 ②上述单价中包括封底材料的提供、井底清理、干封底或水下浇筑封底以及质量检查和验收等所需的全部的人工、材料及使用设备和辅助设施等一切费用

八、混凝土工程

（一）混凝土工程清单工程量计算说明

（1）普通混凝土适用于坝、堤、堰、梁、板、柱、墙、排架、墩、台、屋面及衬砌混凝土等。

（2）碾压混凝土适用于坝、堤、围堰等。

（3）水下浇筑混凝土适用于水下围堰、水下防渗墙、水下墩台基础、水下建筑物修补等。

（4）膜袋混凝土适用于渠道边坡防护、河岸护坡、水下建筑物修补等。

（5）预应力混凝土适用于预应力闸墩、预应力梁、柱、渡槽等。

（6）二期混凝土适用于机电和金属结构设备基础埋件（如蜗壳、闸门槽等）的二期混凝土及预留宽槽、封闭块的混凝土等。

（7）沥青混凝土适用于土石坝、蓄水池等的碾压式沥青混凝土防渗结构。

（8）止水工程、伸缩缝适用于水工建筑物。

（9）混凝土凿除适用于各部位混凝土。

（10）预制混凝土构件适用于梁板、拱、块、桩、渡槽、排架等。

（11）预制混凝土模板适用于周转使用的预制混凝土模板。

（12）预制预应力混凝土构件适用于预应力混凝土桥梁等。

（13）预应力钢筒混凝土（PCCP）输水管道安装适用于埋地铺设的预应力钢筒混凝土（PCCP）输水管道。

（二）混凝土工程清单工程量计算规则

（1）混凝土工程清单工程量计算规则见表5-24。

表5-24　混凝土工程清单工程量计算规则

项目类别	计算规则
普通混凝土	普通混凝土按招标设计图示尺寸计算的有效实体方体积计算，体积小于0.1 m^3 的圆角或斜角，钢筋和金属件占用的空间体积小于0.1 m^3 或截面面积小于0.1 m^2 的孔洞、排水管、预埋管和凹槽等的工程量不予扣除。按设计要求对上述孔洞所回填的混凝土也不重复计量。施工过程中由于超挖引起的超填量，冲（凿）毛、拌和、运输和浇筑过程中的操作损耗所发生的费用（不包括以总价承包的混凝土配合比试验费），应摊入有效工程量的工程单价中
温控混凝土	温控混凝土与普通混凝土的工程量计算规则相同。温控措施费应该摊入相应温控混凝土的工程单价中
碾压混凝土	碾压混凝土按招标设计图示尺寸计算的有效实体方体积计量。施工过程中由于超挖引起的超填量，冲（凿）毛、拌和、运输和浇筑过程中的操作损耗所发生的费用（不包括以总价承包的混凝土配合比试验和生产性碾压试验的费用），应摊入有效工程量的工程单价中
水下浇筑混凝土	水下浇筑混凝土按招标设计图示浇筑前后水下地形变化计算的有效体积计量。拌和、运输和浇筑过程中的操作损耗所发生的费用，应摊入有效工程量的工程单价中

续表 5-24

项目类别	计算规则
预应力混凝土	预应力混凝土按招标设计图示尺寸计算的有效实体方体积计量。钢筋、锚索、钢管、钢构件、埋件等所占用的空间体积不予扣除。锚索及其附件的加工、运输、安装、张拉、注浆封闭、混凝土浇筑过程中操作损耗所发生的费用,应摊入有效工程量的工程单价中
二期混凝土	二期混凝土按招标设计图示尺寸计算的有效实体方体积计量。钢筋和埋件等所占用的空间体积不予扣除。拌和、运输和浇筑过程中的操作损耗所发生的费用,应摊入有效工程量的工程单价中
沥青混凝土	沥青混凝土按招标设计防渗心墙及防渗面板的防渗层、整平胶结层和加厚层沥青混凝土图示尺寸计算的有效体积计量;封闭层按招标设计图示尺寸计算的有效面积计量。施工过程中由于超挖引起的超填量,冲(凿)毛、拌和、运输和浇筑过程中的操作损耗所发生的费用(不包括室内试验、现场试验和生产性试验的费用),应摊入有效工程量的工程单价中
止水工程	止水工程按招标设计图示尺寸计算的有效长度计量。止水片的搭接长度、加工及安装过程中操作损耗所发生的费用,应摊入有效工程量的工程单价中
伸缩缝	伸缩缝按招标设计图示尺寸计算的有效面积计量。缝中填料及其在加工及安装过程中操作损耗所发生的费用,应摊入有效工程量的工程单价中
小型钢构件	混凝土工程中的小型钢构件,如温控需要的冷却水管、预应力混凝土中固定锚索位置的钢管等发生的费用,应分别摊入相应混凝土有效工程量的工程单价中

注:1. 混凝土拌和与浇筑分属两个投标人时,价格分界点按招标文件的规定执行。

2. 当开挖与混凝土浇筑分属两个投标人时,混凝土工程按开挖实测断面计算工程量,相应由于超挖引起的超填量所发生的费用,不摊入混凝土有效工程量的工程单价中。

3. 招标人如要求将模板使用费摊入混凝土有效工程量的工程单价中,各摊入模板使用费摊入混凝土工程量的工程单价应包括模板周转使用摊销费。

(2)预制混凝土工程清单工程量计算规则如下:

①预制混凝土按招标设计图示尺寸计算的有效实体方体积计量。预应力钢筒混凝土(PCCP)管道按有效长度计量。计算有效体积时,不扣除埋设于构件体内的埋件、钢筋、预应力锚索及附件等所占体积。预制混凝土价格包括预制、预制场内吊运、堆存等所发生的全部费用。

②构成永久结构混凝土工程有效实体、不周转使用的预制混凝土模板,按预制混凝土构件计量。

③预制混凝土过程中的模板、钢筋、埋件、预应力锚索及附件、加工及安装过程中操作损耗所发生的费用,应摊入有效工程量的工程单价中。

混凝土工程清单工程量项目设置、工作内容及解释见表 5-25。

表 5-25　混凝土工程（编码 500109）

项目编码	项目名称	工作内容	计量单位	解释
500109001×××	普通混凝土	（1）部位及类型。 （2）设计龄期、强度等级及配合比。 （3）抗渗、抗冻、抗磨等要求。 （4）级配、拌制要求。 （5）运距	m^3	1. 普通混凝土 （1）混凝土以立方米（m^3）为单位，按施工图纸或监理人签认的建筑物轮廓线或构件边线内实际浇筑的混凝土进行工程量计量，并按《水利工程工程量清单计价规范》（GB 50501—2007）所列项目的每立方米单价支付。图纸所示或监理人指示边线以外超挖部分的回填混凝土及其他混凝土，以及按规范进行质量检查和验收的费用，均包括在每立方米混凝土单价中，发包人不再另行支付。 （2）圆角或斜角、金属件占用的空间，或体积小于 0.1 m^3 或截面面积小于 0.1 m^2 和预埋件占去的空间，在混凝土计量中不予扣除。 （3）混凝土浇筑所用材料（包括水泥、掺和料、骨料、外加剂等）的采购、运输、保管、储存，以及混凝土的生产、浇筑、养护、表面保护、试验和辅助工作等所需要的人工、材料及使用设备和辅助设施等一切费用，均包括在混凝土每立方米单价中。 （4）根据要求完成的混凝土配合比试验，经监理人最终批准的试验报告，按混凝土配合比试验项目的总价支付。总价中包括试验中所有材料、试验样品、劳动力及设备和辅助设施的提供，以及与试验有关的养护和测试等所需的一切费用。 （5）止水、止浆、伸缩缝所用的各种材料的供应和制作安装，应按《水利工程工程量清单计价规范》（GB 50501—2007）所列各种材料的计量单位计量，并按《水利工程工程量清单计价规范》（GB 50501—2007）所列项目的相应单价进行支付。 （6）混凝土冷却费用按《水利工程工程量清单计价规范》（GB 50501—2007）所列“混凝土冷却”项目的体积，以每立方米单价进行支付，“混凝土冷却”体积应按施工图纸或监理人指示使用预埋冷却水管进行冷却的混凝土体积。其费用包括：制冷设备和设施的运行与维护以及制冷过程中进行检查、检验和维修所需的一切费用；混凝土浇筑体外的冷却输水水管和临时管道的材料供应以及管道的制作安装、运行、维护和拆除等费用。 （7）埋入混凝土体内的冷却水管及其附件的费用，根据施工图纸的规定和监理人指示以埋入混凝土的蛇形管的每延米数计量，并按预埋冷却水管每延米单价支付，未埋入混凝土中的冷却水管的主、干管及接头不单独计量，其费用计入预埋冷却水管的单价中。 （8）混凝土表面的修整费用不予单列，应包括在混凝土每立方米单价中。 （9）多孔混凝土排水管的计量和支付，应根据施工图纸或监理人指示实际安装的每延米数计量，并按《水利工程工程量清单计价规范》（GB 50501—2007）所列项目的每立方米单价支付。
500109002×××	碾压混凝土	（1）部位及工法。 （2）设计龄期、强度等级及配合比。 （3）抗渗、抗冻等要求。 （4）碾压工艺和程序。 （5）级配、拌制及切缝要求。 （6）运距	m^3	
500109003×××	水下浇筑混凝土	（1）部位及类型。 （2）强度等级及配合比。 （3）级配、拌制要求。 （4）运距	m^3	

续表 5-25

<table>
<tr><th>项目编码</th><th>项目名称</th><th>工作内容</th><th>计量单位</th><th>解释</th></tr>
<tr><td>500109004×××</td><td>膜袋混凝土</td><td>(1)部位及膜袋规格。
(2)强度等级及配合比。
(3)级配、拌制要求。
(4)运距</td><td>m^3</td><td rowspan="4">(10)混凝土中收缩缝和冷却水管的灌浆、开孔的压力灌浆以及所用的各种材料，应按监理人认可实际消耗的水泥用量的吨数计量，按《水利工程工程量清单计价规范》(GB 50501—2007)所列项目的每吨单价支付，单价中包括灌浆所需的人工、材料及使用设备和辅助设施等一切费用。为灌浆系统所用循环水将不单独支付，其费用列入相应灌浆项目单价中。
2. 水下混凝土
(1)按施工图纸和监理人指示的范围，以浇筑前后的水下地形测量剖面进行计量，按《水利工程工程量清单计价规范》(GB 50501—2007)所列项目的每立方米的单价支付。
(2)图纸无法表明的工作量，可按实际灌注到指定位置所发生的工程量计量，按《水利工程工程量清单计价规范》(GB 50501—2007)所列项目的每立方米的单价支付。
(3)水下混凝土的单价应包括水泥、骨料、外加剂和粉煤灰等材料的供应及水下混凝土的拌和、运输、灌注、质量检查和验收所需的人工、材料及使用设备和辅助设施，以及为确定正常损耗量所进行试验的一切费用。
3. 预应力混凝土
(1)预应力混凝土的预应力筋应按施工图纸所示的预应力筋型号和尺寸进行计算，经监理人签认的实际预应力筋用量，以吨(t)为单位进行计量，并按《水利工程工程量清单计价规范》(GB 50501—2007)所列项目的每吨单价进行支付。单价中包括预应力筋张拉所需的材料、锚固杆和固定埋设件等的提供、制作、安装、张拉以及试验检验和质量验收等所需的人工、材料及使用设备和辅助设施等一切费用。
预应力钢绞线和钢丝以施加预应力的每千牛·米(kN·m)单价进行计量支付。单价中包括预应力钢绞线和钢丝张拉施工所需的材料、锚固件和固定埋设件等的提供、制作、安装、张拉以及试验检验和质量验收等所需的人工、材料及使用设备和辅助设施等一切费用。
(2)预应力混凝土预制构件的混凝土和常规钢筋的计量及支付按有关规定执行。
(3)灌浆所用的人工、材料及使用设备和辅助设施的费用，均包括在预应力钢筋、钢绞线和钢丝的单价中。
4. 碾压混凝土
(1)按施工图纸或监理人指定的建筑物边线计算碾压混凝土工程量，以立方米(m^3)为单位计量，并按《水利工程工程量清单计价规范》(GB 50501—2007)所列项目的每立方米单价支付。</td></tr>
<tr><td>500109005×××</td><td>预应力混凝土</td><td>(1)部位及类型。
(2)结构尺寸及张拉等级。
(3)强度等级及配合比。
(4)对固定锚索位置及形状的钢管的要求。
(5)张拉工艺和程序。
(6)级配、拌制要求。
(7)运距</td><td>m^3</td></tr>
<tr><td>500109006×××</td><td>二期混凝土</td><td>(1)部位。
(2)强度等级及配合比。
(3)级配、拌制要求。
(4)运距</td><td>m^3</td></tr>
<tr><td>500109007×××</td><td>沥青混凝土</td><td>(1)沥青性能指标。
(2)配合比及技术指标。
(3)运距</td><td>m^3
(m^2)</td></tr>
</table>

续表 5-25

项目编码	项目名称	工作内容	计量单位	解释
500109008×××	止水工程	(1)止水类型。 (2)材质。 (3)止水规格尺寸	m	(2)碾压混凝土浇筑所用材料(包括水泥、掺和料、骨料、外加剂等)的采购、运输、保管、储存,混凝土的生产、铺筑、养护以及质量检查和验收等所需要的人工、材料及使用设备和辅助设施等费用,均包括在每立方米碾压混凝土单价内。 (3)碾压混凝土配合比试验和现场生产性碾压试验,将根据施工图纸和本技术条款要求,并经监理人批准试验报告后,按碾压混凝土配合比试验项目和现场生产性碾压试验项目的总价支付。总价中应包括试验所需的人工、材料及使用设备和辅助设施以及试验样品的制备、养护、测试等一切费用。 (4)碾压混凝土采用切缝机切缝,设置诱导缝、铺筑垫层混凝土(或砂浆)等所需费用均包括在每立方米碾压混凝土单价内。 5. 沥青混凝土 (1)各项材料和配合比试验、现场试验以及生产性试验等所需的费用,应按《水利工程工程量清单计价规范》(GB 50501—2007)中所列的专项试验费用的总价支付,该费用包括全部室内和现场试验项目实施和各项测试所需的人工、材料以及使用设备和辅助设施等一切费用。 (2)防渗层、整平胶结层和加厚层沥青混凝土,应按施工图纸和监理人批准的设计边线计算工程量或按监理人现场签认的工作量,以立方米(m^3)为单位计量,并按《水利工程工程量清单计价规范》(GB 50101—2007)所列项目的每立方米的单价支付。 (3)封闭层按施工图纸或监理人签认的工程量,以平方米(m^2)为单位计量,并按《水利工程工程量清单计价规范》(GB 50101—2007)所列项目的每平方米的单价支付。 (4)沥青混凝土防渗护面的全部作业所需的人工、材料以及使用设备和辅助设施等一切费用均包括在沥青混凝土每立方米单价中,发包人不再另行支付。 (5)沥青混凝土防渗心墙按施工图纸或监理人批准的设计边线计算工程量,以立方米(m^3)为单位计量,并按《水利工程工程量清单计价规范》(GB 50501—2007)所列项目的每平方米的单价支付。 (6)沥青混凝土心墙施工所用钢模板材料的提供以及钢模板的设计、制作、安装所需的人工、材料以及使用设备和辅助设施等一切费用,均分摊在各层沥青混凝土每立方米单价中,发包人不再另行支付
500109009×××	伸缩缝	(1)伸缩缝部位。 (2)填料的种类、规格	m^2	
500109010×××	混凝土凿除	(1)凿除部位及断面尺寸。 (2)运距	m^3	
500109011×××	其他混凝土工程			

预制混凝土工程清单工程量项目设置、工作内容及解释见表5-26。

表5-26　预制混凝土工程(编码500112)

项目编码	项目名称	工作内容	计量单位	解释
500112001×××	预制混凝土构件	(1)构件结构尺寸。 (2)强度等级及配合比。 (3)吊运、堆存要求	m^3	(1)预制混凝土的计量和支付按施工图所示的构件尺寸,以立方米(m^3)为单位进行计量,并按《水利工程工程量清单计价规范》(GB 50501—2007)所列项目的每立方米单价进行支付。 预制混凝土每立方米单价中应包括材料的采购、运输、储存,模板的制作、搬运和架设,混凝土的浇筑,预制混凝土构件的运输、安装、焊接和二期混凝土填筑等所需的全部人工、材料及使用设备和辅助设施,以及试验检验和验收等一切费用。 (2)预制混凝土的钢筋应按施工图纸所示的钢筋型号和尺寸进行计算,并经监理人签认的实际钢筋用量以吨(t)为单位进行计量,按《水利工程工程量清单计价规范》(GB 50501—2007)所列项目的每吨单价进行支付。 每吨钢筋的单价包括钢筋材料的采购、运输、储存、钢筋的制作、绑焊等所需的人工、材料以及使用设备和辅助设施等一切费用
500112002×××	预制混凝土模板			
500112003×××	预制预应力混凝土构件	(1)构件结构尺寸。 (2)强度等级及配合比。 (3)锚索及附件的加工安装标准。 (4)施加预应力的程序。 (5)吊运、堆存要求	m^3	
500112004×××	预应力钢筒混凝土(PCCP)输水管道安装	(1)构件结构尺寸。 (2)吊运、堆存要求	m^3	
500112005×××	混凝土预制件吊装	(1)构件类型、结构尺寸。 (2)构件体积、重量	m^3	
500112006×××	其他预制混凝土工程			

九、模板工程

(一)模板工程清单工程量计算说明

(1)普通模板适用于浇筑混凝土的普通模板。

(2)滑动模板适用于溢流面、混凝土面板、闸墩、立柱、竖井等的滑模。

(3)移置模板适用于模板台车、针梁模板、爬升模板等。

(二)模板工程清单工程量计算规则

(1)模板按招标设计图示混凝土建筑物(包括碾压混凝土和沥青混凝土)结构体形、浇筑分块和跳块顺序要求所需有效立模面积计量。不与混凝土面接触的模板面积不予计量。模板面板和支撑构件的制作、组装、运输、安装、埋设、拆卸及修理过程中的操作损耗等所发生的费用,应摊入有效工程量的工程单价中。

(2)不构成混凝土永久结构、作为模板周转使用的预制混凝土模板,应计入吊运、吊装的费用。构成永久结构的预制混凝土模板,按预制混凝土构件计算。

(3)模板制作安装中所用钢筋、小型钢构件,应摊入相应的模板有效工程量的工程单价中。

(4)立模面积为混凝土与模板的接触面积，坝体纵、横缝键槽模板的立模面面积按各立模面在竖直面上的投影面积计算(即与无键槽的纵、横缝面积计算相同)。

(5)模板工程结算的工程量，按实际完成进行周转使用的有效立模面面积计算。

(三)模板工程清单工程量项目设置、工作内容及解释

模板工程清单工程量项目设置、工作内容及解释见表5-27。

表5-27 模板工程(编码500110)

项目编码	项目名称	工作内容	计量单位	解释
500110001×××	普通模板	(1)类型及结构尺寸。 (2)材料品种。 (3)制作、组装、安装及拆卸标准(如强度、刚度、稳定性)。 (4)支撑形式	m^2	(1)坝体混凝土模板包括坝中孔洞模板、坝上道路、桥梁、栏杆、踏步，预制件和预应力构件的模板应分摊在每立方米混凝土单价中，不单独计量和支付。单价中包括模板及其支撑材料的提供以及模板的制作、安装、维护、拆除、质量检查和检验等所需的全部人工、材料及其使用设备和辅助设施等一切费用。 (2)混凝土浇筑的曲面模板或结构物表面有平整度和特殊要求的模板，应按混凝土接触面的每立方米为单位计量，分别按《水利工程工程量清单计价规范》(GB 50501—2007)所列每立方米单价支付。单价中包括模板材料的提供、模板的制作、安装、维护及拆除和质量检查和验收所需的全部人工、材料以及使用设备和辅助设施等一切费用
500110002×××	滑动模板	(1)类型及结构尺寸。 (2)面板材料品种。 (3)支撑及导向构件规格尺寸。 (4)制作、组装、安装及拆卸标准(如强度、刚度、稳定性)。 (5)动力驱动形式		
500110003×××	移置模板			
500110004×××	其他模板工程			

十、钢筋、钢构件加工及安装

(一)钢筋、钢构件加工及安装工程清单工程量计算说明

(1)钢筋加工及安装适用于钢筋混凝土中的钢筋、喷混凝土(浆)中的钢筋网、砌筑体中的拉结筋等。

(2)钢构件加工及安装适用于小型构件、埋件。

(二)钢筋、钢构件加工及安装工程清单工程量计算规则

(1)钢筋加工及安装按招标设计图示计算的有效质量计量。施工架立筋、搭接、焊接、套筒连接、加工及安装过程中的操作损耗等所发生的费用，应摊入有效工程量的工程单价中。

(2)钢构件加工及安装指用钢材(如型材、管材、板材、钢筋等)制成的构件、埋件，按招标设计图示钢构件的有效质量计量。有效质量中不减切肢、切边和孔眼的质量，不增加电焊条、铆钉和螺栓的质量。施工架立件、搭接、焊接、套筒连接、加工及安装过程中操作损耗等所发生的费用,应摊入有效工程量的工程单价中。

(三)钢筋、钢构件加工及安装工程清单工程量项目设置、工作内容及解释

钢筋、钢构件加工及安装工程清单工程量项目设置、工作内容及解释见表5-28。

表5-28 钢筋、钢构件加工及安装工程(编码500111)

项目编码	项目名称	工作内容	计量单位	解释
500111001×××	钢筋加工及安装	(1)牌号。 (2)型号、规格。 (3)运距	t	按施工合同施工图纸配置的钢筋计算,每项钢筋以监理人批准的钢筋下料表所列的钢筋直径和长度换算成的质量进行计算。承包人为施工需要设置的架立筋,在切割、弯曲加工中损耗的钢筋质量,不予计量。各项钢筋分别按《水利工程工程量清单计价规范》(GB 50501—2007)所列项目的每吨单价支付,单价中包括钢筋材料的采购、加工、运输、储存、安装、试验,以及质量检查和验收所需的全部人工、材料及使用设备和辅助设施等一切费用
500111002×××	钢构件加工及安装	(1)材质。 (2)牌号。 (3)型号、规格。 (4)运距		

十一、原材料开采及加工

(一)原材料开采及加工工程清单工程量计算说明

(1)黏性土料适用于防渗心(斜)墙等的填筑土料。

(2)天然砂料、天然卵石料、人工砂料、人工碎石料适用于混凝土、砂浆的骨料,反滤层、垫层料等。

(3)块(堆)石料、条(料)石料、混凝土半成品料适用于各类混凝土。

(二)原材料开采及加工工程清单工程量计算规则

原材料开采及加工工程清单工程量计算规则见表5-29。

表5-29 原材料开采及加工工程清单工程量计算规则

项目类别	计算规则
黏性土料	黏性土料按招标设计文件要求的有效成品料体积计量。料场查勘及试验费用,清除植被层与弃料处理费用,开采、运输、加工、堆存过程中的操作损耗等所发生的费用,应摊入有效工程量的工程单价中
天然砂石料、人工砂石料	天然砂石料、人工砂石料,按照设计文件要求的有效成品质量(体积)计量。料场查勘及试验费用,清除覆盖层与弃料处理费用,开采、运输、加工、堆存过程中的操作损耗等所发生的费用,应摊入有效工程量的工程单价中
整治费	采挖、堆料区域的边坡、地面和弃料场的整治费用,按招标文件要求计算
混凝土半成品料	混凝土半成品料按照招标设计文件要求的混凝土拌和系统出机口的混凝土体积计量

(三)原材料开采及加工工程清单工程量项目设置、工作内容及解释

原材料开采及加工工程清单工程量项目设置、工作内容及解释见表5-30。

表5-30　原材料开采及加工工程(编码500113)

<table>
<tr><th>项目编码</th><th>项目名称</th><th>工作内容</th><th>计量单位</th><th>解释</th></tr>
<tr><td>500113001×××</td><td>黏性土料</td><td>(1)土料特性。
(2)改善土料特性的措施。
(3)开采条件。
(4)运距</td><td>m^3</td><td rowspan="9">各种坝料填筑所需的每立方米单价中,已包括填筑所需的料场清理、料物开采、加工、运输、堆存、试验、填筑、土料填筑过程中的含水量调整以及质量检查和验收等所需的全部人工、材料及使用设备和辅助设施等一切费用</td></tr>
<tr><td>500113002×××</td><td>天然砂料</td><td rowspan="2">(1)天然级配。
(2)开采条件。
(3)开采、加工、运输流程。
(4)成品料级配。
(5)运距</td><td rowspan="4">t
(m^3)</td></tr>
<tr><td>500113003×××</td><td>天然卵石料</td></tr>
<tr><td>500113004×××</td><td>人工砂料</td><td rowspan="2">(1)岩石级别。
(2)开采、加工、运输流程。
(3)成品料级配。
(4)运距</td></tr>
<tr><td>500113005×××</td><td>人工碎石料</td></tr>
<tr><td>500113006×××</td><td>块(堆)石料</td><td rowspan="2">(1)岩石级别。
(2)石料规格。
(3)钻爆特性。
(4)运距</td><td rowspan="3">m^3</td></tr>
<tr><td>500113007×××</td><td>条(料)石料</td></tr>
<tr><td>500113008×××</td><td>混凝土半成品料</td><td>(1)强度等级及配合比。
(2)级配、拌制要求。
(3)入仓温度。
(4)运距</td></tr>
<tr><td>500113009×××</td><td>其他原料开采及加工工程</td><td></td><td></td></tr>
</table>

十二、其他建筑工程

其他建筑工程清单工程量项目设置、工作内容及解释见表5-31。

表5-31　其他建筑工程(编码500114)

项目编码	项目名称	工作内容	计量单位	解释
500114001×××	其他永久建筑物工程			(1)承包人为进行施工准备所需的人员和施工设备的调遣费和进场开办费,应由承包人按《水利工程工程量清单计价规范》(GB 50501—2007)所列的总价项目专项列报,发包人在开工通知发出28 d内予以支付。

续表 5-31

项目编码	项目名称	工作内容	计量单位	解释
500114002 ×××	其他临时建筑物工程			（2）各项临时设施应由承包人按《水利工程工程量清单计价规范》(GB 50501—2007)所列的总价项目分项列报。各项目总价中应包括各项临时设施的设计和施工所需人工、材料和试验检验以及临时设备的安装和调试等全部费用（不包括临时设施设备的购置费）

注:1. 土石方开挖工程至原材料开采及加工工程为涵盖的其他建筑工程项目,如厂房装修工程,水土保持、环境保护工程中的林草工程等,按其他建筑物工程编码。

2. 其他建筑工程可以项为单位计量。

第四节　水利安装工程清单工程量计算

一、机电设备安装工程

（一）机电设备安装工程清单工程量计算说明

（1）机电设备安装工程适用于新建、扩建、改建、加固的水利机电设备安装工程。

（2）机电主要设备安装工程项目组成内容包括：水轮机（水泵－水轮机）、大型泵站水泵、调速器及油压装置、发电机（发电机－电动机）、大型泵站电动机、励磁系统、主阀、桥式起重机、主变压器等系统，均由设备本体和附属设备及埋件组成。

（3）机电其他设备安装工程项目组成内容：

①轨道安装。包括起重设备、变压器设备等所用轨道。

②滑触线安装。包括各类移动式起重机设备滑触线。

③水力机械辅助设备安装。包括全厂油、水、气系统的透平油、绝缘油、技术供水、水力测量、消防用水、设备检修排水、渗漏排水、上库及压力钢管充水、低压压气和高压压气等系统设备与管路。

④发电电压设备安装。包括发电机中性点设备、发电机定子主引出线至主变压器低压套管间的电气设备、分支线电气设备、断路器、隔离开关、电流互感器、电压互感器、避雷器、电抗器、电气制动开关等，抽水蓄能电站与启动回路器有关的断路器和隔离开关等设备。

⑤发电机－电动机静止变频启动装置（SFC）安装。包括抽水蓄能电站机组和大型泵站机组静止变频启动装置的输入及输出变压器、整流及逆变器、交流电抗器、直流电抗器、过电压保护装置及控制保护设备等。

⑥厂用电系统设备安装。包括厂用电和厂坝区用电系统的厂用变压器、配电变压器、柴油发电机组、高低压开关柜（屏）、配电盘、动力箱、启动器、照明屏等设备。

⑦照明系统安装。包括照明灯具、开关、插座、分电箱、接线盒、线槽板、管线等器具和附件。

⑧电缆安装及敷设。包括 35 kV 及以下高压电缆、动力电缆、控制电缆和光缆及其附件、电缆支架、电缆桥架、电缆管等。

⑨发电电压母线安装。包括发电电压主母线、分支母线及发电机中性点母线、套管、绝缘子及金具等。

⑩接地装置安装。包括全厂公用和分散设备接地网的接地极、接地母线、避雷针等。

⑪高压电气设备安装。包括高压组合电器(GIS)、六氟化硫断路器、少油断路器、空气断路器、隔离开关、互感器、避雷器、高频阻波器、耦合电容器、结合滤波器、绝缘子、母线、110 kV 及以上高压电缆、高压管道母线等设备及配件。

⑫一次拉线安装。包括变电站母线、母线引下线、设备连接线、架空地线、绝缘子和金具。

⑬控制、保护、测量及信号系统设备安装。包括发电厂和变电站控制、保护、操作、计量、继电保护信息管理、安全自动装置等的屏、台、柜、箱及其他二次屏(台)等设备。

⑭计算机监控系统设备安装。包括全厂计算机监控系统的主机、工作站、服务器、网络、现地控制单元(LCU)、不间断电源(UPS)及全球卫星定位系统(GPS)等。

⑮直流系统设备安装。包括蓄电池组、充电设备、浮充电设备、直流充电屏(柜)等。

⑯工业电视系统设备安装。包括主控站、分控站、转换站、前端等设备及光缆、视屏电缆、控制电缆、电源电缆(线)等设备。

⑰通信系统设备安装。包括载波通信、程控通信、生产调度通信、生产管理通信、卫星通信、光纤通信、信息管理系统等设备及通信线路等。

⑱电工实验室设备安装。包括为电气试验而设置的各种设备、仪器、表计等。

⑲消防系统设备安装。包括火灾报警及其控制系统、水喷雾及气体灭火装置、消防电话广播系统、消防器材及消防管路等设备。

⑳通风、空调、采暖及其监控设备安装。包括全厂制冷(热)机组及水泵、风机、空调器、通风空调监控系统、采暖设备、风管及管路、调节阀和风口等。

㉑机修设备安装。包括为机组、金属结构及其他机械设备的检修所设置的车、刨、铣、锯、磨、插、钻等机床,以及电焊机、空气锤等机修设备。

㉒电梯设备安装。包括工作电梯、观光电梯等电梯设备及电梯电气设备。

㉓其他设备安装。包括小型起重设备、保护网、铁构件、轨道阻进器等。

(二)机电设备安装工程清单工程量计算规则

机电设备安装工程清单工程量按招标设计图所示的数量计量。

(三)机电设备安装工程清单工程量项目设置、工作内容及解释

机电设备安装工程清单工程量项目设置、工作内容及解释见表5-32。

表5-32　机电设备安装工程(编码500201)

项目编码	项目名称	工作内容	计量单位	解释
500201001×××	水轮机设备安装	(1)型号、规格。 (2)外形尺寸。 (3)质量	套	(1)以长度和质量计算的机电设备装置性材料,如电缆、母线、轨道等,按招标设计图示尺寸计算的有效长度或质量计算。运输、加工及安装过程中操作损耗所发生的费用,应摊入有效工程量的工程单价中。
500201002×××	水泵-水轮机设备安装	(1)型号、规格。 (2)外形尺寸。 (3)质量	套	(1)以长度和质量计算的机电设备装置性材料,如电缆、母线、轨道等,按招标设计图示尺寸计算的有效长度或质量计算。运输、加工及安装过程中操作损耗所发生的费用,应摊入有效工程量的工程单价中。
500201003×××	大型泵站水泵设备安装	(1)型号、规格。 (2)外形尺寸。 (3)质量	套	(1)以长度和质量计算的机电设备装置性材料,如电缆、母线、轨道等,按招标设计图示尺寸计算的有效长度或质量计算。运输、加工及安装过程中操作损耗所发生的费用,应摊入有效工程量的工程单价中。
500201004×××	调速器及油压装置设备安装	(1)型号、规格。 (2)外形尺寸。 (3)质量	套	(1)以长度和质量计算的机电设备装置性材料,如电缆、母线、轨道等,按招标设计图示尺寸计算的有效长度或质量计算。运输、加工及安装过程中操作损耗所发生的费用,应摊入有效工程量的工程单价中。

续表 5-32

项目编码	项目名称	工作内容	计量单位	解释
500201005×××	发电机设备安装	(1)型号、规格。 (2)外形尺寸。 (3)质量	套	(2)机电设备安装工程费,包括设备安装前的开箱检查、清扫、验收、仓储保管、防腐、油漆、安装现场运输,主体设备及随机成套供应的管路与附件安装、现场试验、调试、试运行及移交生产前的维护、保养等工作发生的费用。
500201006×××	发电机-电动机设备安装			
500201007×××	大型泵站电动机设备安装			
500201008×××	励磁系统设备安装	(1)型号、规格。 (2)电气参数。 (3)质量		
500201009×××	主阀设备安装	(1)型号、规格。 (2)直径。 (3)质量	台	
500201010×××	桥式起重机设备安装	(1)型号、规格。 (2)外形尺寸。 (3)质量		
500201011×××	轨道安装	(1)型号、规格。 (2)每米质量	双 10 m	
500201012×××	滑触线安装	(1) 电压等级。 (2) 电流等级	三相 10 m	
500201013×××	水力机械辅助设备安装	(1)型号、规格。 (2)输送介质。 (3)材质。 (4)连接方式。 (5)压力等级	项	
500201014×××	发电电压设备安装	(1)型号、规格。 (2)电压等级。 (3)质量	套	
500201015×××	发电机-电动机静止变频启动装置(SFC)安装			
500201016×××	厂用电系统设备安装	(1)型号、规格。 (2)电压等级。 (3)质量		
500201017×××	照明系统安装	(1)型号、规格。 (2)电压等级	项	
500201018×××	电缆安装及敷设	(1)型号、规格。 (2)电压等级。 (3)单根长度。 (4)电缆头类型	m (km)	

续表 5-32

项目编码	项目名称	工作内容	计量单位	解释
500201019×××	发电电压母线安装	(1)型号、规格。 (2)电压等级。 (3)单根长度	100 m/单相	
500201020×××	接地装置安装	(1)型号、规格。 (2)材质。 (3)连接方式	m(t)	
500201021×××	主变压器设备安装	(1)型号、规格。 (2)外形尺寸。 (3)电压等级、容量。 (4)质量	台	
500201022×××	高压电气设备安装	(1)型号、规格。 (2)电压等级。 (3)绝缘介质。 (4)质量	项	
500201023×××	一次拉线安装	(1)型号、规格。 (2)电压等级、容量	100 m/三相	
500201024×××	控制、保护、测量及信号系统设备安装	(1)系统结构。 (2)设备配置。 (3)功能	套	
500201025×××	计算机监控系统设备安装			
500201026×××	直流系统设备安装	(1)型号、规格。 (2)类型		
500201027×××	工业电视系统设备安装	(1)系统结构。 (2)设备配置。 (3)功能		
500201028×××	通信系统设备安装			
500201029×××	电工实验室设备安装	(1)型号、规格。 (2)电压等级、容量		
500201030×××	消防系统设备安装	(1)型号、规格。 (2)介质。 (3)压力等级。 (4)连接方式		
500201031×××	通风、空调、采暖及其监控设备安装	(1)系统结构。 (2)设备配置。 (3)功能	项	

续表 5-32

项目编码	项目名称	工作内容	计量单位	解释
500201032×××	机修设备安装	(1)型号、规格。 (2)外形尺寸。 (3)质量	项	
500201033×××	电梯设备安装	(1)型号、规格。 (2)提升高度。 (3)载重量。 (4)质量	部	
500201034×××	其他机电设备安装工程			

注:表中项目编码以×××表示的 10 至 12 位由编制人自 001 起的顺序编序,如 1 号水轮机座环为 500201001001、1 号水轮机导水机构为 500201001002、1 号水轮机转轮为 500201001003 等,以此类推。

二、金属结构设备安装工程

(一)金属结构设备安装工程清单工程量计算说明

金属结构设备安装工程适用于新建、扩建、改建、加固的水利金属结构设备安装工程。

(二)金属结构设备安装工程清单工程量计算规则

(1)以质量为单位计算工程量的金属结构设备或装置性材料,如闸门、拦污栅、埋件、高压钢管等,按招标设计图示尺寸计算的有效质量计量。运输、加工及安装过程中的操作损耗所发生的费用,应摊入有效工程量的工程单价中。

(2)金属结构设备安装工程费,包括设备及附属设备验收、接货、涂装、仓储保管、焊缝检查及处理、安装现场运输、设备本体和附件及埋件安装、设备安装调试、试运行、质量检查和验收、完工验收前的维护等工作内容所发生的费用。

(三)金属结构设备安装工程清单工程量项目设置、工作内容及解释

金属结构设备安装工程清单工程量项目设置、工作内容及解释见表 5-33。

表 5-33 金属结构设备安装工程(编码 500202)

项目编码	项目名称	工作内容	计量单位	解释
500202001×××	门式起重机设备安装	(1)型号、规格。 (2)跨度。 (3)起重量。 (4)质量	台	(1)闸门安装工程项目的支付,按该项目施工(安装)图纸所示的质量,以吨(t)为单位进行计量,并按《水利工程工程量清单计价规范》(GB 50501—2007)所列该项目的每吨单价进行支付。 (2)闸门安装单价中已包括所有安装设备(包括附属设备),从出厂验收、接货、运输、保管、安装、涂装、现场试验及试运转、质量检查和验收,以及完工验收前的维护等所需的全部人工、材料、使用设备和辅助设施等一切费用。
500202002×××	油压启闭机设备安装	(1)型号、规格。 (2)质量		

续表 5-33

项目编码	项目名称	工作内容	计量单位	解释
500202003×××	卷扬式启闭机设备安装	(1)型号、规格。 (2)质量	台	(3)钢管及其附件的计量和支付。 钢管及其支座、人孔、加劲环、支承环、止水环和止推环等附件的计量和支付,应按施工图纸所示的全部钢管和附件的计算质量,以吨(t)为单位计量,并按《水利工程工程量清单计价规范》(GB 50501—2007)所列的每吨单价支付。 其单价中包括钢材的采购、运输、保管和验收,钢管及其附件的制造、焊接和热处理、焊缝验收、水压试验、运输和安装等所需的人工、材料(包括损耗)及使用设备和辅助设施等的一切费用。 岔管和伸缩节的计量和支付,应按施工图纸所示的单体个数进行计量,并按《水利工程工程量清单计价规范》(GB 50501—2007)所列项目的总价进行支付。 其总价中包括钢材和其他材料等的采购、运输、保管和验收、岔管和伸缩节的制造,焊接和热处理、焊缝检验,岔管和伸缩节的运输和安装所需的人工、材料(包括损耗)及使用设备和辅助设施等的一切费用。 岔管水压试验费用亦包括在总价费用内。 (4)涂装的计量和支付,应按施工图纸要求的实际涂装面积,以平方米(m^2)为单位计量。并按《水利工程工程量清单计价规范》(GB 50501—2007)所列项目的每平方米单价支付。 其单价中包括涂装材料的采购、运输、保管和验收,涂装试验和检验,涂装施工、涂层养护等所需的人工、材料及使用设备和辅助设施等的一切费用。 (5)钢管接触灌浆的计量和支付,应按监理人指示进行灌浆的钢管外壁面积,以平方米(m^2)为单位计量,并按《水利工程工程量清单计价规范》(GB 50501—2007)所列项目的每平方米单价支付。 其单价中包括灌浆材料的采购、运输、保管和验收、灌浆试验和检验以及质量检查和验收等所需的人工、材料及使用设备和辅助设施等的一切费用
500202004×××	升船机设备安装	(1)形式。 (2)型号、规格。 (3)外形尺寸。 (4)质量	项	
500202005×××	闸门设备安装	(1)形式。 (2)外形尺寸。 (3)材质。 (4)板厚。 (5)防腐要求。 (6)质量	t	
500202006×××	拦污栅设备安装	(1)外形尺寸。 (2)材质。 (3)防腐要求。 (4)质量	t	
500202007×××	一期埋件安装		t (kg)	
500202008×××	压力钢管安装	(1)外形尺寸。 (2)管径。 (3)板厚。 (4)材质。 (5)防腐要求。 (6)质量	t	
500202009×××	其他金属结构设备安装工程			

三、安全监测设备采购及安装工程

安全监测设备采购及安装工程清单工程量计算规则及相关内容见表5-34。

表5-34　安全监测设备采购及安装工程(编码500203)

项目编号	项目名称	项目主要特征	计量单位	工程量计算规则	主要工作内容	一般使用范围
500203001×××	工程变形监测控制网设备采购及安装	型号、规格	套(台、支、个等)	按招标设计图示的数量计量	(1)设备采购。 (2)检验、率定。 (3)安装、埋设	水工建筑物
500203002×××	变形监测设备采购及安装					
500203003×××	应力、应变及温度监测设备采购及安装					
500203004×××	渗流监测设备采购及安装					
500203005×××	环境量监测设备采购及安装					
500203006×××	水力学监测设备采购及安装					
500203007×××	结构振动监测设备采购及安装					
500203008×××	结构强振监测设备采购及安装					
500203009×××	其他专项监测设备采购及安装					
500203010×××	工程安全监测自动化采集系统设备采购及安装					
500203011×××	工程安全监测信息管理系统设备采购及安装					
500203012×××	特殊监测设备采购及安装					
500203013×××	施工期观测、设备维护、资料整理分析		项	按招标文件规定的项目计算	(1)设备维护。 (2)巡视检查。 (3)资料记录、整理。 (4)建模、建库。 (5)资料分析、安全评价	

第六章　水利水电工程基础单价

在编制水利水电工程概预算投资时,需要根据材料来源、施工技术、工程所在地区有关规定及工程具体特点等编制人工预算单价,材料预算价格,施工用电、水、风预算价格,施工机械使用费,砂石料单价及混凝土材料单价,作为计算建筑安装工程单价的基本依据。这些预算单价称为基础单价。

第一节　人工预算单价

人工预算单价是指生产工人在单位时间(工时)的费用,是在编制概预算中计算各种生产工人人工费时所采用的人工费单价,是计算建筑安装工程单价和施工机械费中人工费的基础单价。

一、人工预算单价的组成

人工预算单价由基本工资、辅助工资、工资附加费组成。

(一)基本工资

基本工资由岗位工资和年功工资以及年应工作天数内非作业天数的工资组成。其中:

(1)岗位工资指按照职工所在岗位各项劳动要素测评结果确定的工资。

(2)年功工资指按照职工工作年限确定的工资,随工作年限增加而逐年累加。

(3)生产工人年应工作天数内非作业天数的工资,包括职工开会学习、培训期间的工资和探亲假期的工资,调动工作、探亲、休假期间的工资,因气候影响的停工工资,女工哺乳期间的工资,病假在6个月以内的工资以及产、婚、丧假期的工资。

(二)辅助工资

辅助工资指在基本工资之外,以其他形式支付给职工的工资性收入,指根据国家有关规定属于工资性质的各种津贴,主要包括地区津贴、施工津贴、夜餐津贴、节日加班津贴等。

(三)工资附加费

工资附加费指按照国家规定提取的职工福利基金、工会经费、养老保险费、医疗保险费、工伤保险费、职工失业保险基金和住房公积金。

二、人工预算单价计算

人工预算单价应根据国家有关规定,按水利水电施工企业工人工资标准和工程所在地工资区类别结合水利工程特点进行计算。水利部在2002年制订了新的人工预算单价计算方法,现介绍如下。

(一)人工预算单价计算方法

根据2002年水利部颁发的有关规定,计算方法如下:

(1)基本工资为

基本工资(元/工日)=基本工资标准(元/月)×地区工资系数×12月÷年应工作天数×1.068

(2)辅助工资分为

地区津贴(元/工日)=津贴标准(元/月)×12月÷年应工作天数×1.068

施工津贴(元/工日)=津贴标准(元/月)×365×95%÷年应工作天数×1.068

夜餐津贴(元/工日)=(中班津贴标准+夜班津贴标准)÷2×(20%~30%)

节日加班津贴(元/工日)=基本工资(元/工日)×3×10÷年应工作天数×35%

(3)工资附加费分为

职工福利基金(元/工日)=[基本工资(元/工日)+辅助工资(元/工日)]×费率标准(%)

工会经费(元/工日)=[基本工资(元/工日)+辅助工资(元/工日)]×费率标准(%)

养老保险费(元/工日)=[基本工资(元/工日)+辅助工资(元/工日)]×费率标准(%)

医疗保险费(元/工日)=[基本工资(元/工日)+辅助工资(元/工日)]×费率标准(%)

工伤保险费(元/工日)=[基本工资(元/工日)+辅助工资(元/工日)]×费率标准(%)

职工失业保险基金(元/工日)=[基本工资(元/工日)+辅助工资(元/工日)]×费率标准(%)

住房公积金(元/工日)=[基本工资(元/工日)+辅助工资(元/工日)]×费率标准(%)

(4)人工工日预算单价为

人工工日预算单价(元/工日)=基本工资+辅助工资+工资附加费

(5)人工工时预算单价为

人工工时预算单价(元/工时)=人工工日预算单价(元/工日)÷日工作时间(工时/工日)

上面式子中的1.068为年应工作天数内非作业天数的工资系数。在计算夜餐津贴时,式中百分数,枢纽工程取30%,引水工程及河道工程取20%。

(二)人工预算单价的计算标准

(1)有效工作时间。年应工作天数为251工日(全年365 d减去双休日104 d、法定节日10 d),日工作时间为8 h/工日。年非作业天数是指气候影响施工、职工探亲假、开会学习培训、6个月以内病假等在年应工作天数之内而未工作的天数,每年非工作天数按16 d计算。年有效工作天数等于年应工作天数减去年非工作天数,为235 d。这样可以计算出年应工作天数内年非作业天数的工资系数,即251÷235=1.068。

(2)基本工资标准见表6-1,工资地区系数见表6-2。

表 6-1　基本工资标准(六类工资区)

序号	名称	单位	枢纽工程	引水工程及河道工程
1	工长	元/月	550	385
2	高级工	元/月	500	350
3	中级工	元/月	400	280
4	初级工	元/月	270	190

注:按国家规定享受生活费补贴的特殊地区,可按有关规定计算,并计入基本工资。

表 6-2　各类工资区地区系数

工资类区别	地区系数	工资类区别	地区系数
七类工资区	1.026 1	十类工资区	1.104 3
八类工资区	1.052 2	十一类工资区	1.130 4
九类工资区	1.078 3		

(3)辅助工资计算标准,见表 6-3。

(4)工资附加费标准,见表 6-4。

表 6-3　辅助工资计算标准

序号	项目	枢纽工程	引水工程及河道工程
1	地区津贴	按国家、省、自治区、直辖市的规定	
2	施工津贴	5.3 元/天	3.5 ~ 5.3 元/天
3	夜餐津贴	4.5 元/夜班,3.5 元/中班	

注:初级工的施工津贴标准按表中数值的 50% 计取。

表 6-4　工资附加费标准

序号	项目	计算基础	费率标准(%)	
			工长、高级工、中级工	初级工
1	职工福利基金	基本工资、辅助工资之和	14	7
2	工会经费		2	1
3	养老保险费		按各省、自治区、直辖市规定	按各省、自治区、直辖市规定的 50%
4	医疗保险费		4	2
5	工伤保险费		1.5	1.5
6	职工失业保险金		2	1
7	住房公积金		按各省、自治区、直辖市规定	按各省、自治区、直辖市规定的 50%

注:养老保险费率一般取 20% 以内,住房公积金费率一般取 5% 左右。

第二节　材料预算价格

水利水电工程所使用的材料包括消耗性材料、构成工程实体的装置性材料和施工中可重复使用的周转性材料,是建筑安装工人加工或施工的劳动对象。材料费是水利水电工程投资的主要组成部分，在建筑安装工程投资中所占比重一般在30%以上，有的甚至达到60%左右。所以，正确计算材料预算价格对于提高工程概预算质量、正确合理地控制工程造价具有重要意义。材料预算价格是计算建筑安装工程单价中材料费的基础单价，在编制过程中，必须坚持实事求是的原则，进行深入细致的调查研究工作，按工程所在地编制年的价格水平计算。

一、主要材料与次要材料的划分

编制材料预算价格时，首先遇到的问题是水利水电建筑安装工程中所用到的材料品种繁多，价格各异，在编制材料预算时没必要也不可能逐一详细计算，而是将施工过程中用量多或用量虽少但价格昂贵、对工程造价有较大影响的一部分材料作为主要材料，将其预算价格逐一详细计算；而对其他材料，由于对工程造价影响较小，作为次要材料，用简化的方法进行计算。

水利水电工程中常用的主要材料有：

(1)钢材。包括各种钢筋、钢绞线、钢板、工字钢、槽钢、角钢、扁钢、钢管、钢轨等。

(2)木材。包括原木、板枋材等。

(3)水泥。包括硅酸盐水泥、普通硅酸盐水泥、矿渣硅酸盐水泥、火山灰质硅酸盐水泥、粉煤灰硅酸盐水泥及一些特殊性能的水泥。

(4)油料。包括汽油、柴油。

(5)火工产品。包括炸药(起爆炸药、单质猛炸药、混合猛炸药)、雷管(火雷管、电雷管、延期雷管、毫秒雷管)；导电线或导火线(导火索、纱包线、导电线、导爆索等)。

(6)电缆及母线。

(7)砂石料。是指砂、碎(卵)石、块石等当地建筑材料，是建筑工程中混凝土、反滤层、堆砌石和灌浆等结构物的主要建筑材料。由于水利水电工程中砂石料需要量大，一般自行开采，其预算价格在后面作专门介绍。

二、主要材料预算价格的组成

主要材料的预算价格指材料由供货地点到达工地分仓库或相当于施工分仓库的堆料场的价格。主要材料预算价格的组成一般包括：①材料原价；②包装费；③运杂费；④运输保险费；⑤采购及保管费。其中，材料的包装费并不是对每种材料都可能发生。例如，散装材料不存在包装费；有的材料包装费已计入出厂价。

材料预算价格的计算公式为

材料预算价格 =(材料原价 + 包装费 + 运杂费)×(1 + 采购及保管费费率) + 运输保险费 (6-1)

三、主要材料预算价格的编制

(一)调查收集基本资料

在编制材料的预算价格之前，需要到有关部门及地方收集有关建筑材料的市场信息，使编制的材料预算价格符合工程实际。通常需要了解工程所在区域建筑材料市场价格、供应状况、对外交通条件以及已建工程的实际经验和资料及有关法规，根据节约资金的原则，合理选择材料的供货商、供货地点、供货比例以及合理的运输方式等，一般情况下，就近选择材料来源地，可有效地降低工程造价。

(二)预算价格的计算

1.材料原价

材料原价也称市场价或交货价格，是计算材料预算价格的基值。随着社会主义市场经济的发展，材料原价(火工产品除外)一般按工程所在地区就近大的物资供应公司、材料交易中心的市场成交价或选定的生产厂家的出厂价或工程所在地建设工程造价管理部门公布的价格信息计算。同一种材料，经过科学论证，确定其市场价，按不同产源地的市场价格和供应比例，采取加权平均的方法计算。

(1)钢材。根据设计所需要的规格品种的市场价计算。如果设计提供品种规格有困难，钢筋原价可按普通圆钢 A_3 光面钢筋ϕ16～18 mm 比例占70%、低合金钢20MnSi ϕ20～25 比例占30%进行计算。各种型钢、钢板的预算价按设计要求的代表型号、规格和比例确定。

(2)木材。工程所需木材由林区贮木场直接提供，原则上应执行设计选定的贮木场的大宗市场批发价，或由工程所在地木材公司供给的，执行地区木材公司提供的大宗市场批发价。确定木材原价的代表规格，原木为二(杉木)、三(松木)类材各占50%，Ⅰ、Ⅱ等材料分别占40%、60%，长度2～3.8 m，径级ϕ18～28 cm。板枋材为二、三类材各占50%，中板Ⅰ、Ⅱ等材分别占40%、60%，长度3～3.8 cm。

(3)水泥。根据国家计划委员会、建材局计价管理的规定，从1996年4月1日起，水泥全部执行市场价，水泥产品价格由厂家根据市场供求状况和水泥生产成本自主定价。水泥原价为选定厂家的出厂价。

在可行性研究阶段编制投资估算时，水泥市场价可统一按袋装水泥价格计算。

(4)油料。汽、柴油的原价按工程所在地区石油公司的批发价计算，汽油代表规格为70号。柴油代表规格根据工程所在气候区确定，其中Ⅰ类气候区0号比例占75%～100%，-10～-20号比例占0%～25%；Ⅱ类气候区0号比例占55%～65%，-10～-20号比例占35%～45%；Ⅲ类气候区0号比例占40%～55%，-10～-20号比例占45%～60%。Ⅰ类气候区包括广东、广西、云南、贵州、四川、江苏、湖南、浙江、湖北、安徽；Ⅱ类气候区包括河南、河北、山西、山东、陕西、甘肃、宁夏、内蒙古；Ⅲ类气候区包括青海、新疆、西藏、辽宁、吉林、黑龙江。

(5)火工品。全部按国家及地方有关规定计算其预算价格。

上述五种建筑材料为工程概预算编制中一般必须编制预算价格的主要材料，在具体工程中须根据工程项目进行增删。如工程中无石方开挖，则无须计算火工品的预算价格；如大体积混凝土掺用的粉煤灰则应作为主要材料，编制其预算价格。

2.包装费

包装费是指为便于材料的运输或为保护材料而进行包装所发生的费用。它包括厂家所进行的包装以及在运输过程中所进行的捆扎、支撑等费用。凡由生产厂家负责包装并已将包装费计入材料原价的，在计算材料的预算价格时，不再计算包装费。包装费和包装品的价值，因材料品种和厂家处理包装品的方式不同而异，应根据具体情况分别进行计算。一般情况下，钢材一般不进行包装，特殊钢材存在少量包装费，但与钢材价格相比，所占比重很小，编制预算价格时可忽略不计；木材应按实际发生的情况进行计算；包装水泥的包装费按规定计入出厂价，不计回收，不计押金，散装水泥有专罐车运输，一般不计包装费；火工品包装费已包括在出厂价中；油料用油罐车运输，一般不存在包装费。

3. 材料运杂费

材料运杂费是指材料由产地或交货地点运往工地分仓库或相当于工地分仓库（材料堆放场）所发生的全部费用，包括各种运输工具的运输费、装卸费、调车费及其他费用。在编制材料预算价格时，应按施工组织设计中所选定的材料来源和运输方式、运输工具、运输距离以及厂家和交通部门规定的取费标准，计算材料的运杂费。

（1）铁路运输费的计算。委托国有铁路部门运输的材料，在国有线路上行驶时，其运杂费一律按铁道部《铁路货物运价规则》（铁运[1996]18号）、《关于调整铁路货运价格和修改〈铁路货物运价规则〉的通知》（铁运[1997]58号）规定计算；属于地方营运的铁路，执行地方的规定。

（2）施工单位自备机车车辆在自营专线上行驶的运杂费，按列车台（时）班费和台班（时）货运量以及运行维护人员开支摊销费计算。其运杂费计算公式为

$$\text{每吨运费} = \frac{\text{机车台班费} + \text{车辆台班费之和}}{\text{每吨火车设计载重量} \times \text{装载系数} \times \text{列车每班行驶次数}} + \text{每吨装卸量} + \text{现场管理人员开支的摊销费（元/t）} \tag{6-2}$$

如果自备机车还要通过国有铁路，还应缴纳铁道部门的过轨费。其运杂费计算公式为

$$\text{每吨运费} = \frac{\text{机车台班费} + \text{车辆台班费之和} + \text{列车过轨费}}{\text{每吨火车设计载重量} \times \text{装载系数} \times \text{列车每班行驶次数}} + \text{每吨装卸量} + \text{现场管理人员开支的摊销费（元/t）} \tag{6-3}$$

$$\text{列车过轨费} = \text{列车总轴数} \times \text{第 9 号运价率} \tag{6-4}$$

火车整车运输货物，除特殊情况外，一律按车辆标记载重量装载计费。但在实际运输过程中经常出现不能满载的情况，在计算运杂费时，用装载系数来表示。

在铁路运输方式中，要确定每一种材料运输中的整车与零担比例，据以分别计算其运杂费。整车运价较零担运价便宜，所以要尽可能以整车方式运输。根据已建大、中型水利工程实际情况，水泥、木材、炸药、柴油、汽油等可以全部按整车计算，钢材则要考虑一部分零担，其比例，大型工程可按10% ~20% 选取，中型工程按20% ~30%选取，如有实际资料，应按实际资料选取。

（3）公路运杂费的计算。公路运杂费按工程所在地交通部门的《汽车运价规则实施细则》计算，汽车运输轻泡货物时，按实际载重计价。

轻泡货物是指每立方米质量不足333 kg的货物。整车运输时，其长、宽、高不得超过交通部门有关规定，以车辆标记吨位计重。零担运输，以货物包装的长、宽、高各自最大值计算体积，按每立方米折算333 kg计价。

（4）水路运杂费计算。水路运输包括内河运输和海洋运输，其运杂费按航运部门现行有关规定计算。

（5）特殊材料或部件运输，要考虑特殊措施费、改造路面和桥梁费等。

4. 材料运输保险费

材料运输保险费是指向保险公司缴纳的货物保险费用，计算方法为

材料运输保险费 = 材料原价 × 材料运输保险费费率 (6-5)

5. 材料采购及保管费

材料采购及保管费是指建设单位和施工单位的材料供应部门在组织材料采购、运输保管和供应过程中所需的各项费用,包括:

(1)材料的采购、供应和保管部门工作人员的基本工资、辅助工资、工资附加费、教育经费、办公费、差旅交通费及工具用具使用费。

(2)仓库和转运站的检修费、固定资产折旧费、技术安全措施费和材料检验费等。

(3)材料在运输、保管过程中所发生的损耗。

材料采购及保管费一般按部门颁发规定进行计算,其计算公式为

材料采购及保管费 =(材料原价 + 包装费 + 运杂费)× 采购及保管费费率 (6-6)

材料采购及保管费费率现行规定为3%。

四、次要材料价格的确定

次要材料是相对主要材料而言的,两者之间并没有严格的界限,要根据工程对某种材料用量的多少及其在工程投资中的比重来确定。在一般水利水电工程中,常以水泥、钢材、木材、火工品和油料作为主要材料,其他材料作为次要材料。次要材料一般品种繁多,其费用在投资中所占比例很小,不可能也没有必要逐一计算其预算价格。一般执行工程所在地区就近城市建设工程造价管理部门发布的建设工程材料价格信息,加至土地的运杂费进行计算,或按材料市场价加8%左右运杂费、采购及保管费计算。

五、材料调差价

为了避免材料市场价格起伏变化,造成间接费、利润相应的变化,有关部门(如工民建和水利主管部门)对主要材料规定了统一的价格,按此价格进入工程单价,计取有关费用,故称为取费价格。2002 年水利部在颁发的《水利工程设计概(估)算编制规定》中专门指出,西藏等地区,部分材料运输距离较远,预算价格较高,应限价进入工程单价;外购砂、碎(砾)石、块石、料石等预算价格如超过 70 元/m^3,按 70 元/m^3 取费,这种只规定上限的基价,称为规定价或限价。材料实际价格与规定价之差称为材料调差价。

第三节　施工用电、水、风价

在水利水电工程施工过程中,电、水、风的耗用量非常大,电、水、风的预算价格直接影响到施工机械台班费和工程单价的高低,从而影响到工程造价。因此,在编制电、水、风预算单价时,需要根据施工组织设计中确定的电、水、风供应的布置形式、供应方式、设备配置情况或施工企业的实际资料计算。

一、电价计算

水利水电工程施工用电的电源有外购电和自发电两种形式。由国家、地方电网或其他电厂供电叫外购电,其中国家电网供电电价低廉,电源可靠,是施工时的主要电源。由施工单位自建发电厂或柴油发电厂供电叫自发电,自发电一般为柴油发电机组供电,成本较高,

一般作为施工单位的备用电源或高峰用电时使用。

施工用电根据其用途可分为生产用电和生活用电两部分。生活用电是指生活、文化、福利建筑的室内外照明和其他生活用电，这部分费用在间接费内计列或由职工负担，不在施工用电电价计算范围内。生产用电指施工机械用电、施工照明用电和其他生产用电，该项费用直接计入工程成本中。水利水电工程中的电价计算仅指生产用电。

施工用电的价格由基本电价、电能损耗摊销费和供电设施维修摊销费三部分组成。根据施工组织设计确定的供电方式以及不同电源的电量所占比例，按国家或工程所在省、自治区、直辖市规定的电网电价和规定的加价进行计算。电价计算公式为

$$\begin{aligned}\text{电网供电价格} = {} & \text{基本电价} \div (1 - \text{高压输电线路损耗率}) \div \\ & (1 - 35\ \text{kV 以下变配电设备及电线路损耗率}) + \\ & \text{供电设施维修摊销费(变配电设备除外)}\end{aligned} \tag{6-7}$$

$$\begin{aligned}\begin{matrix}\text{柴油发电机供电价格}\\ \text{(自设水泵供冷却水)}\end{matrix} = {} & \frac{\text{柴油发电机组(台)时总费用} + \text{水泵组(台)时总费用}}{\text{柴油发电机额定容量之和} \times K} \div \\ & (1 - \text{厂用电率}) \div (1 - \text{变配电设备及配电线路损耗率}) + \\ & \text{供电设施维修摊销费}\end{aligned} \tag{6-8}$$

柴油发电机供电如果采取循环冷却水，不用水泵，电价计算公式为

$$\begin{aligned}\text{柴油发电机供电价格} = {} & \frac{\text{柴油发电机组(台)时总费用}}{\text{柴油发电机额定容量之和} \times K} \div \\ & (1 - \text{厂用电率}) \div (1 - \text{变配电设备及配电线路损耗率}) + \\ & \text{单位循环冷却水费} + \text{供电设施维修摊销费}\end{aligned} \tag{6-9}$$

式中 K——发动机出力系数，一般取0.8～0.85；

厂用电率——取4%～6%；

高压输电线路损耗率——取4%～6%；

变配电设备及配电线路损耗率——取5%～8%；

供电设施维修摊销费——取0.02～0.03元/kWh；

单位循环冷却水费——取0.03～0.05元/kWh。

(一)基本电价

基本电价为施工用电电价的主要部分。外购电的基本电价指按国家或地方的规定由供电部门收取的电价；自发电的基本电价是指自建发电厂每发1 kWh电的成本。

1. 外购电的基本电价

凡是国家电网供电，执行国家规定的基本电网电价中的非工业标准电价，包括电网电价、电力建设基金、用电附加费及各种加价。由地方电网或其他企业中、小型电网供电的，执行地方电价主管部门规定的电价。

2. 自发电的基本电价

自建发电厂的型式一般有柴油发电厂、燃煤发电厂、水力发电厂等。

(1)柴油发电厂。这是自建发电厂中较普遍的一种，在编制概预算阶段，根据自备电厂所配置的设备，以台时总费用来计算单位电能的成本作为基本电价，即

$$\text{基本电价} = \frac{\text{台时总费用}}{\text{台时总发电量} \times (1 - \text{厂用电率})} \tag{6-10}$$

$$台时总费用 = 各柴油发电机台时费之和 + 各水泵台时费之和 \tag{6-11}$$

$$台时总发电量 = 设备额定总容量 \times 发电机出力系数 \tag{6-12}$$

式中:发电机出力系数根据设备的技术性能和状态选定,一般取0.8~0.85;厂用电率一般为4%~6%。

柴油发电机组供电的基本电价同样采用上述方法确定。

(2)燃煤发电厂及水力发电厂。根据电厂的设备配置和施工组织设计提出的发电量、运行人员数量、管理人员数量和燃煤消耗、厂用电率等,计算出折旧、大修、运行、维修、管理、损耗等各项费用,按燃煤发电厂及水力发电厂常用的发电单位成本分析方法计算基本电价。

(二)供电设施维修摊销费

供电设施维修摊销费主要有变配电的基本折旧费、大修理费、安装拆除费、运行维修费以及输电线路的维修费摊销到施工期间每千瓦时用电(包括生产和生活用电)的费用。

1. 变配电设备的基本折旧费和大修理费

基本折旧费计算公式为

$$基本折旧费 = 变配电设备的预算价格 \times 年折旧率 \times 施工年限 \tag{6-13}$$

大修理费的计算公式为

$$大修理费 = 设备预算价格 \times 年大修理费费率 \times 施工年限 \tag{6-14}$$

2. 变配电设备的安装拆除费

变配电设备的安装拆除费一般可按施工用电主变压器及其附属设备安装、拆除各一次计算。对于动力变压器有些单位建议平均按施工期间安装、拆除各二次计算。由于施工初期供电量少,大量供电设备正在安装,需要较多的费用,因此在编制年度预算时,可以考虑将该项费用列入临时工程项目中,而不计入电价。

3. 变配电设备和输电线路的运行维修费

此项费用计算公式为

$$运行维修人工费 = 运行维修平均人数 \times 人工预算价格 \times 施工年限 \tag{6-15}$$

$$设备维修材料费 = 变配电设备预算价 \times 年维修费费率 \times 施工年限 \tag{6-16}$$

$$线路维修材料费 = 线路长度 \times 维修费(元/(年 \cdot km)) \times 施工年限 \tag{6-17}$$

4. 摊销费

由于上述三项费用的计算非常烦琐,在编制初步设计概算时,施工组织设计的深度难以满足计算要求,因此一般都利用经验数值计入电价的方法计算,经验指标一般为0.02~0.03元/kWh。在编制修改概算或预算阶段按下式计算

$$摊销费 = \frac{应摊销的总费用}{总电量(包括生活用电)} \tag{6-18}$$

为供电建造的发电厂房、架设的线路、变电站等费用,均应按现行规定分别列入临时工程部分的相应项目内,不直接计入电价成本。

(三)电能损耗摊销费

计算线路损耗费时,外购电与自发电的电能损耗计算范围不同。

对于外购电,水电部1983年颁发的《全国供用电规则》规定:计费电度表应安装在产权分界处,如不安装在分界处,变压器的有功、无功损耗和线路损失由产权所有者负担。对高压供电用户,应在高压侧计量,经双方协商同意,可以在低压侧计量,但应加计变压器损失。

所以,电能损耗是从施工单位与供电部门的产权分界处起到施工现场最后一级降压变压器低压侧之间的所有施工用变配电设备和线路的损耗。

自发电的电能损耗摊销费指从发电厂的出线侧至现场各施工点最后一级降压变压器低压侧所有变配电设备和输电线路上发生的电能损耗费用。

从最后一级降压变压器低压侧至施工现场用电点之间电能损耗费用已包括在施工机械台班费中,不再计入电价内。

计算电能损耗的方法有两种。

一种方法是通过月平均总用电量(或典型月总用电量)用近似的公式计算。

(1)变压器损耗计算公式为

$$\Delta A_1 = \Delta P_0 t + \Delta P_m t(W_e / S_e \cos\varphi)^2 \tag{6-19}$$

式中 ΔA_1——变压器有功电能损耗,kWh;

ΔP_0——空载损耗,kW;

ΔP_m——负载损耗,kW;

t——变压器运行时间(日历天×24 h/d);

W_e——出线侧电表用电量,kWh;

S_e——变压器额定容量,kVA;

$\cos\varphi$——出线侧功率因数,一般可取0.8。

(2)线路损耗计算公式为

$$\Delta A_2 = (I\cos\varphi)^2 Rt \tag{6-20}$$

式中 ΔA_2——线路电能损失,kWh;

I——线路电流,kA;

R——线路电阻,Ω;

t——运行时间,h。

电能损失值即各变压器的电能损失值之和与输电线路损失值之和的合计值。

$$\text{电能损耗率} = \text{基本电价} \times \frac{\text{电能损耗}}{\text{供电总量} - \text{电能损耗}} \tag{6-21}$$

此种计算方法虽有一定的理论基础,但要正确选定公式中各参数是比较困难的。

另一种计算方法是根据实际资料,用电能损耗占供电量的百分率进行计算。该方法理论基础差,需要积累一定的实际资料,主要用于初步设计阶段编制设计概算。各用电损耗百分率参考取值范围为:主变压器高压侧的高压线路(35 kV及以上)的损耗率一般为4%~6%,变配电设备和配电线路的损耗率一般取5%~8%。

(3)综合电价计算。若工程同时采用两种或两种以上供电电源,各用电量比例应按施工组织设计确定,综合电价经加权平均后求得。

(四)电价简化计算

在可行性研究阶段编制概算设计资料不足时,可参考采用简化的方法计算电价。

1.外购电价简化计算

计算公式为

$$\text{电价} = \text{基本电价} \times \frac{1}{1 - \text{损耗率}} + \text{摊销费} \tag{6-22}$$

对于式中各项，可参考类似工程经验数据取值。下列数据可供参考：损耗率可取12%～17%，摊销费为0.02～0.03元/kWh。

2. 柴油机发电厂电价计算

计算公式为

$$电价 = 固定费用 + 可变费用 \tag{6-23}$$

其中，固定费用包括施工机械费中第一类费用及机上人工工资、维护摊销费、厂用电及线变损所增加的费用；可变费用为燃油消耗费。

二、水价的计算

水利水电工程施工用水分生产用水和生活用水两部分。生产用水是指直接进入工程成本的施工用水，包括钻孔灌浆用水、砂石料筛洗用水、混凝土拌制养护用水、施工机械用水等。生活用水主要指职工、家属的饮用水和洗涤用水等。水利工程施工用水水价，仅指生产用水水价。生活用水水价属于间接费用开支或由职工自行负担，不在水价计算范围之内。如果生产、生活用水由同一系统供水，凡因生活用水所增加的费用（如净化药品费等），均不应计入生产用水的单价之内。如果生产用水分区设置供水系统，需按各系统供水量的比例加权计算综合水价。

（一）水价的组成及计算

施工用水价格由基本水价、供水损耗摊销费和供水设施维修摊销费组成，根据施工组织设计所配置的供水系统设备组（台）时总费用和组（台）时总有效供水量计算，计算公式为

$$施工用水价格 = \frac{水泵组(台)时总费用}{水泵额定容量之和 \times K} \div (1 - 供水损耗率) + 供水设施维修摊销费 \tag{6-24}$$

式中 K——能量利用系数，取0.75～0.85；

供水损耗率——取8%～12%；

供水设施维修摊销费——取0.02～0.03元/m^3。

可简化为

$$水价 = \frac{基本电价}{1 - 损耗率} + 供水设施维修摊销费 \tag{6-25}$$

1. 基本水价

基本水价是根据施工组织设计确定的按施工高峰用水所配置的供水系统设备（不含备用设备），按台时（班）产量计算的单位水量价格。基本水价是水价的主要组成部分，其高低与生产用水的工艺要求以及施工布置密切相关，如用水需作沉淀处理、扬程高等，则水价高，反之水价就低。

基本水价计算公式为

$$基本水价 = \frac{水泵台时(班)总费用}{水泵台时(班)总出水量} \tag{6-26}$$

$$水泵台班总出水量(m^3) = 各水泵额定总流量(m^3/h) \times 能量利用系数 \times 8(h) \tag{6-27}$$

式中 水泵台时总费用——各水泵台班费总和；

能量利用系数——一般为0.75～0.85。

2. 供水损耗摊销费

水量损耗是指施工用水在储存、输送、处理过程中造成的水量损失，用损耗率表示，计算公式为

$$损耗率 = \frac{损失水量}{水泵总出水量} \times 100\% \tag{6-28}$$

蓄水池及输水管路的设计、施工质量和维修管理水平的高低对损耗率有直接影响，编制概算时损耗率一般取8%～12%，在预算阶段，如有实际资料，应根据实际资料计算。

3. 水价计算时应注意的问题

(1)在计算台时(班)总出水量和台时(班)总费用时，如果在总出水量中计入备用水泵的出水量，则在台时(班)总费用中也应包括备用水泵的台时(班)费；反之，若不计备用水泵的出水量，则台时(班)总费用中不计入备用水泵的台时(班)费。

(2)水泵台时(班)总出水量及台时(班)费用应根据施工组织设计确定的水泵型号及其水泵的扬程—流量关系计算。①若供水系统全部为一级供水，水泵台时(班)总出水量及总台时(班)费按全部工作水泵计算。②若供水系统为多级供水且全部通过最后一级水泵，台时(班)总出水量按最后一级水泵出水量计算；若一部分水量不通过最后一级而由其他各级分别供水，台班总出水量为各级出水量之和，台时(班)总费用应按各级工作水泵的台时(班)费。

(3)当最后一级全部供生活用水时，则台班总出水量包括最后一级，但该级台时(班)费不应计算在总台时(班)费内。

(4)施工用水有循环用水时，水价要根据施工组织设计的供水工艺流程计算。

(二)水价的简化计算

水价的简化计算主要适用于编制投资估算，编制概算时，若资料不足也可采用，计算公式为

$$水价 = 固定费用 + 可变费用 \tag{6-29}$$

式中　固定费用——包括水泵的一类费用、机上人工费、贮水池和管路的摊销费与水量损耗所增加的费用，可根据经验资料确定；

可变费用——电费，表6-5及表6-6中数据可供参考。

表6-5　水价简化计算(固定费用)

主要供水系统一级泵站设计出水量 (m^3/h)	固定费用(元/m^3)	
	一、二级泵站供水方式	三级以上泵站供水方式
300以下	0.13	0.16
300～800	0.10	0.13
800以上	0.07	0.08

注：1. 可以出水量最大的主要供水系统的一级泵站为代表直接选取指标。

2. 本表系按DA型多级离心水泵计算的，如选用BA型和sh型水泵，其固定费用均小于本表中的指标。

三、风价计算

在水利工程施工中，施工用风主要用于石方爆破钻孔、混凝土浇筑、基础处理、金属结

构、机电设备安装工程等风动机械所需的压缩空气。

表6-6　水价简化计算(可变费用)

主要供水系统加权平均扬程(m)	耗电量(kWh/m^3)	电价(元/kWh)	
		0.23	0.50
		可变费用(元/m^3)	
20	0.15	0.035	0.075
30	0.27	0.062	0.135
50	0.50	0.12	0.25
60	0.58	0.13	0.29
80	0.68	0.16	0.34
100	0.84	0.19	0.42
120	1.00	0.23	0.50
150	1.25	0.29	0.63
170	1.45	0.33	0.73
200	1.75	0.40	0.88
220	1.93	0.44	0.97
250	2.13	0.49	1.10
270	2.28	0.52	1.14
300	2.44	0.56	1.22

注:主要供水系统的加权平均扬程,是以各级泵站的供出水量为权数进行加权计算而得出的扬程。

施工用风可由移动式空压机或固定式空压机供给,在大中型水利工程中,一般采用多台固定式空压机集中组成压气系统,并以移动式空压机为辅助。为了保证风压和减少管路损耗,水利工程施工工地一般采用分区布置供风系统,如左坝区、右坝区、厂房区等。各区供风系统,因布置形式和机械组成不一定相同,因而各区的风价也不一定相同,此种情况下应采用加权平均的方法计算综合风价。

(一)风价的组成与计算

施工用风价格的组成和电价相似,由基本风价、供风设施维修摊销费、供风损耗摊销费组成,可用下式计算

$$\text{施工用风价格} = \text{基本风价} + \text{供风设施维修摊销费} + \text{基本风价} \times \left(\frac{1}{1-\text{损耗率}} - 1\right) \tag{6-30}$$

可简化为

$$\text{施工用风价格} = \text{基本价格} \times \frac{1}{1-\text{损耗率}} + \text{供风设施维修摊销费} \tag{6-31}$$

1.基本风价

基本风价是根据施工组织设计确定的高峰用风量配置的供风系统设备,按台时产量计算单位风量的价格,计算公式为

$$\text{基本风价} = \frac{\text{台时总费用}}{\text{台时总供风量}} \tag{6-32}$$

$$\text{台时总费用} = \text{空气压缩机组台时总费用} + \text{水泵组台时总费用} \tag{6-33}$$

$$台时总供风量 = 60(min) \times 空气压缩机额定容量之和 \times 能量利用系数 \quad (6\text{-}34)$$

式中　能量利用系数——一般取0.70～0.85。

空气压缩机系统如采取循环冷却水,不用水泵,基本风价计算公式为

$$基本风价 = \frac{空气压缩机组台时总费用}{台时总供风量} + 单位循环冷却水费 \quad (6\text{-}35)$$

式中　单位循环冷却水费—— 取0.005元/m^3。

2. 供风设施维修摊销费

供风设施维修摊销费指摊入风价的供风管道的维修费用。该项目费用数值较小,编制概算时可采用经验数值而不进行具体计算,采用0.002～0.003元/m^3。编制预算时,若实际资料不足无法进行具体计算,也可采用上述建议值。

3. 供风损耗摊销费

该项费用是指由压气站至用风工作面的固定供风管道,在输送压气工程中所发生漏气损耗和压气在管道中流动时的阻力损耗摊销费用,损耗及损耗摊销费的大小与管道长短、管道直径、闸阀和弯头等构件多少、管道敷设质量、质量、设备安装高程的高低有关。供风损耗率一般占总风量的8%～12%。风动机械本身的用风损耗,不在风价中计算,其已包括在该机械台班耗风定额中。

(二)风价简化计算

在可行性研究阶段编制投资估算或在初步设计阶段编制概算时,如果缺乏必要的计算资料,也可用简化计算的方法计算风价。

简化计算时,将施工用风价格分为固定费用和可变费用两部分。其中的固定费用指空压机的一类费用、人工费、冷却水费、供风管道维修摊销费和风量损耗摊销费之和;可变费用指动力消耗费,用耗电指标表示。施工用风价格简化计算公式为

$$施工用风价格 = 固定费用 + 可变费用 \quad (6\text{-}36)$$

在计算施工用风价格时可参考表6-7。

表6-7　风价简化计算取值

工程规模	组成压气系统的主体空压机(m^3/min)	固定费用(元/m^3)	耗电指标(kWh/m^3)	电价(元/kWh)	
				0.23	0.50
				参考风价(元/m^3)	
中小型	10	0.042	0.16	0.079	0.127
中型	20	0.037	0.15	0.072	0.112
大中型	40	0.030	0.13	0.060	0.095
大型	60	0.023	0.11	0.048	0.078
特大型	100	0.020	0.10	0.043	0.070

注:压气系统中配置的主体空压机(指在该压气系统中,这种空压机容量之和在总容量中占比例最大)如已确定,可按本表计算风价。如主体空压机尚未确定,只能根据工程规模,按本表粗估风价。

第四节　施工机械使用费

施工机械使用费指在建筑安装工程项目上的机械磨损、维修和动力燃料费用等。施工

机械使用费以台时为计量单位。台时费是计算建筑安装工程中机械使用费的基础单价。随着水利工程机械化施工程度的提高，施工机械使用费在工程投资中所占比例越来越大，目前已达到20% ~30%，因此计算台时费非常重要。

一、施工机械台时费的分类和组成

施工机械台时费由两类费用组成。

（一）一类费用

一类费用用金额编制，其大小主要取决于机械的价格和年工作制度，其金额数量是按特定年物价水平确定的。第一类费用由折旧费、修理及替换设备费（含大修理费、经常性修理费）、安装拆卸费组成。

1. 折旧费

折旧费指施工机械在规定的机械使用期内收回施工机械原始价值的台时折旧摊销费用。

2. 修理及替换设备费

修理费指机械使用过程中，为了使机械保持正常状态而进行修理所需的费用（即大修理费，其时间间隔较长）和机械正常运行及日常保养所需的润滑油料、擦试用品的费用（经常性修理费），以及机械保管所需的费用。

替换设备费包括机械所需用的蓄电池、变压器、启动器、电线、电缆、电器开关、仪表、轮胎、传动皮带、输送皮带、钢丝绳、胶皮管等替换设备和为了保证机械正常运转所需的随机用的工具和附具的摊销费用。

机械保管费指机械保管部门保管机械所需的费用，包括机械在规定年工作台时以外的保养、维护所需的人工、材料和用品费用。

3. 安装拆卸费

安装拆卸费指机械进出施工现场进行安装、拆卸、试运转和场内转移及辅助设施的摊销费用。其主要内容有：

（1）安装前的准备，如设备开箱、检查清扫、润滑及电气设备烘干等所需费用。

（2）设备自场内仓库至安装拆卸地点的往返运输费用和现场范围内的运转费用。

（3）设备进、出入工地的安装、调试以及拆除后的整理、清扫和润滑等费用。

（4）一般的设备基础开挖、混凝土浇筑和固定锚桩等费用。若因地形条件和施工布置需要进行大量土石方开挖及混凝土浇筑等，应列入临时工程项目。

（5）为设备的安装拆卸所搭设的平台、脚手架、地锚和缆风索等临时设施和施工现场清理等的费用。

由于部分大型和特大型施工机械的单机一次安装拆卸费用较大，如果将其放在台时费中逐步摊销，则要长期占用流动资金，影响资金的周转使用。因此，现行施工机械台时费定额中，将下列六种类型的大型机械安装拆卸费用，列入施工临时工程中的“其他施工临时工程”项内。这六种机械是：①斗容为 3 m^3 及以上挖掘机、轮斗挖掘机；②混凝土搅拌站、混凝土搅拌楼；③胎带机；④塔带机；⑤缆索起重机、简易缆索起重机、20 t 及以上塔式起重机、门座式起重机；⑥针梁模板台车、钢模台车、滑膜台车。除上述六种机械外，凡台班费定额中列有安装拆卸费的施工机械，其安装拆卸费均应计入台班费，不要在临时工程中单独列项。

(二)二类费用

二类费用在施工机械台班费定额中以实物量式表示,是指机上人工费和机械所消耗的燃料费、动力费,其数量定额一般不允许调整,但是因工程所在地的人工预算价、材料市场价格各异,所以此项费用一般随工程地点不同而变化,曾称可变费用。其组成如下:

(1)机上人员人工费。指支付直接操纵施工机械的机上人员预算工资所需的费用。机下辅助人员预算工资一般列入工程人工费,不包括在内。

(2)燃料动力费。指施工机械运转时所耗用的各种动力、燃料及各种消耗性材料,包括风、水、电、汽油、柴油、煤及木柴等所需的费用。其中,电量消耗包括机械本身的消耗和最后一级变压器低压侧到施工地点之间的线路损耗;风、水的消耗包括机械本身的消耗和移动支管的损耗。

二、施工机械台时费的计算

现执行2002年由水利部颁发的《水利工程施工机械台时费定额》。

一类费用:按现行部颁规定,以金额形式表示,价格水平为2000年。

二类费用:将定额中的机上人工、动力、燃料、消耗材料数量对应乘以人工预算单价、材料预算单价,其合计值为二类费用。

一、二类费用之和即为施工机械台时费。

三、补充施工机械台时费的编制

(一)折旧费

折旧费计算公式为

$$\text{台时折旧费} = \frac{\text{机械预算价格} \times (1 - \text{残值率})}{\text{机械耐用总台时}} \tag{6-37}$$

或

$$\text{台时折旧费} = \frac{\text{机械预算价格} \times \text{年折旧率}}{\text{机械年工作台时}} \tag{6-38}$$

$$\text{机械预算价格} = \text{机械市场价} + \text{运杂费} \tag{6-39}$$

式中 运杂费——一般按原价的5%~7%计算,若有实际资料则按实际资料计算;

残值率——机械达到使用寿命需要报废时的残值扣除清理费后占机械预算价格的百分率,即

$$\text{残值率} = \frac{\text{机械残值} - \text{清理费}}{\text{机械预算价格}} \times 100\% \tag{6-40}$$

残值率一般可取4%~5%。

机械耐用总台时又称机械寿命台时,指机械在使用期内所运转的总台时数,即

$$\text{机械耐用台时} = \text{使用年限} \times \text{年工作台时} \tag{6-41}$$

式中 使用年限——国家规定的该种机械从使用到报废的平均工作年数;

年工作台时——该种机械在使用期内平均全年运行的台时数。

(二)大修理费

大修理费计算公式为

$$\text{台时大修理费} = \frac{\text{一次大修理费用} \times \text{大修理次数}}{\text{机械耐用总台时}} \tag{6-42}$$

大修理次数是指机械在使用期限内需进行大修理的次数，计算公式为

$$大修理次数 = \frac{耐用总台时}{大修理间隔台时} - 1 \tag{6-43}$$

一次大修理费用可按一次大修理所需的人工、材料、机械等进行计算，也可参考实际资料按占机械预算价格的百分率计算。

（三）经常性修理费

经常性修理费包括修理费、润滑及擦拭材料费。

（1）修理费。修理费包括中修和各级保养，一般按大修理间隔内的平均修理费计算，计算公式为

$$修理费 = \frac{大修理间隔期内修理费之和}{大修理间隔台时} = \frac{中修费用 + 各级保养费用}{大修理间隔台时} \tag{6-44}$$

中修、保养费用的简化计算可以以大修理消耗工时、材料为基数，按资料确定出中修、保养所耗用工时和材料所占的比例。表 6-8 为某施工单位统计资料，所列比例可供参考。

表 6-8　中修、保养耗用工料占大修理百分比　（%）

检修类别	一保	二保	三保	四保	中修
工时消耗占大修	2	5	20	41	80
材料消耗占大修	5	10	25	60	20

（2）润滑及擦拭材料费的计算公式为

$$台时润滑及擦拭材料费 = \frac{机械年润滑及擦拭材料费}{年工作台时} \tag{6-45}$$

其中，润滑油脂的耗用量一般按机械台时耗用燃料油量的百分比计算，柴油机械按 6%，汽车机械按 5%，棉纱头及其他油等耗用量可按实际情况计算。

上述两项费用虽然都可用公式计算，但式中一些数据往往又难以得到。因此，一些单位在实际计算经常性修理费时，通常用经常性修理费占大修理费的百分比来计算，百分比一般通过对典型机械的测算确定，然后求得同类其他机械的修理费。计算公式为

$$台时经常性修理费 = 台时大修理费 \times 经常性修理费费率 \tag{6-46}$$

$$经常性修理费费率 = \frac{典型机械台班经常性修理费}{典型机械台时大修理费} \times 100\% \tag{6-47}$$

（四）替换设备及工具、附具费

替换设备及工具、附具费指机械正常运行所需更换的设备工具、附具摊销到台时费用。计算公式为

$$替换设备及工具、附具费 = \frac{年替换设备及工具、附具费}{年工作台时} \tag{6-48}$$

几种施工机械替换设备及工具、附具数量可参考表 6-9。

在资料不易取得的情况下，也可按上述占大修理费百分比的方法计算。

表 6-9　替换设备及工具、附具数量参考

机械名称	替换设备及工具、附具名称	年需要数量(m)
空压机	胶皮管	50
电焊机	橡皮软线 50 mm^2	100
对焊机	橡皮软线 50 mm^2	20
混凝土振捣机	软线	30
凿岩机	高压胶皮管	20
水泵	弹簧软管	8
塔式起重机　2～6 t	电缆线	80
15 t	电缆线	120
25 t	电缆线	140
40 t	电缆线	150
(自升)10 t	电缆线	200
龙门起重机	电缆线	200
其他电动机(小型)	电缆线	10
其他电动机(大型)	电缆线	50

(五)安装拆卸及辅助设施费

安装拆卸及辅助设施费计算公式为

$$台时安装拆卸及辅助设施费 = 台时大修理费 \times 安拆费率 \tag{6-49}$$

$$安拆费率 = \frac{典型机械安装拆卸及辅助设施费}{典型机械台时大修理费} \times 100\% \tag{6-50}$$

特大型和部分大型施工机械的安装拆卸及辅助设施费,不在施工机械台时费中计列,而是另列于临时工程中。

(六)保管费

保管费计算公式为

$$保管费 = \frac{机械预算价格}{机械年工作台时} \times 保管费率 \tag{6-51}$$

保管费率的高低与机械预算价格有直接的关系。机械预算价格低,保管费率高;反之,机械预算价格高,保管费率低。保管费率一般为 0.15% ～1.5%。某水电工程局总结出修正的经验公式为

$$保管费 = K_{保} \times 台时机上人工数 \tag{6-52}$$

$$K_{保} = HGZJ \tag{6-53}$$

$$H = \left(年日历天数 - \frac{年台时数}{日工作台时}\right) \times \frac{1}{年台时数} \tag{6-54}$$

$$G = 工时人工预算单价 \div 出勤率 \tag{6-55}$$

式中　H——闲置系数;

G——实际出勤工时人工预算单价；

Z——闲置期间人员调整系数，为70%；

J——闲置期间设备维修消耗的材料费用系数，一般取1.1。

（七）机上人工费

机上人工费计算公式为

$$台时机上人工费 = 机上人工工时数 \times 人工预算单价 \tag{6-56}$$

（八）燃料、动力费

（1）内燃机械台时燃料消耗量。计算公式为

$$台时燃料消耗量(kg) = 额定耗油量(kg/kWh) \times 额定功率(kW) \times 发动机综合利用系数 \tag{6-57}$$

$$发动机综合利用系数 = 发动机时间利用系数 \times 发动机能量利用系数 \times 单位油耗修正系数 \times 油耗损耗增加系数 \tag{6-58}$$

发动机综合利用系数一般为0.2～0.4。

（2）电动机械台时电力消耗量。计算公式为

$$台时电力消耗量(kWh) = KN \tag{6-59}$$

$$K = \frac{K_1 K_2}{K_3 K_4} \tag{6-60}$$

式中 K——电动机综合利用系数；

K_1——电动机时间利用系数，一般取0.4～0.6；

K_2——电动机能量利用系数，一般取0.5～0.7；

K_3——低压线路电力消耗系数，一般取0.95；

K_4——平均负荷时电动机有效利用系数，一般取0.78～0.88；

N——电动机额定功率，kW。

（3）蒸汽机械台时水（煤）消耗量。计算公式为

$$台时水(煤)消耗量(kg) = 蒸汽机额定功率 \times 额定水(煤)单位耗用量 \times 蒸汽机综合利用系数 \tag{6-61}$$

式中，额定功率单位为kW，额定水（煤）耗用量单位为kg/kWh。对于综合利用系数，机车取0.14～0.80，锅炉、打桩机取0.55～0.75。

（4）风动机械台时压气消耗量。计算公式为

$$台时压气消耗量(m^3) = 60(min) \times 风动机械压气消耗量(m^3/min) \times 风动机械综合利用系数 \tag{6-62}$$

式中 综合利用系数——取0.6～0.7。

第五节 砂石料单价

砂石料是水利工程中混凝土、砌石、灌浆和反滤层等结构物的主要建筑材料，是砂砾石、砂、碎石、砾石、骨料等的统称。砂石料一般可分为天然砂石料和人工砂石料两种。天然砂石料有河砂、山砂、海砂以及河卵石、山卵石和海卵石等，是岩石风化和水流冲刷而形成的；人工砂石料是对岩石采用爆破等方式，经机械设备的破碎、筛选、碾磨加工而成的碎石和人

工砂(又称机制砂)。由于砂石料使用量很大,大中型工程一般由施工单位自行采备,形成机械化砂石料加工厂进行生产。小型工程一般就近在市场上采购。水利工程中砂石料单价的高低对工程投资有较大的影响,所以在编制其单价时,必须深入现场调查,认真收集地质勘探、试验、设计资料,掌握其生产条件、生产流程,正确选用定额进行计算,保证砂石料单价的可靠性。以下主要介绍自行采备砂石料的单价分析方法。

一、基本资料的收集

主要内容有:

(1)料场的位置、分布、地形条件、工程地质和水文地质特点、岩石种类及其物理特性等。

(2)料场的储量及可开采量,设计砂石料用量。

(3)砂石料场的天然级配与设计级配,级配平衡计算成果。

(4)各料场覆盖层清理厚度、数量及其占毛开采量的比例和清理方法。

(5)毛料的开采、运输、堆存方式。

(6)砂石料加工工序流程、成品堆放、运输方式及废渣处理方法。

二、砂石料单价的计算

砂石料单价指从覆盖层清除、毛料开采、运输、堆存、筛分、冲洗、破碎、成品料运输、弃料处理等全部工艺流程累计发生的费用,工艺流程中每个单价包括直接工程费、间接费、企业利润及税金。

由于砂石料生产系统比较复杂,因此一般根据施工组织设计确定的施工条件和加工工艺流程,采用概预算定额中相应的子目,分别计算各生产环节所需费用,再按砂石料的获得率、覆盖层清除摊销率,计算砂石料单价。2002 年《水利建筑工程概算定额》及 2002 年《水利建筑工程预算定额》砂石备料工程定额中已经考虑了砂石料在开采、加工、运输、堆存时发生的损耗,砂石料单价计算时,不另计其他任何系数和损耗。

(一)砂石料生产的工艺流程

1. 覆盖层清除

天然砂石料场表面层的杂草、树木、繁殖土或风化及半风化岩石等覆盖物,在毛料开采前必须清理干净。该工序单价应根据施工组织设计确定的施工方式,依照一般土石方工程定额计算费用,然后摊入砂石料成品单价中,在概预算中不允许单独列项计算。

2. 毛料开采运输

毛料开采运输指毛料从料场开采、运输到毛料暂存处的整个过程。该项费用工序计算应根据施工组织设计确定的施工方法,选用概预算定额计算。

3. 毛料的破碎、筛分、冲洗加工

天然砂石料的破碎、筛分、冲洗加工包括预筛分、超径石破碎、筛洗、中间破碎、二次筛分、堆存及废料清除等工序。

人工砂石料的加工包括破碎(一般分粗碎、中碎、细碎)、筛分(一般分预筛、初筛、复筛)、清洗等过程。

编制破碎筛洗加工单价时,应根据施工组织设计确定的施工机械、施工方法,套用概预算定额进行计算。

4. 成品的运输

经过筛洗加工后的成品料，运至混凝土生产系统的储料场堆存。运输方式根据施工组织设计确定，运输单价采用概预算相应的子目计算。

以上各工序应根据施工组织设计确定其取舍和组合。

(二) 计算参数的确定

1. 覆盖层清除摊销率

覆盖层清除摊销率是指覆盖层的清除量占成品砂石料的百分比，即

$$覆盖层清除摊销率 = 覆盖层清除量 \div 成品骨料总量 \times 100\%$$

2. 弃料处理摊销率

砂石料加工过程中，有部分废弃的砂石料，包括有级配弃料、超径弃料，以及施工损耗。其中施工损耗在定额中已考虑，不再计入弃料处理摊销费，超径摊销率和级配摊销率计算公式为

$$弃料处理摊销率 = \frac{弃料量}{成品骨料总量} \times 100\% \tag{6-63}$$

根据弃料处理单价和弃料处理摊销率将弃料处理单价摊入到成品骨料单价中。

(三) 砂石料综合单价计算

计算步骤如下：

(1) 根据施工组织设计确定的砂石料加工工序，利用概预算相应定额计算工序单价。

(2) 计算覆盖层清除单价、弃料处理单价以及相应的摊销率对应相乘相加组成附加单价。

(3) 砂石料基本单价和附加单价之和构成砂石料综合单价。

(4) 弃料如用于其他工程或销售部分，应按比例降低砂石料单价。

砂石料作为施工企业生产的产品，计算砂石料单价时应注意各工序单价包括直接工程费、间接费、企业利润及税金。

对于外购砂石料可按材料预算价格计算办法，根据市场实际调查情况和有关规定计算其原价、运杂费、采购保管费和运输保险费。

无论自行采备还是外购砂石料其预算价格应控制在 70 元/m^3 左右，超出部分计取税金后列入相应部分之后。

第七章 水利水电建筑工程概算编制

第一节 概 述

水利水电建筑工程投资占工程总投资的比例很大，据有关资料统计，一般为40%～60%，如潘家口工程为50%，密云水库为55%，因此编制好建筑工程概算是至关重要的。水利水电建筑工程项目较多，例如大坝、船闸、发电厂、泵站、渠道、隧洞等建筑物、构筑物，同时也比较复杂。但就其工程内容和工种类别而言，都有其共同点，它的内容包括：土石方工程、混凝土浇筑工程、模板工程、钻孔灌浆及锚固工程、其他建筑工程等，这就为我们编制概算提供了可遵循的一般规律。

水利工程按性质划分为两大类：一类是枢纽工程，包括水库、电站、其他大型独立建筑物；另一类是引水工程及河道工程，包括供水工程、灌溉工程、河湖整治工程及堤防工程。

水利工程概算包括两项内容：一项是工程部分，另一项是移民和环境部分。工程部分包括建筑工程、机电设备及安装工程、金属结构设备及安装工程、施工临时工程、独立费用五大部分。其中，建筑工程概算构成项目划分中的第一部分，是概算文件的重要组成部分。

建筑工程概算编制的步骤如下：

(1)收集基本资料、熟悉设计图纸。

编制工程概算要对工程情况进行充分了解。首先，要熟悉设计图纸，将工程项目内容、工程部位搞清楚，了解设计意图；其次，要深入工程现场了解工程现场情况，收集与工程概算有关的基础或基本资料；最后，还要对施工组织设计(包括施工导流等主要施工技术措施)进行充分研究，了解施工方法、措施、运输距离、机械设备、劳动力配备等情况，以便正确合理编制工程单价及工程概算。

(2)划分工程项目。

建筑工程概算项目划分参考本书第四章第一节有关《工程项目划分》的内容。《工程项目划分》第三级项目中，仅列有代表性的项目。编制概算时可根据工程的具体情况对三级项目进行必要的再划分，形成四级项目，甚至五级项目。

(3)编制工程概算单价。

建筑工程单价应根据工程的具体情况和拟订的施工方案，采用国家和地方颁发的现行定额及费用标准进行编制。

(4)计算工程量。

工程量是以物理计量单位来表示的各个分项工程的结构构件、材料等的数量。它是编制工程概算的基本条件之一。工程量计算的准确与否，直接影响工程概算投资大小。因此，工程量计算应严格执行《水利水电工程设计工程量计算规定》。

(5)编制工程概算。

建筑工程概算是按照水利部水总[2002]116号文《水利工程设计概(估)算编制规定》

中的规定，采用工程量乘以单价的方法逐项计算工程费用，并按工程项目划分逐级向上合并汇总而得。对于水力发电工程概算，应按电力工业部有关规定进行编制。

(6)工料分析。

工料分析即工时、材料用量分析计算，它是编制施工组织设计的主要依据之一，也是施工单位编制投标报价和施工计划的依据。

工时、材料用量是按照完成单位工程量所需的人工、材料用量乘以相应工程量而计算出来的。

第二节　工程概算单价计算

一、概述

(一)工程概算单价的概念

工程概算单价包括建筑工程单价和安装工程单价两部分。它是编制建筑安装工程概算的基础。工程单价是指完成单位工程量(如1 m^3、100 m^3、1 t等)所耗用的直接工程费、间接费、企业利润和税金四部分费用的总和。

建筑工程单价包括：土方开挖、石方开挖、土石填筑、混凝土、模板、砂石备料、钻孔灌浆及锚固、疏浚和其他工程等9项内容。

(二)工程概算单价的组成内容与计算程序

工程概算单价由直接工程费、间接费、企业利润和税金四部分组成。其中，直接工程费由直接费(包括人工费、材料费、施工机械使用费)、其他直接费(包括冬雨季施工增加费、夜间施工增加费、特殊地区施工增加费、其他)、现场经费(包括临时设施费、现场管理费)组成；间接费由企业管理费、财务费用、其他费用组成。

工程概算单价的计算程序如表7-1所示。

表7-1　建筑工程概算单价计算程序

序号	项目	计算方法
一	直接工程费	(一)+(二)+(三)
(一)	直接费	1+2+3
1	人工费	$\sum$定额劳动量(工时)×人工预算单价(元/工时)
2	材料费	$\sum$定额材料用量×材料预算单价
3	施工机械使用费	$\sum$定额机械使用量(台时)×施工机械台时费(元/台时)
(二)	其他直接费	(一)×其他直接费费率之和
(三)	现场经费	(一)×现场经费费率之和
二	间接费	(一)×间接费费率
三	企业利润	(一+二)×企业利润率
四	税金	(一+二+三)×税率
	单价合计	一+二+三+四

(三)正确选用定额

相对于工民建而言,水利水电工程概算编制的最大特点是“定额死,因素活”,同一个工程项目既可以采用人工施工,亦可以采用先进的机械化施工,而不同的施工方法,其工程单价相差很大。因此,概算编制者要根据合理的施工组织设计确定施工因素,以便正确选用定额,同时要对定额的总说明、章说明、节说明及附录内容认真阅读掌握,熟悉各定额子目的适用范围、工作内容以及有关的定额系数的使用方法。当遇到定额项目缺项时,可参考相近行业的有关定额,进行补充,但费用标准仍执行水利部现行取费标准,对选定的定额子目内容,不能随意变更或删除。

二、建筑工程单价计算

(一)土方工程单价

1. 使用定额应注意的问题

(1)定额计算单位有自然方、松方、实方三种类型,工序主要包括土方开挖、运输、备料、回填压实等。

(2)机械定额中,凡一种机械名称之后,同时并列几种型号规格的,如压实机械中的羊足碾、运输机械中的自卸汽车等,表示这种机械只能选用其中一种型号规格的机械定额进行计价。凡一种机械分几种型号规格与机械名称同时并列的,表示这些名称相同规格不同的机械定额都应同时进行计价。

(3)挖掘机及装载机挖装土自卸汽车运输定额,根据不同运距,定额选用及计算方法如下:

①运距小于5 km,而且又是整数运距时,如1 km、2 km、3 km,直接按表中定额子目选用。若遇到0.6 km、1.5 km、3.4 km、4.3 km,按下列公式计算其定额值。

定额值(运距0.6 km) =1 km值 -(2 km值 -1 km值) ×(1 -0.6)

运距1.5 km、3.4 km、4.3 km,采用插入法计算即可。

②运距5 ~10 km时:

$$定额值 =5\ km值 +(运距 -5) \times 增运1\ km值$$

③运距大于10 km时:

$$定额值 =5\ km值 +5 \times 增运1\ km值 +(运距 -10) \times 增运1\ km值 \times 0.75$$

④定额中其他材料费、零星材料费、其他机械使用费均以费率表示,其计量基数如下:其他材料费以主要材料费之和为计算基数;零星材料费以人工费、机械费之和为计算基数;其他机械费以主要机械费之和为计算基数。

2. 土方工程的分类

土方工程分土方开挖和土方填筑两大类。按施工方法可以分为人力施工、半机械化施工和机械化施工三种。其中,人力施工和半机械化施工适用于工程量较少的土方工程或地方水利水电工程。

3. 土方单价计算

(1)土方开挖、运输单价。土方开挖、运输单价是指从场地清理到将土运输到指定地点所需的各项费用。

影响土方开挖工效的主要因素有土的类别、运土距离、施工方法、施工条件等,因此正确确定这些参数是编制工程单价的关键。

土的类别划分为4级，详见《概算定额》中的附录2一般工程土类分级表。一般情况下，土的级别越高，开挖的难度越大，工效越低，相应单价越高。开挖形状有沟槽、柱坑等，其断面越小，深度越深时，对施工工效的影响就越大。施工条件不同，开挖的工效也就不同，如水下开挖施工难度大于水上开挖施工难度。运输距离越长，所需时间也就越长。合理的运输距离应为挖土区的平面中心位置至弃土区（堆土区）的中心位置之间的距离。

土方工程单价计算按照挖、运不同施工工序，既可采用综合定额计算法，也可采用综合单价计算法。

所谓综合定额计算法就是先将选定的挖、运不同定额子目进行综合，得到一个挖、运综合定额，而后根据综合定额进行单价计算。所谓综合单价计算法，就是按照不同的施工工序选取不同的定额子目，然后计算出不同工序的分项单价，最后将各工序单价进行综合。

可根据工程的具体情况灵活使用两种计算方法，对于某道工序重复较多时，可采用综合单价计算法，这样可以避免每次计算该道工序单价的重复性。如挖土定额相同，只是运输定额不同，这样就可以计算一个挖土单价，与不同的运输单价组合，而得到不同的挖、运单价。采用综合定额计算法计算单价的优点比较突出，由于其人工、材料、机械使用数量都是综合用量，这给以后进行工料分析计算带来很大方便。

【例7-1】 某工程坝基开挖采用1 m^3 挖掘机挖装10 t自卸汽车运3.5 km至弃料场弃料，试计算土方开挖单价。

解：基本资料及分析计算如下：

①土方为Ⅲ类土；

②人工费初级工为3.04元/工时；

③机械台时费：1 m^3 液压挖掘机125.97元/台时，59 kW推土机64.59元/台时，10 t自卸汽车90.55元/台时；

④取费费率：其他直接费2.5%，现场经费9%，间接费9%，企业利润7%，税金3.22%；

⑤定额分析：根据施工因素，查水利部水总[2002]116号文颁发的《概算定额》第1～36节，汽车运距3.5 km，介于定额子目10624和10625之间，则需采用内插法计算。由定额内容可知，除汽车台时定额数量两定额子目不一样，其余都一样，故只需对汽车台时定额数量进行内插法计算，计算结果为10.24台时。

这里要注意，自卸汽车定额类型为一种名称后列不同型号规格，因此只能选用其中的一种，本例中选10 t自卸汽车的定额。

土方挖运单价计算如表7-2所示，计算结果为15.54元/m^3。

(2)土方回填压实单价。土方回填压实施工程序一般包括料场覆盖层清除、土料开采运输（土料翻晒）和铺土压实三大工序。

料场覆盖层清除：根据填筑土料的质量要求，料场表层覆盖的杂草、乱石、树根及不合格的表土等必须予以清除，以确保土方的填筑质量。

土料翻晒（预算定额）：若土区土料含水量偏大，不能直接用于填筑施工，则在料场必须先行犁耙翻晒，必要时堆置土牛以备填筑用料。

土料开采运输：土料开采运输方式一般有人力挖运、铲运机铲运、推土机推运、挖掘机或装载机配合自卸汽车运输、胶带输送机等。应根据具体工程规模、施工条件拟定合理的施工方案，以提高机械生产效率，降低土料成本。

表 7-2 土方挖运单价分析

定额编号：10624，10625　　　　定额单位：100 m^3

施工方法：1 m^3 液压挖掘机挖装 10 t 自卸汽车运 3.5 km 弃料				定额页数：P71	
编号	名称及规格	单位	数量	单价（元）	合价（元）
一	直接工程费				1 290.76
（一）	直接费				1 157.63
1	人工费				21.28
	初级工	工时	7.00	3.04	21.28
2	零星材料费	%	4.00	1 113.11	44.52
3	机械使用费				1 091.83
	挖掘机　液压 1 m^3	台时	1.04	125.97	131.01
	推土机　59 kW	台时	0.52	64.59	33.59
	自卸汽车　10 t	台时	10.24	90.55	927.23
（二）	其他直接费	%	2.50	1 157.63	28.94
（三）	现场经费	%	9.00	1 157.63	104.19
二	间接费	%	9.00	1 290.76	116.17
三	企业利润	%	7.00	1 406.93	98.49
四	税金	%	3.22	1 505.42	48.47
	合计				1 553.89

压实：指将卸料后松散土经过一定的夯实工序，使其达到设计要求的干容量指标的过程。

土方压实的常用施工方法及压实机械有：

夯实法：靠夯体下落的动荷重的作用，使土壤结构重新排列而达到密实。压实机械有打夯机（挖掘机改装）、蛙式打夯机、木石硪夯、石片硪夯、石磙硪夯等。一般适用于工程量小、工作面狭窄的情况。

碾压法：靠碾磙本身的静荷重作用，使土粒相互移动排列组合而达到密实。压实机械有羊足碾、平碾、轮胎碾等，主要适用于工程量大、工作面宽的黏性土料或砂性土料。

振动法：主要靠机械的振动作用，使土粒结构发生相对位移而使其压实。主要机械为振动碾，适用于砂砾料和无黏性土等情况。

土方填筑单价与上述工序相对应，一般包括覆盖层清除摊销费、土料开采运输单价、土料翻晒备料单价、压实单价四部分，具体组成内容应根据施工组织设计确定的施工因素来选择。

在计算土方填筑的单价时，应注意定额单位的统一，如开挖运输定额为 100 m^3 自然方，压实定额为 100 m^3 实方，这时要将自然方折算成实方。

①覆盖层清除摊销费。当土区表层有不符合设计要求的乱石、杂草或腐殖土时，应予以

清除,其清除费按清除量乘以清除单价来计算。覆盖层清除摊销费就是将其清除费用摊入填筑设计成品方中,即单位设计成品方应摊入的清除费用。可用下式计算

$$覆盖层清除摊销费 = \frac{覆盖层清除总费用}{设计成品方量} = \frac{清除量 \times 清除单价}{设计成品方量}$$

$$= 清除单价 \times 覆盖层清除摊销率 \tag{7-1}$$

$$覆盖层清除摊销率 = \frac{覆盖层清除量}{设计成品方量(实体方)} \tag{7-2}$$

清除单价按照选定的施工方法套用相应定额进行计算。

覆盖层清除摊销费也可按下式计算

$$覆盖层清除摊销费 = \frac{覆盖层清除单价 \times 清除量 \times (1 + A\%) \times 设计干密度}{设计利用量(自然方) \times 天然干密度} \tag{7-3}$$

式中 A——综合系数,按预算定额总说明的规定选取。

②土料翻晒单价(预算定额)。若土区自然含水量大,需要在料场翻晒堆存,则按施工程序增加翻晒工序。

③土料开采运输单价。计算方法同前。

④土方压实单价。按设计提供的干密度要求、不同的施工方法,选用合适的压实定额。压实定额单位均为100 m^3 实方,主要工作内容包括平土、洒水、刨毛、碾压、削坡及坝面各种辅助工作。压实定额按自料场直接运输上坝与自成品供料场运输上坝两种情况分别编制,根据施工组织设计方案采用相应的定额子目。如为非土堤、坝的一般土料,其人工、机械定额乘以0.8系数。

计算方法同土方开采运输单价。

⑤土方填筑综合单价。土方填筑综合单价由若干个分项工序单价组成。其计算方法既可以采用综合定额法,也可以采用综合单价法。

ⅰ.编制概算时,概算填筑定额中土料运输量已算好,列在定额最后一行,土石坝物料压实定额,已计入超填量及施工附加量,并考虑坝面干扰因素;土石坝物料运输量,包括超填附加量,运输雨后清理,削坡、施工沉陷等损耗,并考虑物料折实因素等。计算概算单价时,可根据定额所列物料运输数量采用概算定额相关子目计算物料运输上坝费用,并乘以坝面施工干扰系数1.02。

自料场直接运输上坝的物料运输,采用第一章土方开挖工程和第二章石方开挖工程定额相应子目,计算单位为自然方。其中砂砾料运输按Ⅳ类土定额计算。

自成品供料场上坝的物料运输,采用第七章砂石备料工程定额,计算单位为成品堆方。其中反滤料运输采用骨料运输定额。

ⅱ.编制预算单价时,压实工序以前的施工工序定额或单价即开采运输、翻晒备料都要乘以综合折实系数,即

$$综合折实系数 = (1 + A\%) \times 设计干密度 / 天然干密度 \tag{7-4}$$

则

$$\begin{aligned} 土方填筑综合单价 = {} & 覆盖层清除单价 \times 摊销率 + \\ & (翻晒单价 \times 翻晒比例 + 挖运单价) \times \\ & 综合折实系数 + 压实单价 \end{aligned} \tag{7-5}$$

翻晒比例可根据设计翻晒量占设计开采量的百分比来计算。

若采用综合定额法，则需先补充土方填筑的综合定额。土方填筑综合定额计算同上。

【例 7-2】 某工程土方填筑，自料场直接运输上坝，施工工艺流程为：覆盖层清除→土料翻晒→土料运输上坝→压实。

施工方法：覆盖层清除采用 74 kW 推土机推运 50 m 弃料，土料翻晒采用拖拉机带三铧犁和缺口耙犁土、翻晒，1 m^3 挖掘机挖装 10 t 自卸汽车运 3.5 m 上坝，5 ~7 t 羊足碾压实。

基本资料：土质类别以Ⅲ类土计，覆盖层清除量 5 万 m^3，设计填筑量 100 万 m^3，土料翻晒占设计开采量的比例为 30%，设计干密度 16.5 kN/m^3，土料天然干密度 14.5 kN/m^3。机械台时费：74 kW 推土机 89.97 元/台时，59 kW 拖拉机 51.60 元/台时，55 kW 拖拉机 45.68 元/台时，三铧犁 1.87 元/台时，缺口耙 2.29 元/台时，5 ~7 t 羊足碾 2.33 元/台时，28 kW 蛙夯 14.12 元/台时，刨毛机 56.71 元/台时。

人工预算单价及取费费率同土方挖运单价。试计算土方综合单价。

解：各种工序单价计算如表 7-3 ~ 表 7-5 所示。

计算结果：覆盖层清除单价为 3.57 元/自然方，土料翻晒单价为 5.11 元/自然方，土料挖运单价为 15.54 元/自然方，压实单价为 4.09 元/实方。

覆盖层清除摊销率 = 5 ÷ 100 = 5%

则　土方综合单价 = 3.57 × 5% + (5.11 × 30% + 15.54 × 1.02) × 1.26 + 4.09 = 26.17 (元/实方)

表 7-3　覆盖层清除单价分析

定额编号：10517，10518　　　　定额单位：100 m^3

施工方法：74 kW 推土机推Ⅲ类土，运 50 m 弃料					定额页数	P60
编号	名称及规格	单位	数量	单价(元)	合价(元)	说明
一	直接工程费				296.63	
(一)	直接费				266.04	
1	人工费				9.73	
	初级工	工时	3.20	3.04	9.73	
2	零星材料费	%	10.00	241.85	24.19	
3	机械费				232.12	
	推土机 59 kW	台时	2.58	89.97	232.12	
(二)	其他直接费	%	2.50	266.04	6.65	
(三)	现场经费	%	9.00	266.04	23.94	
二	间接费	%	9.00	296.63	26.70	
三	企业利润	%	7.00	323.33	22.63	
四	税金	%	3.22	345.96	11.14	
	合计				357.10	

表 7-4　土料翻晒单价分析

定额编号:参考预算 10463　　　　定额单位:100 m^3

施工方法:犁土、耙碎、翻晒、拢堆骨料　　　　定额页数:P74

编号	名称及规格	单位	数量	单价(元)	合价(元)
一	直接工程费				424.47
(一)	直接费				380.69
1	人工费				97.89
	初级工	工时	32.20	3.04	97.89
2	材料费				18.13
	零星材料费	%	5.00	362.56	18.13
3	机械费				264.67
	三铧犁	台时	0.95	1.87	1.78
	拖拉机　59 kW	台时	0.95	51.60	49.02
	缺口耙	台时	1.90	2.29	4.35
	拖拉机　55 kW	台时	1.90	45.68	86.80
	推土机　59 kW	台时	1.90	64.59	122.72
(二)	其他直接费	%	2.50	380.69	9.52
(三)	现场经费	%	9.00	380.69	34.26
二	间接费	%	9.00	424.47	38.20
三	企业利润	%	7.00	462.67	32.39
四	税金	%	3.22	495.06	15.94
	合计				511.00

表 7-5　羊足碾压实单价分析

定额编号:30077　　　　定额单位:100 m^3

施工方法:5 ~ 7 t 羊足碾碾压土料,Ⅲ类土、设计干容重:16.5 kN/m^3　　　　定额页数:P273

编号	名称及规格	单位	数量	单价(元)	合价(元)
一	直接工程费				339.85
(一)	直接费				304.80
1	人工费				81.47
	初级工	工时	26.80	3.04	81.47
2	材料费				27.71
	零星材料费	%	10.00	277.09	27.71
3	机械费				195.62
	羊足碾　5 ~ 7 t	台时	1.81	2.33	4.22
	拖拉机　59 kW	台时	1.81	51.60	93.40
	推土机　74 kW	台时	0.55	89.97	49.48
	蛙式打夯机 2.8 kW	台时	1.09	14.12	15.39
	刨毛机	台时	0.55	56.71	31.19
	其他机械费	%	1.00	193.68	1.94

续表 7-5

编号	名称及规格	单位	数量	单价(元)	合价(元)
(二)	其他直接费	%	2.50	304.80	7.62
(三)	现场经费	%	9.00	304.80	27.43
二	间接费	%	9.00	339.85	30.59
三	企业利润	%	7.00	370.44	25.93
四	税金	%	3.22	396.37	12.76
	合计				409.13

(二)石方工程单价

1. 石方工程项目类别及施工方法

石方工程包括石方开挖、运输、隧洞支护等项目。

(1)石方开挖分一般石方、一般坡面石方、沟槽石方、坑挖石方、基础坡面石方、平洞石方、斜井石方、竖井石方等。按施工方法又分为风钻钻孔开挖、潜孔钻钻孔开挖、液压履带钻钻孔开挖等。

(2)石渣运输分人力运输(即人工装双轮胶车、机车翻斗车运输等)和机械运输(即汽车运输、电瓶车运输等)。人力运输适用于工作面狭小、运距短、施工强度低的工程;汽车运输适用性比较广,一般工程都可以采用,电瓶车或内燃机车适用于洞井和较长距离运输。

(3)隧洞支护分隧洞钢支撑和隧洞木支撑。

2. 使用定额时几个概念解释

(1)保护层开挖。按照设计规定,不允许破坏周边岩层结构的石方开挖。如河床坝基、两岸坝岸、发电厂基础、消力池、廊道等工程连接岩基部分的岩石开挖。

保护层厚度一般以 1.5 m 计,并参考表 7-6 选定。

(2)预裂爆破。指在正式开挖之前,预先沿着设计的轮廓线炸出一条一定宽度的裂缝,以保护保留区的岩体。

预裂爆破一般可采用两种措施:一是采用低猛度的低爆速炸药以减轻作用在岩壁上的压力;二是采用不耦合装药。所谓的不耦合装药,就是指钻孔直径远远大于药柱直径的一种装药方式。孔径与装药直径的比值称为不耦合装药系数,不耦合装药系数一般应大于1.5 ~ 2.0。

(3)光面爆破。它与预裂爆破的不同之处在于光面爆孔的爆破是在开挖主爆孔的药包爆破之后进行的,而预裂孔的爆破则是在岩体开挖之前进行的。

3. 使用概预算应注意的事项

(1)洞井石方开挖定额中通风机台时量系按一个工作面的长度 400 m 拟定。若一个工作面的长度超过 400 m,应按章说明中通风系数进行内插调整。

(2)挖掘机或装载机装运石渣汽车定额,其露天与洞内定额的区分,按其转车地点确定。洞内运距,选用洞内运输定额;洞外运输部分,按洞外运距及露天增运定额计算。

(3)洞(井)石方开挖定额,若需要采取插入法计算工程单价,而两定额子目的“其他材料费”和“其他机械费”费率不同,或轴流通风机的规格不同,可根据具体情况按接近的某定额子目选用。

例如：某工程平洞开挖断面为 40 m^2，风钻钻孔，查定额 30 m^2 的“其他材料费”费率为 9%，轴流通风机 37 km。

查定额 60 m^2 的“其他材料费”费率为 10%，轴流通风机 55 kW。

计算工程单价时，按“其他材料费”费率为 9%，轴流通风机为 37 kW 计算（轴流通风机台时数量内插）。

4. *石方工程单价计算*

在编制石方工程单价时，应根据施工组织设计确定的施工方法、运输线路以及建筑物施工部位的岩石级别、设计开挖断面等正确选用定额。具体计算方法与土方工程一样。

表 7-6　保护层厚度与岩石类别、装药直径 d 的关系

岩石类别	岩石抗压强度	保护层厚度
软弱岩石	$\sigma_{压} < 29.4$ MPa	$40d$
中等坚硬岩石	$\sigma_{压} = 29.4 \sim 58.8$ MPa	$30d$
坚硬岩石	$\sigma_{压} > 58.8$ MPa	$25d$

【例 7-3】　某工程一般石方开挖，采用手风钻钻孔爆破，1 m^3 油动挖掘机装 10 t 自卸汽车运 2 km 弃渣，岩石类别为Ⅹ级，试计算岩石开挖综合单价。

基本资料：材料预算价格：合金钻头 50 元/个，炸药综合单价 4.5 元/kg，电雷管 0.8 元/个，导电线 0.5 元/m；台时费：手风钻 25 元，1 m^3 挖掘机 125.98 元，88 kW 推土机 110.53 元，8 t 自卸汽车 72.48 元。

解：石方开挖定额采用预算定额 20002 子目（Ⅹ类岩石），挖运定额采用 20458 子目（运 2 km）。其中，运输单价只计算直接费。

计算过程详见表 7-7、表 7-8。

计算结果：石方开挖运输综合单价为 35.47 元/m^3。

表 7-7　石方开挖单价分析

定额编号：20458　　　　定额单位：100 m^3

施工方法：1 m^3 挖掘机挖装 8 t 自卸车运弃渣				定额页数：P237	
编号	名称及规格	单位	数量	单价（元）	合价（元）
一	直接工程费				1 625.42
（一）	直接费				1 625.42
1	人工费				56.85
	初级工	工时	18.70	3.04	56.85
2	零星材料费	%	2.00	1 593.55	31.87
3	机械费				1 536.70
	挖掘机　1 m^3	台时	2.82	125.98	355.26
	推土机　88 kW	台时	1.41	110.53	155.85
	自卸汽车　8 t	台时	14.15	72.48	1 025.59

表 7-8　石方开挖单价分析

定额编号:20002　　　　　　　　　　　　　　　　　　　　　　　　　　　　定额单位:100 m^3

施工方法:一般石方开挖、X 级岩石、采用手风钻孔爆破				定额页数:P125	
编号	名称及规格	单位	数量	单价(元)	合价(元)
一	直接工程费				2 946.55
(一)	直接费				2 642.28
1	人工费				341.49
	工长	工时	2.00	7.10	14.20
	中级工	工时	18.10	5.62	101.72
	初级工	工时	74.20	3.04	225.57
2	材料费				362.61
	合金钻头	个	1.74	50.00	87.00
	炸药	kg	34.00	4.50	153.00
	雷管	个	31.00	0.80	24.80
	导火索	m	85.00	0.50	42.50
	其他材料费	%	18.00	307.30	55.31
3	机械费				248.18
	风钻(手持式)	台时	8.13	27.75	225.62
	其他机械费	%	10.00	225.62	22.56
4	石渣运输		104.00	16.25	1 690.00
(二)	其他直接费	%	2.50	2 642.28	66.06
(三)	现场经费	%	9.00	2 642.28	237.81
二	间接费	%	9.00	2 946.15	265.15
三	企业利润	%	7.00	3 211.30	224.79
四	税金	%	3.22	3 436.09	110.64
	合计				3 546.73

(三)砌石、堆石工程单价

1. 砌石、堆石工程内容

堆砌石工程包括坝体堆石、砌石、抛石等。其中砌石工程又分为干砌石、浆砌石、铺筑砂垫层等,其主要工程内容包括选石、修石、冲洗、拌制砂浆、砌筑、勾缝。堆砌石工程所选用材料皆为当地材料,并且施工技术简单,工程造价低,因而在水利工程中普遍使用,如护坡、护底、基础、挡土墙、明渠等砌石工程。

2. 砌石料的分类

(1)块石指厚度大于 20 cm,长、宽各为厚度的 2 ~ 3 倍以上,上下两面平行且大致平整、无尖角、薄边的石块。

(2)片石指厚度大于15cm,长、宽各为厚度的3倍以上,无一定规则形状的石块。

(3)卵石指最小粒径大于20 cm的天然河卵石。

(4)毛条石指一般长度大于60 cm的长条形、四棱方正的石料。

(5)料石指毛条石经过修边打磨加工,外露面方正,各相邻面正交,表面凹凸不超过10 mm的石料。

(6)细料石是指毛条经过修边加工,外露面四棱可见,表面凸凹不超过5 mm的毛料。

(7)堆石料指山场岩石经过爆破后,无一定规格,无一定大小的任意石料。

(8)碎石指经过破碎加工分级后,粒径大于5 mm的石块。

(9)砂砾料是天然砂卵(砾)石混合料。

(10)反滤料、过渡料指土石坝或一般堆砌石工程的防渗体与壳体(土料、砂砾料或堆石料)之间的过渡区石料,由粒径级配均有一定要求的砂、砾石(碎石)等组成。

3.工程单价计算

(1)碓石单价包括备料单价、压实单价。

①备料单价。只计算定额直接费。具体又分:

ⅰ.自料场直接运输上坝:备料包括覆盖层清理、石料开采和弃料处理三大工序,其单价计算同一般块石开采。

覆盖层清理费用以摊入成品堆石料的形式计算。

石料开采运输根据不同的施工方法,套用相应的定额计算。

石方开挖单位为自然方,填筑为坝上压实方。编制概算时,根据压实定额所列物料运输数量计算运输费用,并乘以坝面施工干扰系数1.02。

ⅱ.自成品供料场运输上坝:堆石料运输以堆方为计量单位。堆石料开采,在主堆石区有粒径要求的,可采用相关定额计算;一般堆石料可采用本书第二章一般石方开挖定额计算,折算为堆石方单价即可。

②压实单价。包括平整、洒水、压实等费用。压实定额中均包括了体积换算、施工损耗等因素。按自料场直接运输上坝和自成品供料场运输上坝的不同方式分别采用相应的堆石料定额计算堆石单价。

注意:本节定额中“零星材料费”的计算基数,不含堆石料的运输费。

(2)砌石单价。包括备料单价和砌筑单价,其中:

①备料单价。备料单价作为砌筑工程定额中的一项材料单价,在计算备料单价时,应根据施工组织设计的施工方法,套用定额中砂石备料工程相应开采、加工、运输定额子目计算,除计算定额直接费外,还应计入其他直接费、现场经费、间接费、企业利润、税金。

如外购石块、条石或料石,按材料预算价格计算方法计算。

②砌筑单价。按不同项目工程、施工部位及施工方法套用相应定额计算。砌筑定额中的堆石料数量均已考虑了施工操作损耗和体积变化因素。其材料单价采用上述备料单价。一般砂、碎石(砾石)、块石、料石等预算价格控制在70元/m^3左右,超过部分计取税金后列入相应部分之后。

【例7-4】 某工程75#浆砌块石挡土墙,所有砂石材料均需外购,其外购单价,砂40元/m^3,块石75元/m^3。试计算浆砌石工程单价。

基本资料：材料价格：425#普通硅酸盐水泥280元/t，施工用水0.40元/m^3；75#砂浆每立方米配合比：425#水泥305 kg，砂1.04 m^3，水0.184 m^3。

解：查《概算定额》土石填筑工程一章，浆砌块石挡土墙定额子目为30033。定额中的砂浆材料设计提供为75#，按其配合比计算砂浆单价为

$$305 \times 0.28 + 1.04 \times 40 + 0.184 \times 0.4 = 127.07(\text{元}/m^3)$$

在套用定额中，还应注意块石材料单价，按现行规定，块石为外购材料，且其预算价格为75元/m^3，超过70元/m^3，因此进入工程单价的块石价格应为70元/m^3，其超过部分75－70＝5（元/m^3）应计算税金后列入砌石单价四项税金之后，计算过程详见表7-9，计算结果浆砌石的单价为211.63元/m^3。

表7-9　75#浆砌石挡土墙单价分析

定额编号：30033　　　　定额单位：100 m^3 砌体方

施工方法：选石、修石、冲洗、拌制砂浆、砌筑、勾缝				定额页数：P263	
编号	名称及规格	单位	数量	单价（元）	合价（元）
一	直接工程费				17 575.05
（一）	直接费				15 762.38
1	人工费				3 480.64
	工长	工时	16.70	7.10	118.57
	中级工	工时	339.40	5.62	1 907.43
	初级工	工时	478.50	3.04	1 454.64
2	材料费				11 990.87
	块石	m^3	108.00	70.00	7 560.00
	砂浆	m^3	34.40	127.07	4 371.21
	其他材料费	%	0.50	11 931.21	59.66
3	机械费				290.87
	砂浆搅拌机　0.4 m^3	台时	6.38	22.85	145.81
	胶轮车	台时	0.90	161.18	145.06
（二）	其他直接费	%	2.50	15 762.38	394.06
（三）	现场经费	%	9.00	15 762.38	1 418.61
二	间接费	%	9.00	17 575.05	1 581.75
三	企业利润	%	7.00	19 156.80	1 340.98
四	税金	%	3.22	20 497.78	660.03
	块石差价	(75－70)×(1＋3.22%)×108			557.39
	合计			·	21 720.25

（四）混凝土单价工程

1. 混凝土工程分类

混凝土工程可分为现浇混凝土和预制混凝土两大类。现浇混凝土又分为常态混凝土、

碾压混凝土、沥青混凝土。

常态混凝土及碾压混凝土施工程序一般有冲(凿)毛、冲洗、清仓,铺水泥砂浆、平仓浇筑、振捣、养护,工作面运输及辅助工作;沥青混凝土施工程序包括配料、混凝土加温、铺筑、养护、模板制作、安装、拆除、修整以及场内运输和辅助工作。预制混凝土除与现浇混凝土有同样的施工程序外,还有预制混凝土构件运输、安装、模板制作、拆除等。

2. 混凝土工程单价计算

混凝土工程单价计算应根据设计提供的资料,确定建筑物的施工部位,选定正确的施工办法、运输方案,确定混凝土级配,并根据施工组织设计确定拌和系统的布置形式等,选用相应的定额来计算。

混凝土工程单价主要包括现浇混凝土单价、预制混凝土单价、钢筋制作安装单价、止水单价等,对于大型混凝土工程还要计算混凝土温控措施费。

(1)现浇混凝土单价。现浇混凝土单价一般包括混凝土拌和、水平运输、垂直运输及浇筑四道工序单价。

混凝土熟料运输单价包括水平运输单价和垂直运输单价。其运输单价计算可采用以下两种方法:

①"混凝土运输"作为浇筑定额中的一项内容,运输单价按照选定的运输定额只计算定额直接费作为运输单价,以该运输单价乘以浇筑定额中所列的"混凝土运输"数量构成浇筑单价的直接费用项目。

②将选定的运输定额子目乘以运输综合系数单独计算运输单价,相应取消原浇筑定额中的混凝土运输一项。

$$运输综合系数 = \frac{浇筑定额中的混凝土运输数量}{100} \tag{7-6}$$

(2)预制混凝土单价。预制混凝土单价一般应包括混凝土拌和、运输、预制、预制件运输、预制件安装等工序单价,另外需考虑预制件场外运输及安装用混凝土运输。

(3)混凝土温控措施费计算。在水利工程中,为防止拦河大坝等大体积混凝土建筑物由于温度应力而产生裂缝,以及坝体接缝灌浆后再度拉裂,保证建筑物安全,按现行设计规范和混凝土坝设计及施工的要求,对混凝土坝等大体积建筑物应采取温度控制措施。温度控制措施很多,例如采用水化热较低的水泥,减少水泥用量,采用风过水预冷骨料,加冷水或冰拌和混凝土,对坝体混凝土进行一、二期低温水及混凝土表面保护措施。

【例 7-5】 某隧洞(平洞)混凝土衬砌工程,设计开挖断面直径 7 m,衬砌厚度 50 cm,隧洞长 1 km(一个工作面),拌和站至隧洞进口 1 km,主要施工方法采用 0.8 m^3 搅拌机拌制混凝土,装 3.5 t 自卸汽车运输,混凝土泵输送入仓浇筑。试计算隧洞混凝土衬砌单价。

基本资料:设计混凝土强度等级 C25,二级配(最大骨料粒径 4 cm);人工预算单价:工长 7.10 元/工时,高级工 6.61 元/工时,中级工 5.62 元/工时,初级工 3.04 元/工时;材料预算价格:板枋材 1 400 元/m^3,铁件 6.5 元/kg,钢模 6 元/kg,中砂 30 元/m^3,碎石(综合)40 元/m^3,强度等级 42.5 普通硅酸盐水泥 300 元/t,水 0.4 元/m^3;机械台时费:0.8 m^3 拌和机 31.59 元,混凝土泵(30 m^3/h)84.85 元,1.1 kW 插入式振捣器 2.08 元,3.5 t 自卸汽车 46.5 元,风水枪 30.65 元。

解:由设计开挖直径 7 m 可知,其开挖断面面积为 38.5 m^2,查概预算定额,选开挖断面

30 ~ 50 m^2,衬砌厚度 50 cm 的定额子目 40040。

定额中混凝土材料,参考定额附录“泵用混凝土材料配合表”,选 C25 混凝土,42.5 级水泥,二级配一项。因混凝土配合比表是卵石、粗砂混凝土,实际采用的是碎石、中砂,应按表 7-10 系数换算。

换算后的混凝土配比单价为:

$408 \times 0.3 \times 1.1 \times 1.07 + 0.53 \times 30 \times 1.1 \times 0.98 + 0.79 \times 40 \times 1.06 \times 0.98 + 0.173 \times 0.4 \times 1.1 \times 1.07 = 194.11$(元/$m^3$)

表 7-10 砂石料换算系数

项目	水泥	砂	石子	水
卵石换碎石	1.10	1.10	1.06	1.10
粗砂换中砂	1.07	0.98	0.98	1.07

混凝土运输定额:由上述资料可知,洞外运输距 1 km,洞内运输距离综合平均 0.5 km,查概算定额自卸汽车运距一节,选露天运输 1 km 定额子目 40204 和洞内增运 0.5 km 定额子目 40207,由此编制自卸汽车运混凝土综合补充定额。

这里要注意:①洞内运 0.5 km 必须选取增运定额子目,且人工、机械乘以 1.25 系数;②混凝土运输单价作为浇筑定额中的一项内容即构成浇筑单价中的定额直接费。因此,该定额单价只计算定额直接费。

经计算,混凝土拌和单价(直接费)为 12.96 元/m^3,运输单价(直接费)计算结果为 13.41 元/m^3,详见表 7-11、表 7-12。

隧洞混凝土衬砌综合单价为 496.18 元/m^3,详见表 7-13。

表 7-11 混凝土拌和单价分析

定额编号:40172　　　　定额单位:100 m^3

施工方法:0.8 m^3 搅拌机拌制混凝土				定额页数:P328	
编号	名称及规格	单位	数量	单价(元)	合价(元)
一	直接工程费				1 295.66
(一)	直接费				1 295.66
1	人工费				905.34
	中级工	工时	93.8	5.62	527.16
	初级工	工时	124.4	3.04	378.18
2	材料费				25.41
	零星材料费	%	2	1 270.29	25.41
3	机械费				364.96
	搅拌机	台时	9.07	31.59	286.52
	胶轮车	台时	87.15	0.9	78.44
	合计				1 295.66

表 7-12　混凝土运输单价分析

定额编号：[40204] + [40207] ×1.25　　　　定额单位：100 m^3

施工方法：3.5 t 自卸汽车运混凝土洞外 1 km，洞内增运 0.5 km				定额页数：P332	
编号	名称及规格	单位	数量	单价(元)	合价(元)
一	直接工程费				1 341.21
(一)	直接费				1 341.21
1	人工费				103.21
	中级工	工时	14.2	5.62	79.8
	初级工	工时	7.7	3.04	23.41
2	材料费				63.87
	零星材料费	%	5	1 277.34	63.87
3	机械费				1 174.13
	自卸汽车　3.5 t	台时	25.25	46.5	1 174.13

表 7-13　混凝土衬砌单价分析

定额编号：40040　　　　定额单位：100 m^3

施工方法：0.8 m^3 搅拌机拌制混凝土，装 3.5 t 自卸汽车运输，混凝土输送泵输送入仓浇筑。开挖断面 38.5 m^3，衬砌厚 50 cm				定额页数：P294	
编号	名称及规格	单位	数量	单价(元)	合价(元)
一	直接工程费				42 786.04
(一)	直接费				38 720.4
1	人工费				3 539.58
	工长	工时	22.4	7.1	159.04
	高级工	工时	37.4	6.61	247.21
	中级工	工时	403.8	5.62	2 269.36
	初级工	工时	284.2	3.04	863.97
2	材料费				28 513.92
	混凝土	m^3	146	194.11	28 340.06
	水	m^3	80	0.4	32
	其他材料费	%	0.5	28 372.06	141.86
3	机械费				2 816.88
	混凝土泵　30 m^3	台时	14.87	84.85	1 261.72
	振动器　1.1 kW	台时	59.71	2.08	124.2
	风水枪	台时	44.01	30.65	1 348.91
	其他机械使用费	%	3	2 734.83	82.05

续表 7-13

编号	名称及规格	单位	数量	单价(元)	合价(元)
4	混凝土拌制	m^3	146	12.96	1 892.16
5	混凝土运输	m^3	146	13.41	1 957.86
(二)	其他直接费	%	2.5	38 720.4	968.01
(三)	现场经费	%	8	38 720.4	3 097.63
二	间接费	%	5	42 786.04	2 139.3
三	企业利润	%	7	44 925.34	3 144.77
四	税金	%	3.22	48 070.11	1 547.86
	合计				49 617.97

(五)模板工程

模板工程是指混凝土浇筑工程中使用的平面模板、曲面模板、异形模板、滑模等模板的安装、拆除及制作等。模板定额的计量面积为混凝土与模板的接触面积,即建筑物体形及施工分缝要求所需的立模面面积。

使用模板定额应注意以下几个问题:

(1)模板材料均按预算消耗量计算,包括了制作、安装、拆除、维修的损耗和消耗,并考虑了周转和维修。

(2)模板定额中的模板预算价格,若为施工企业自制模板,采用相应模板制作定额计算,只计算直接费;若为外购模板,定额中的模板预算价格应按以下公式计算

模板预算价格 =(外购模板预算价格 - 残值)÷周转次数 × 综合系数

式中,残值为10%,周转次数为50次,综合系数为1.15(含露明系数及维修损耗系数)。

(3)模板定额中的材料,除模板本身外,还包括支撑模板的立柱、围令、桁(排)架及铁件等。对于悬空建筑物(如渡槽槽身)的模板,计算到支撑模板结构的承重梁为止。承重梁以下的支撑结构应包括在"其他施工临时工程"中。

(4)隧洞衬砌钢模台车、针梁模板台车、竖井衬砌的滑膜台车及混凝土面板滑膜台车中,包括行走机构、构架、模板及支撑型钢、电动机、千斤顶等动力设备,均作为整体设备,以工作台时计入定额。但轨道中未包括轨道及埋件。

溢流面滑模定额中含轨道及支撑轨道的埋件、支架等材料。

(5)概算定额中凡嵌套有模板的子目,计算"其他材料费"时,计算基数不包括模板本身的价值。

(6)模板工程量,应根据设计图纸及混凝土浇筑分缝图计算。

【例 7-6】 某混凝土挡土墙工程,用平面木模板施工,试计算其模板单价。

基本资料:人工预算单价:工长 7.10 元/工时,高级工 6.61 元/工时,中级工 5.62 元/工时,初级工 3.04 元/工时;材料预算价格:板枋材 1 450 元/m^3,铁件 5.5 元/kg,电焊条 8 元/kg,预制混凝土柱 350 元/m^3;机械台时费:圆盘锯 19.94 元,双面刨床 15.69 元,20 kW 钢筋切断机 22.17 元,ϕ6~40 钢筋弯曲机 13.61 元,5 t 载重汽车 48.90 元,5 t 汽车起重机 61.10 元,25 kVA 电焊机 10.58 元。

解:查《概算定额》,选模板制作定额 50063 及普通模板定额 50003,计算结果为 104.76 元/m^2,详见表 7-14、表 7-15。

表 7-14 模板制作单价分析

定额编号:50063　　　　定额单位:100 m^2

施工方法:平面模板制作、立柱、围令制作、铁件制作、模板运输				定额页数:P365	
编号	名称及规格	单位	数量	单价(元)	合价(元)
一	直接工程费				4 137.91
(一)	直接费				4 137.91
1	人工费				336.84
	工长	工时	4.1	7.10	29.11
	高级工	工时	12.1	6.61	79.98
	中级工	工时	33.6	5.62	188.83
	初级工	工时	12.8	3.04	38.91
2	材料费				3 541.95
	锯材	m^3	2.3	1 450	3 335
	铁件	kg	25	5.5	137.5
	其他材料费	%	2	3 472.5	69.45
3	机械费				259.12
	圆盘锯	台时	4.69	19.94	93.52
	双面刨床	台时	3.91	15.69	61.35
	钢筋切断机 20 kW	台时	0.17	22.17	3.77
	钢筋弯曲机	台时	0.44	13.61	5.99
	载重汽车 5 t	台时	1.68	48.90	82.15
	其他机械费	%	5	246.78	12.34

表 7-15 模板制作单价分析

定额编号:50003　　　　定额单位:100 m^2

施工方法:平面模板安装、拆除、除灰、刷脱模剂、维修、倒仓				定额页数:P349	
编号	名称及规格	单位	数量	单价(元)	合价(元)
一	直接工程费				8 948.7
(一)	直接费				8 098.37
1	人工费				836.17
	工长	工时	11	7.1	78.1
	高级工	工时	7.4	6.61	48.91
	中级工	工时	111.2	5.62	624.94
	初级工	工时	27.7	3.04	84.21

续表 7-15

编号	名称及规格	单位	数量	单价(元)	合价(元)
2	材料费				6 421
	模板	m^2	100	41.38	4 138
	铁件	kg	321	5.5	1 765.5
	预制混凝土柱	m^3	1	350	350
	电焊条	kg	5.2	8	41.6
	其他材料费	%	2	6 295.1	125.9
3	机械费				841.2
	汽车起重机　5 t	台时	11.95	61.1	730.15
	电焊机　25 kVA	台时	6.71	10.58	70.99
	其他机械费	%	5	801.14	40.06
(二)	其他直接费	%	2.5	8 098.37	202.46
(三)	现场经费	%	8	8 098.37	647.87
二	间接费	%	6	8 948.7	536.92
三	企业利润	%	7	9 485.62	663.99
四	税金	%	3.22	10 149.61	326.82
	合计				10 476.43

(六)钻孔灌浆及锚固工程单价

1.钻孔灌浆及锚固工程简介

钻孔灌浆是指水工建筑物为了加强地基基础及结构本身的坚固整体性所采取的工程措施,包括帷幕灌浆、固结灌浆、回填(接触)灌浆、防渗墙、减压井等工程;锚固工程共有锚杆、锚索、喷浆(混凝土)、钢筋网等。

(1)灌浆的分类。具体分为:

①按灌浆的作用分有帷幕灌浆、基础固结灌浆、接触灌浆、坝体接缝灌浆、隧洞固结灌浆、回填灌浆、其他灌浆等。

②按灌浆的材料分有水泥灌浆、水泥黏土灌浆、黏土灌浆、化学灌浆四类。

(2)锚固工程分类。具体分为:

①锚杆按锚固材料分砂浆锚杆和药卷锚杆。

②锚索按锚固对象分岩体预应力锚索和混凝土预应力锚索,岩体预应力锚索按锚固类型分黏结型和无黏结型锚索。

2.钻孔灌浆常用的施工机具

(1)钻孔机械。分为冲击式钻机、冲击回转式钻机(通称凿岩机)、回转式钻机(通称岩芯钻机)。

(2)灌浆机械。分为水泥灌浆机、计量泵(又称比例泵)、浆液搅拌机。

(3)钻孔灌浆器材。分为钻杆、岩芯管、钻头。

3.岩石基础灌浆

(1)施工工艺流程为:施工准备→钻孔→冲洗→表面处理→压水试验→灌浆→封孔→

质量检查。

①施工准备包括清理场地、布置交通线路及电风水管路、搭设机房、水泥库房、安装并检查机具设备等工作内容。

②钻孔采用手风钻、回转式钻机和冲击钻等钻孔机械进行。

③冲洗是用水将残存在孔内的岩粉和铁砂末冲出孔外,并将裂隙中的充填物冲洗干净,以保证灌浆效果。

④表面处理是为防止有压情况下浆液沿裂隙冒出地面而采取的塞缝、浇盖面混凝土等措施。

⑤压水试验是指灌浆施工时的简易压水试验,其目的是确定地层的渗透性,为岩基处理设计和施工提供依据。

⑥灌浆分为纯压式灌浆和循环式灌浆两种。

⑦封孔分人工封孔和机械封孔,常用砂浆封填孔口。

⑧质量检查的方法较多,最常用的是打检查孔做检查,取岩芯,做压水试验。检查孔的数量,一般帷幕灌浆为灌浆孔的10%,固结灌浆为5%。

(2)施工次序。帷幕灌浆应遵循先固结后帷幕、先边排后中排、先下游后上游的原则进行。固结灌浆宜在有混凝土覆盖的情况下进行,灌浆次序应先灌外围区,后灌中间,逐渐插孔加密。

(3)施工方法。钻孔一次灌浆法。将孔一次钻到设计深度,再沿全孔一次灌浆,适用于孔深小于8 m的情况。

自上而下分段灌浆法。一般每5 m为一段。自上而下进行,上一段待凝24 h,再钻灌下一段,如此钻灌交替,直至设计深度。其特点是灌浆质量好,但钻、灌次序交叉,工效低,多用于岩层破碎,竖向节理裂隙发育地层。

自上而下分段灌浆法。一次将孔钻到设计深度,然后自上而下利用灌浆塞逐段灌浆。其特点是钻灌连续,速度快,但灌浆压力不宜太高,灌浆质量不易保证,一般适用于岩层较完整坚固的地层。

综合灌浆法。通常情况下接近地表的岩层较破碎,越往下,则越完整。因此,上部可采用自上而下分段灌浆,下部则采用钻孔一次灌浆法,既能保证质量,又可加快速度。

4. 水工隧洞灌浆

隧洞灌浆包括回填灌浆、固结灌浆等。

施工次序是先回填灌浆,后固结灌浆。

施工方法应采取分序加密的原则施工。当隧洞具有10°以上的坡度时,灌浆应从最低端开始。灌浆孔一般在混凝土衬砌施工时预留。灌浆时先采用手风钻通孔,后进行灌浆。

回填灌浆的浆液水灰比浓度一般分为四个比级,即1:1、0.8:1、0.6:1、0.5:1。

检查孔的个数一般不少于基本孔的5%。

5. 混凝土防渗墙

在水利水电工程施工中,设置防渗墙是一种有效的防渗处理措施,它是建筑在冲积层上的挡水建筑物。其施工工艺一般包括造孔成槽和浇筑混凝土两部分内容。

(1)造孔成槽。防渗墙造孔成槽的方式一般采用槽孔法。成槽施工常采用冲击钻、反循环钻机、液压开槽机、射水成槽机进行。其施工程序包括成槽前的准备、泥浆制备、造孔、终孔验收、清孔换浆等。冲击钻孔成槽工效不仅受地层土石类别的影响，而且与成槽深度有很大的关系。随孔深的增加，成槽效率下降较大。

(2)浇筑混凝土。防渗墙采用导管法浇筑水下混凝土。其施工工艺为浇筑前的准备、配料拌和、浇筑混凝土、质量验收。

由于防渗墙混凝土不经振捣，因而混凝土应具有良好的和易性，要求入孔时混凝土的坍落度为 18 ~ 22 cm，扩散度 34 ~ 38 cm，最大骨粒粒径不大于 4 cm。

6. 单价计算

钻孔灌浆及锚固工程单价计算应根据设计确定的孔深、灌浆压力等参数以及岩石的级别、透水率等，按施工组织设计确定的钻机、灌浆方式、施工条件，选用概预算定额相应的子目计算。单价计算方法与前述单价计算方法相同，只是取费费率不同。

第八章　水利水电工程设计总概算编制

第一节　概　述

设计总概算是在初步设计阶段，在投资估算的控制下，预先计算建设项目由筹建至竣工验收、交付使用的全部建设费用的技术经济文件，是初步设计文件的重要组成部分。设计总概算根据初步设计图纸、概算定额（或概算指标）、设备及材料预算价格、各项费用定额或取费标准、市场价格信息、建设地点的自然及技术经济条件等资料进行编制，是确定和反映对应初步设计成果进行工程建设所需的所有费用。

设计总概算有着较为重要的地位，按照有关规定，初步设计包括设计总概算经主管部门批准后，设计总概算就成为拟建项目投资费用的最高限额。每个建设项目只有在初步设计和概算文件被批准之后，才能列入基本建设计划，才能开始进行施工图设计。

一、设计总概算的主要作用

（1）设计总概算是国家制定和控制建设投资的依据。对于国家投资项目，按照规定报请有关部门或单位批准初步设计及总概算，一经上级批准，总概算就是总造价的最高限额，不得任意突破，如有突破须报原审批部门批准。

（2）设计总概算是编制建设计划的依据。建设年度计划安排的工程项目，其投资需要量的确定、建设物资供应计划和建筑安装施工计划等，都以主管部门批准的设计总概算为依据。若实际投资超过了总概算，设计单位和建设单位共同提出追加投资的申请报告，经上级计划主管部门批准以后，方能追加投资。

（3）设计总概算是进行拨款和贷款的依据。银行根据批准的设计总概算和年度投资计划，进行拨款和贷款，并严格实行监督控制。

（4）设计总概算是签订总承包合同的依据。对于施工期限较长的大中型建设项目，可以根据批准的建设计划、初步设计和总概算文件确定工程项目的总承包价格，采用工程总承包的方式进行建设。

（5）设计总概算是考核设计方案的经济合理性和控制施工图预算及施工图设计的依据。

（6）设计总概算是考核和评价工程建设项目成本与投资效果的依据。工程建设项目的投资转化为建设项目法人单位的新增资产，可根据建设项目的生产能力计算建设项目的成本、回收期及投资效果系数等技术经济指标，并将以概算造价为基础计算的指标与以实际发生造价为基础计算的指标进行对比，从而对工程建设项目成本及投资效果进行评价。

二、设计总概算的编制依据

（1）国家发布的有关法律、法规、规章、规程等。

(2)批准的可行性研究报告及投资估算、设计图纸等有关资料。

(3)有关部门颁布的现行概算定额、概算指标、费用定额等和建设项目设计概算编制办法。

(4)有关部门发布的人工、材料价格,有关设备原价及运杂费率,造价指数等。

(5)建设场地自然条件和施工条件,有关合同、协议等。

(6)其他有关资料。

三、水利水电工程设计总概算的构成

水利水电工程设计总概算的构成如图 8-1 所示。

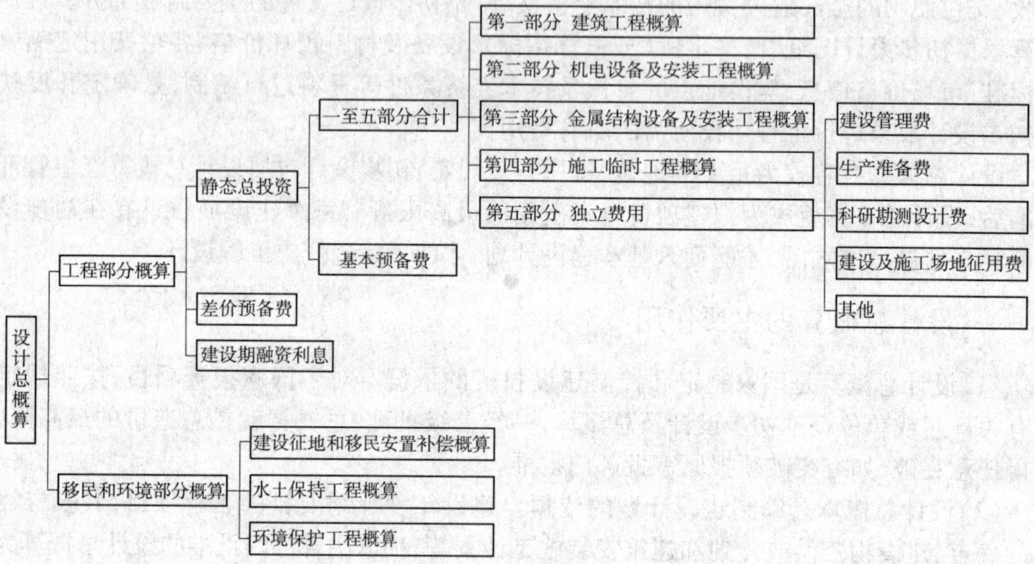

图 8-1 设计总概算的构成

第二节 建筑工程概算编制

建筑工程概算是指枢纽工程和其他永久建筑物以货币表现的投资额,构成水利水电基本建设工程项目划分的第一部分,是概算文件的重要组成部分。建筑工程是工程总投资的主要组成部分,工程竣工之后构成水利枢纽、水电站、水库或其他水利工程管理单位的固定资产。据有关资料统计,水利水电建筑工程投资占工程总投资的比例一般为 30% ~60%,各个工程差别很大,如丹江口工程为 31%,潘家口工程为 50%,密云水库为 55%。

一、建筑工程概算编制步骤

(一)收集基本资料、熟悉设计图纸

编制工程概算要对工程情况进行充分了解。首先,要熟悉设计图纸,将工程项目内容、工程部位搞清楚,了解设计意图;其次,要深入工程现场了解工程现场情况,收集与工程概算有关的基本资料;最后,还要对施工组织设计(包括施工导流等主要施工技术措施)进行充分研究,了解施工方法、措施、运输距离、机械设备、劳动力配备等情况,以便正确合理编制工

程单价及工程概算。

(二)划分工程项目

建筑工程概算项目划分参考本书第四章第一节介绍的有关内容和工程项目划分的有关规定进行。《工程项目划分》第三级项目中,仅列有代表性的项目。编制概算时可根据工程的具体情况对三级项目进行必要的再划分,形成四级项目,甚至五级项目。

(三)编制工程概算单价

建筑工程单价应根据工程的具体情况和拟定的施工方案,采用国家和地方颁发的现行定额及费用标准进行编制。

(四)计算工程量

工程量是以物理计量单位来表示的各个分项工程的结构构件、材料等的数量。它是编制工程概算的基本条件之一。工程量计算的准确与否,直接影响工程概算投资大小。因此,工程量计算应严格执行《水利水电工程设计工程量计算规定》(SL 328—2005)。

(五)编制工程概算

建筑工程概算按照《水利水电工程设计概(估)算编制规定》进行编制,采用工程量乘以单价的方法逐项计算工程费用,并按工程项目划分逐级向上合并汇总而得。对于水力发电工程应按1997年电力部颁发的水力发电工程概算编制办法及费用标准编制。

(六)工料分析

工料分析即工时、材料用量分析计算,它是编制施工组织设计的主要依据之一,也是施工单位编制投标报价和施工计划的依据。

工时、材料用量是按照完成单位工程量所需的人工、材料用量乘以相应工程总量而计算出来的。

二、建筑工程概算编制方法

建筑工程概算编制的方法一般有单价法、指标法及百分率法三种形式,其中以单价法为主。

(一)单价法

单价法是指用工程量乘以相应工程单价来计算工程投资的方法,它是建筑工程概算编制的主要方法。这种方法精确度较高,要求设计工作达到一定深度,能提供分部分项工程项目(如土石方开挖、混凝土浇筑、钢筋制作安装等)的工程量清单,并根据所列出的工程项目,分别计算出相应的工程单价。

(二)指标法

指标法是指用综合工程量乘以综合指标的方法计算工程投资。这种方法准确度较差,适用于在初步设计阶段,设计深度不足,对工程中的细部结构难以提出具体的工程量的情况,如交通工程、房屋建筑工程等常用综合指标法来计算投资。

(三)百分率法

百分率法是指对于可行性研究阶段提供粗略的工程量都有困难、其准确程度对总投资影响不大的工程,按此部分工程投资占主体建筑工程的百分率来计算的方法。如在初步设计阶段编制工程概算,对厂坝区动力线路工程、厂坝区照明线路及设施工程、通信线路工程、供水、供热、排水及绿化、环境、水情测报系统、建筑内部观测工程等很难提出具体的工程量,则按主体建筑工程投资的百分率来粗略计算。

三、主体建筑工程概算编制

主体建筑工程项目分主体工程项目、内部观测工程项目和其他工程项目(又称细部结构工程)。

(一)主体工程项目概算

主体工程项目概算采用单价法计算,即采用工程量乘以单价来计算。

(1)工程项目划分。在按照工程项目划分的原则对工程项目进行划分时,有些项目在编制工程概算时可再划分为第四级甚至第五级项目。

①土方开挖工程,应将土方开挖与砂砾石开挖分开;

②石方开挖工程,应将明挖与平洞、竖井开挖分开,或者按施工部位分进口石方开挖和出口石方开挖等;

③土石方回填工程,应将土方回填与石方回填分开;

④混凝土工程,应按不同的施工部位、不同设计标号划分,如闸墩 250 号混凝土、闸底板 200 号混凝土等;

⑤砌石工程,应将干砌石、浆砌石、抛石、铅丝笼块石分开等。

对于单个建筑物工程,项目划分中的二级项目可视为一级项目计列。具体工程项目划分可根据工程的具体特点,参照概算编制办法中规定的项目划分内容作必要的增删调整,并应与相应概算定额子目要求一致,力求简单明了,符合实际。

(2)工程量。在概算阶段均应按照建筑物的几何轮廓尺寸计算工程数量,并按水利设计工程量计算规定乘以不同设计阶段工程量折算系数作为工程概算的工程数量。施工中应增加的超挖、超填和施工附加量及各种损耗和体积变化,均已按现行施工规范和有关规定计入概算定额,设计工程量中不再另行计算。

(3)主体建筑工程概算表格的填写与计算。建筑工程概算表格采用概算编制办法规定的格式,如表 8-1 所示。

表 8-1 中第 3 栏"工程或费用名称",按照工程项目划分填至三级或四级项目,甚至五级项目,以能说清楚为止。计算时,首先从最末一级即五级或四级项目开始,采用工程量乘单价的办法计算合计投资,合计以万元为单位,取两位小数,然后向上逐级合并汇总,即得主体建筑工程概算投资。

表 8-1 建筑工程概(预)算表

编号	单价表序号	工程或费用名称	单位	数量	单价(元)	合计(万元)
1	2	3	4	5	6	7

(二)内部观测工程项目概算

内部观测工程项目指埋设在建筑物内部及固定于建筑物表面的观测设备及安装等,主要包括变形观测、渗流观测、渗压观测等。内部观测设备及安装按建筑工程属性处理,列入相应的建筑工程项目内。

内部观测工程项目概算根据建筑物的不同型式按主体工程建筑工作量的百分比来计

算，其百分率参考数值，当地材料坝工程为0.6% ~0.8%，混凝土重力坝、重力拱坝工程为0.8% ~1.0%。工程及地质条件复杂的，取大值或中值，反之取小值。

(三)其他工程项目概算(细部结构工程)

其他工程项目概算采用指标法的形式计算。在项目划分中，它与上述主体工程项目中的三级项目并列构成主要建筑工程概算项目内容(三级项目)。

(1)其他工程项目包括的主要内容。细部结构工程内容主要包括：止水、伸缩缝、接缝灌浆、灌浆管、冷却水管、灌浆及排水廊道模板、排水管、排水沟、排水井、减压井、渗水处理、通气管、消防、栏杆、坝顶、路面、照明、爬梯、建筑装修及其他细部结构等。

(2)综合指标的采用。在初步设计阶段，由于设计深度所限，不可能对上述繁多的细部结构项目提出具体的工程数量，在编制概算时，大多按建筑物本体的工程量乘以综合指标来计算。

采用综合指标时还应注意如下几个问题：

①综合指标应视为直接费，采用时应按规定计入其他直接费、现场经费、间接费、计划利润和税金等有关费用。

②细部结构项目的选取，应根据工程的具体情况而定，没有的子项目应删去，漏缺的子项目应添上。若内部观测设备及安装工程在概算中单独列出，在细部结构项目中应予删除。

③砌石重力坝按混凝土重力坝指标选取。

④这些指标的选取应考虑物价因素进行调整。

(3)其他工程项目概算的编制。按照单个建筑物的本体工程量乘以综合指标来计算。本体工程量对坝体工程而言指坝体方量，对水闸、溢洪道、进水塔、隧洞厂房、变电站、船闸等工程而言指混凝土的总方量。

四、一般建筑工程(其他永久工程)概算编制

一般建筑工程项目包括交通工程、房屋建筑工程和其他工程，其概算编制既可采用主体建筑工程的编制方法(工程量乘以单价)，也可采用扩大单位指标的方法进行编制。

(一)交通工程

交通工程是指水利水电工程的永久对外公路、铁路、桥梁、码头等工程，其主要工程投资应按设计提供的工程量乘以相应单价计算，也可按经审核的委托单位专项概算数列入。次要项目可按每千米、米、座的扩大单位指标计算。

(二)房屋建筑工程

房屋建筑工程是指水利枢纽、水电站、水库等基本建设工程的永久辅助生产厂房、仓库、办公室、宿舍、住宅等生活及文化福利建筑，办公室、生活区内的道路和室外给水排水、照明等室外工程，以及未包括在附属、辅助设备安装工程内的基础工程等。其投资按设计提供的建筑面积造价指标计算。室外工程及基础按占房屋建筑工程投资的百分比计算。

(三)其他工程

其他工程包括以下六项内容：

(1)厂坝区动力线路工程。指从发电厂至各生产用电的架空动力线路。发电厂至各用电点的动力电缆应列入第二部分机电设备及安装工程的电缆安装项内。

(2)厂坝区照明线路及设施工程。指厂坝区照明线路及其设施(户外变电站的照明也

包括在本项内)。不包括应分别列入拦河坝、溢洪道、引水系统、船闸等水工建筑物其他工程项目内的照明设施。

(3)通信线路工程。包括对内、对外的架空线路和户外通信电缆工程(户内通信电缆包括在第二部分通信设备及安装工程内)及枢纽至本电站(或水库)所属的水文站、气象站的专用通信线路工程等。

(4)厂坝区供水、供热、排水等公用设施工程。其中包括:①全厂生产及生活(或生产与生活相结合)用供水、供热、排水系统的泵房、水塔、锅炉房、烟囱、水井等建筑物和管路安装;②全厂生活用供水、供热、排水系统的水泵、锅炉等设备及安装。不包括发电厂和变电站的气、水、油系统的管路。

(5)厂坝区整理、美化设施及环境保护工程。具体包括:

①工程竣工阶段,对建筑场地内无残值的临时构筑物的拆除、场地整理、垃圾整理,以及垃圾的清理、运输和处理等工作所需的费用,有残值的临时构筑物的拆除费应从回收费中扣除。

②全厂的围墙、界桩、大门以及纪念碑亭、标牌等,不包括应列入第二部分第三项其他设备安装工程内的,为设备安全运行而专门设置的金属网、门、围栏等。

③厂坝区的绿化,不包括应列入坝(堤)工程内的坝(堤)面的护坡植草。

④环境保护工程,指为改善和补救由于兴建水利工程带来的不利环境影响和引起生态变化应采取的环境保护工程设施。如水库浸没区的排水、库区塌岸和渗漏的处理、人工景观的保护或迁建、珍稀动物的保护和迁移、污水废渣的处理等。不包括应列入水库淹没补偿费内特殊自然资源的保护处理以及库区环境保护所发生的费用。

(6)其他(如水情测报系统)建筑工程等。

上述(1)~(6)项工程投资按设计工程量乘以扩大单位指标计算。

可行性研究阶段编制投资估算时,上述(1)~(6)项工程投资可按占主体建筑工程投资的3%~5%计算。

一般建筑工程项目概算的编制方法同主体建筑工程项目一样,二者共同构成第一部分建筑工程概算。

五、工料分析

(一)工料分析概述

工料分析就是对工程建设项目所需的人工及主要材料数量进行分析计算,进而统计出单位工程及分部分项工程所需的人工数量及主要材料用量。主要材料一般包括钢筋、钢材、水泥、木材、汽油、柴油、炸药、沥青、粉煤灰等。根据工程的具体特点,主要材料品种各有取舍。

工料分析的目的主要是为施工企业调配劳动力,做好备料及组织材料供应、合理安排施工及核算工程成本提供依据。它是工程概算的一项基本内容,也是施工组织设计中安排施工进度的不可缺少的重要工作。

(二)工料分析计算

工料分析计算就是按照概算项目内容中所列的工程数量乘以相应单价中所需的定额人工数量及定额材料用量,计算出每一工程项目所需的工时、材料用量,然后按照概算编制的步骤逐级向上合并汇总。工时、材料计算表格式见表 8-2。计算步骤及填写说明如下：

表 8-2　工时、材料计算

序号	单价编号	工程项目名称	单位	工程量	工时（个）		汽油（kg）			柴油（kg）			水泥（kg）		木材（m^3）		钢筋（t）		钢材（kg）		炸药（kg）		沥青（kg）		粉煤灰（kg）	
					定额用工	合计	定额台时用量	台时用油	合计	定额台时用量	台时用油	合计	定额用量	合计	定额用量	合计	定额用量	合计	定额用量	合计	定额用量	合计	定额用量	合计	定额用量	合计

(1)填写工程项目及工程数量，按照概算项目分级顺序逐项填写表格中的工程项目名称及工程数量，对应填写所采用单价的编号。工程项目的填写范围为枢纽工程（主体建筑物）和施工导流工程。

(2)填写单位定额工时、材料用量，按照各工程项目所对应的单价编号，查找该单价所需的单位定额用工数量及单位定额材料用量、单位定额机械台时用量，逐项填写。对于汽油、柴油用量的计算，除填写单位定额机械台时用量外，还要填写不同施工机械的台时用油数量（查施工机械台时定额）。

注意：单位定额用工数量，要考虑施工机械的用工数量，不能漏算。

(3)计算工时及材料数量。表 8-2 中的定额用量指单位定额用量、工时用量及水泥、钢筋、钢材、木材、炸药、沥青、粉煤灰等材料用量，按照单位定额工时、材料用量分别乘以本项工程数量即得本工程项目工时及材料合计数量；汽油、柴油材料用量，按照单位定额台时用量乘以台时耗油量，再乘以本项工程数量，即得本项汽油、柴油合计用量。

(4)按照上述第三项计算方法逐项计算，然后再逐级向上合并汇总，即得所需计算的工时、材料用量。

(5)按照概算表格要求填写主体工程工时数量汇总表及主体工程主要材料量汇总表。

第三节　设备及安装工程概算编制

设备及安装工程的投资，在水利水电工程的总投资中占有相当大的比重。例如，葛洲坝工程设备及安装工程投资占总投资的 20%，刘家峡工程为 24%，而盐锅峡工程则高达 43%。认真编制好设备及安装工程概算是一项十分重要的工作。

设备及安装工程包括机电设备及安装工程和金属结构设备及安装工程两部分，它们分别构成工程总概算的第二部分和第三部分。

一、机电设备及安装工程项目划分和内容组成

机电设备及安装工程指构成水电站或泵站固定资产的全部机电设备及安装工程，包括枢纽工程和引水工程及河道工程两部分。

(一)枢纽工程

枢纽工程包括发电设备及安装工程、升压变电设备及安装工程、公用设备及安装工程。

1. 发电设备及安装工程

发电设备及安装工程由水轮机、发电机、主阀、起重设备、水力机械辅助设备、电气、通信、通风采暖、机修设备等内容组成。

(1)水轮机设备及安装。指水轮机本体、调速器、油压装置、自动化元件、飞速转速限制器等。由于设备价格中未包括透平油但又属于成套供应,故透平油应列入本项设备费,定额充填以外的备用透平油,应包括在第五部分独立费用中的第二项备品备件购置费内。

(2)发电设备及安装工程。指水轮发电机本体、励磁机、副励磁机、永磁电机、励磁装置等设备及安装。

(3)主阀设备及安装。指防止水轮机飞逸,设置在蜗壳前进水流道上的主阀(常用的有蝴蝶阀、球形阀、楔形阀和针形阀等)。除主阀本体外,还包括操纵主阀的操作机构、油压装置及其定额充填的透平油。

(4)起重设备及安装。指发电厂内起吊水轮发电机组的桥式起重机设备及安装,包括桥式起重机本体、转子吊具、平衡梁、轨道、滑触线等。负荷试验所需的测力器(或试块)、吊具和辅助车间内的起重设备等不应列入本项。

(5)水力机械辅助设备及安装。指厂区(包括变电站)的压气、油、水系统设备及安装和各项系统的管路安装。

①压气系统。包括高压压气系统和低压压气系统。高压压气系统主要供油压装置、高压空气开关和高压电气设备等用气;低压压气系统主要供机组制动、调相压气、蝶阀空气围带设备吹扫、防冻、检测的风动工具等用气。其设备一般有空压机、储气罐和表计等。

②油系统。包括透平油系统、绝缘油系统和油化验室。它是为水电站用油设备服务的,用以完成油设备的给油、排油、添油及净化处理等工作。即用油箱接受新油、储备旧油;用油泵给设备充油、添油、排出污油;用滤油机、烘箱来处理污油。其设备一般有滤油机、油泵、油化验设备、油再生设备及表计等。

③水系统。包括供设备消防、冷却、润滑用水的供水系统,对厂房建筑物和设备的渗漏,设备冷却,机组检测等排水系统和监测电站水力参数所需的水力测量系统。其设备一般有水泵、滤水器、水力测量设备及表计等。厂房上下水工程属建筑工程,应列入第一部分内。

④管路安装包括管子、管子附件和阀门等,应分别包括在相应压气系统、油系统、水系统项目内。

(6)电气设备及安装。电气设备及安装工程,可划分为发电电压设备、控制保护、直统系统、厂用电系统、电工试验、电缆和母线等设备。

①发电电压设备。指发电机定子引出线至主变压器低压侧套管之间干支线上除厂用电以外的电气设备(含中性点设备)。一般有油断路器、消弧线圈、隔离开关、互感器等。

②控制保护设备。指厂区(包括变电站)进行控制、保护设备的电器及电子计算机监控设备。一般有保护、操作、信号等屏、盘、柜、台、计算机系统及接线端子箱等设备。

③直流系统。指为操作、保护所需的直统电系统。一般有蓄电池、充电机和浮充电机、直流屏等。

④厂用电系统。指厂区用电所需的变电、配电、保护等电气设备。一般分厂用动力系统和厂用照明系统两部分,其设备有厂用变压器、开关柜、配电盘、事故照明切换屏(照明分电箱)、动力箱、避雷器及其他低压电器等。不包括厂区以上各用电点(拦河坝、溢洪道、引水

系统等)所需的变电、配电等电气设备,以及厂区至上述各用电点的馈电线路,前者应列入第二部分第三项中的坝区馈电设备及安装项内,后者属建筑工程,应列入第一部分第12项其他工程项内。

⑤电工试验。指为电气试验而设置的各种设备、仪器、表计等。如变压器、直流漏泄及耐压试验设备、电桥电压互感器、电流互感器、感应移相器、滑线式变阻器等。

⑥电缆。包括全厂的电力电缆、控制电缆以及相应的电缆架、电缆管等,不包括通信电缆和厂坝区通信线路工程。

⑦母线。包括发电电压母线、厂用电母线,不包括直流系统母线、变电站母线和接地母线等。

⑧其他。发电设备中除上述设备外的其他设备。

2. 升压变电设备及安装工程

升压变电设备及安装工程由主变压器、高压电气设备、一次拉线及其他设备等项目组成。

(1)主变压器设备及安装,仅指主变压器及其轨道,不包括厂用变压器和其他变压器。定额充填的变压器油包括在变压器的出厂价格内。备用的变压器油应包括在第五部分第二项备品备件购置费内。

(2)高压电气设备及安装,指从主变压器高压侧出线套管起,到变电站出线架之间(含中性点设备)所有的电气设备。一般有高压断路器、电流互感器、电压互感器等,此外还包括隔离开关、避雷器、高频阻波器、耦合电容器等。

(3)一次拉线及其他设备安装,指从主变压器高压侧至变电站出线架之间的一次拉线、软(硬)母线、引下线、连接线、绝缘子串、避雷线及附属金具等安装。

3. 公用设备及安装工程

公用设备及安装工程包括以下内容:

(1)通信设备及安装。根据《工程项目划分》一般分为卫星通信、光缆通信、微波通信、载波通信等项目,其所包括的设备如下:

①卫星通信。包括卫星接收天线及各种放大处理设备。

②光缆通信。包括信号处理设备等。

③微波通信。包括微波机、电源设备、保安配线架、铃流发生器、分路滤波器、天线及表计等。

④载波通信。包括载波机、放大器、交流稳压器、电源自动切换屏及表计等。

上述卫星、光缆、载波、微波通信设备,概算中只计算建筑项目终端处一侧的设备。220 kV及以下电压等级的微波通信的送出工程,可单编概预算,但投资数不应列入概算总投资之内。

⑤生产调度通信。包括调度电话总机、分机、录音机、蓄电池、分线盒及表计等。

⑥生产管理通信。包括交换机、电话分机、整流器、配电盘、蓄电池、配线架、配线箱、分线盒及表计等,生产管理室内通信电缆包括在本项内。厂坝区通信线路、对外通信线路、室外通信电缆和光缆工程,均属建筑工程,应列入第一部分内。高频阻波器和耦合电容器应列入变电站高压电气设备中。载波通信的电缆等属装置性材料。

(2)通风采暖设备及安装。指厂房内的通风、采暖设备,包括通风机、空调机和管路等项目,不包括生活建筑物的通风、采暖设备。

(3)机修设备及安装。指电站运行期间为机组、金属结构以及其他机械设备的检修所设置的车、刨、铣、锯、磨、插、钻等机床,以及电焊机、空气锤和小型起吊等设备。

(4)计算机监控系统、管理自动化系统。

(5)电梯设备及安装,指拦河坝和厂房等处的生产用电梯。

(6)坝区馈电设备及安装,指全厂用电系统供电范围以外的各用电点(拦河坝、溢洪道、引水系统等)独立设置的变配电系统设备及安装,如降压变压器、配电盘、动力箱、避雷器以及其他低压电器等。

(7)坝区供水、供热、排水设备及安装,指厂区以外各生产区的生产(或生产与生活相结合)用供水、排水、供热系统的设备,一般有水泵、锅炉等。供水、供热系统的建筑工程(包括管路)应列入第一部分建筑工程的第12项内。

(8)水文、泥沙、环保监测设备及安装,包括:①水文站、气象站、地震台网所需购置的设备、仪器设施,如测流用绞车、缆道、流速仪等,本项仅包括水库库尾坝下段的水文、气象设施;②在环保方面所需购置的设备,如水质监测仪、水化学分析仪器等。

(9)水情自动测报系统设备及安装,指遥测水位站、雨量站、接收站和中继站所需要的设备。

(10)外部观测设备,指按设计要求,对拦河坝、溢洪道等重要水工建筑物进行监测所需要的外部观测设备,如经纬仪、水准仪等。不包括设置在建筑物内部及表面的观测设备和设施(如应力仪、应变仪、温度仪、变位测点等),它们已分别列入第一部分建筑工程项内。

(11)消防设备,指消防栓、消防水龙头、消防带、消防水枪和灭火器、消防车等。

(12)交通设备,指工程竣工后,为保证建设项目初期正常生产、管理必须配备的生产、生活车辆和船只的购置费。

(13)全厂保护网,指全厂为保证设备安全运行而专门设置的金属网、门、围栏等,随设备配套供应的保护网应包括在相应的设备内。

(14)全厂接地,指全厂公用的和分散设置的接地网。包括接地板、接地母线、避雷针等的制作安装,以及相应的土石方开挖、回填和接地电阻测量。设备至接地母线的接地线不包括在本项内,应包括在相应设备的安装费内。避雷针如设置在专用的金属塔架上,则金属塔架的制作安装应列入第一部分建筑工程中的升压变电工程构架项目内。

(二)引水工程及河道工程

引水工程及河道工程包括泵站设备及安装工程、小水电站设备及安装工程、供变电工程、公用设备及安装工程。

(1)泵站设备及安装工程。包括水泵、电动机、主阀、起重机、水力机械辅助设备、电气设备。

(2)小水电站设备及安装工程。

(3)供变电工程。包括变电站设备及安装。

(4)公用设备及安装工程。其中:

①通信设备及安装。根据《工程项目划分》一般分为卫星通信、光缆通信、微波通信、载波通信等项目,其所包括的设备如下:

ⅰ.卫星通信。包括卫星接收天线及各种放大处理设备。

ⅱ.光缆通信。包括信号处理设备等。

ⅲ.微波通信。包括微波机、电源设备、保安配线架、铃流发生器、分路滤波器、天线及表计等。

ⅳ.载波通信。包括载波机、放大器、交流稳压器、电源自动切换屏及表计等。

上述卫星、光缆、载波、微波通信设备,概算中只计算建筑项目终端处一侧的设备。220 kV及以下电压等级的微波通信的送出工程,可单编概预算,但投资数不应列入概算总投资之内。

ⅴ.生产调度通信。包括调度电话总机、分机、录音机、蓄电池、分线盒及表计等。

ⅵ.行政管理通信。包括交换机、电话分机、整流器、配电盘、蓄电池、配线架、配线箱、分线盒及表计等,生产管理室内通信电缆包括在本项内。厂坝区通信线路,对外通信线路和室外通信电缆、光缆工程,均属建筑工程,应列入第一部分内。高频阻波器和耦合电容器应列入变电站高压电气设备中。载波通信的电缆等属装置性材料。

②通风采暖设备及安装。指厂房内的通风、采暖设备,包括通风机、空调机和管路等项目。不包括生活建筑物的通风、采暖设备。

③机修设备及安装。指电站运行期间为机组、金属结构以及其他机械设备的检修所设置的车、刨、铣、锯、磨、插、钻等机床,以及电焊机、空气锤和小型起吊等设备。包括电梯、闸坝区馈电设备,厂坝(闸)区供水、供热设备,水文、环保设备,外部观测设备,消防设备,交通设备,全厂保护网,全厂接地等设备及安装。

④计算机监控系统、管理自动化系统。

⑤全厂保护网。

⑥全厂接地。

⑦坝(闸、泵站)区馈电设备及安装。

⑧坝区供水、供热、排水设备及安装。

⑨水文、泥沙、环保监测设备及安装。

⑩水情自动测报系统设备及安装。

⑪外部观测设备。

⑫消防设备。

⑬交通设备。

二、金属结构设备及安装工程项目划分和内容组成

金属结构设备及安装工程构成工程总概算的第三部分。该部分概算的一级项目与第一部分建筑工程相应的一级项目一致,其一级项目的取舍可根据工程的具体情况而定。

金属结构设备及安装包括枢纽工程和引水工程及河道工程两部分。主要包括闸门启闭机、拦污栅等设备及安装,以及引水工程的压力钢管制作及安装和航运过坝工程的升船机设备及安装等。

(一)闸门设备及安装工程

闸门设备及安装工程指平板闸门、弧形闸门和埋件。平板闸门又可分为定轮门、滑动门、叠梁门、人字门等,闸门也可视情况分闸门门叶和加重块等。

(二)启闭设备及安装

启闭设备及安装指门式启闭机、油压启闭机、卷扬式启闭机、螺杆式启闭机、电动葫芦等。

（三）拦污栅设备及安装

拦污栅设备及安装在有拦（清）污要求的进水口设置拦污栅，用以拦住杂草、树根和流冰等物，其设备有拦污栅、清污机等。

（四）压力钢管制作及安装工程

压力钢管制作及安装工程包括一般压力钢管和叉管的制作及安装。

金属结构设备及安装工程概算编制方法及概算分部汇总时采用的表式与机电设备及安装工程概算编制表式相同，这里不再赘述。

三、设备及安装工程概算表的编制

设备及安装工程概算包括机电设备及安装工程概算和金属结构设备及安装工程概算两部分，分别构成工程总概算的第二部分和第三部分。其概算编制按表8-3格式进行。

表8-3　设备及安装工程概算表

编号	名称及规格	单位	数量	单价（元）		合计（元）	
				设备费	安装费	设备费	安装费

表格填写计算应注意的问题：

（1）“名称及规格”一栏应按项目划分的规定填写，金属结构设备及安装工程的一级项目与第一部分建筑工程对应一致，二级项目按一级项目下设计的设备与安装项目选定。

（2）设备数量及单位的填写与设备和安装工程单价相一致。如设备费单价与安装费单价为费率形式，则设备数量一栏应为相应费率的取费基数；若设备安装工程单价为“元/台”，则设备数量应为同型号设备的台数。

第四节　施工临时工程概算编制

一、概述

在水利水电工程建设中，为保证主体工程施工的顺利进行，按施工进度要求，需建造一系列的临时性工程，不论这些工程结构如何，均视为临时工程。它包括导流工程、施工交通工程、施工场外供电工程、施工房屋建筑工程以及其他施工临时工程，其他小型临时工程以现场经费的形式直接进入工程单价。

施工临时工程投资是水利水电工程建设项目总投资的重要组成部分，一般占工程总投资的8%～17%。如丹江口水利水电工程临时工程投资占总投资的16.8%，葛洲坝工程占17%，龙羊峡工程占14%。水利水电工程建设项目本身的特点，决定了其临时工程规模大、投资多，各水利水电工程之间相差大。因此，对于施工临时工程必须按永久工程的概算编制方法认真划分临时工程项目，编制好各工程单价和指标。

二、施工临时工程项目的组成

施工临时工程项目主要包括以下五项内容。

(一)导流工程

导流工程包括导流明渠、导流洞、土石围堰工程、混凝土围堰工程、蓄水期下游供水工程、金属结构制作及安装等。有关土方开挖、混凝土及钢筋混凝土工程、金属结构的制作及安装工程等内容,与第五章建筑工程及本章设备及安装工程内容基本一致。下面仅简要介绍土石围堰和混凝土围堰的施工方法及工程内容。

围堰工程按作用分有上游围堰、下游围堰、纵向围堰;按围堰结构材料分有土围堰、土石混合围堰、木笼围堰、混凝土围堰以及以木板桩、钢筋混凝土桩等结构为基础的各种形式的围堰等。

1. 土围堰工程

土围堰工程包括草(麻)袋围堰工程及草土围堰工程等。草(麻)袋围堰工程是将黄土(黏土)装入草(麻)袋封包,然后按照标准的工程断面,采用人力堆筑而成。这种形式的围堰工程多适用于小型水利水电工程。

草土围堰是采用一层麦草(或稻草)、一层土在水中进占或在干地堆筑而成的一种挡水建筑物。

土围堰工程施工的主要项目内容有:清基、土料及草袋(麻袋)备料、填筑、围堰接头处理、防冲刷措施、围堰拆除清理等。

2. 土石混合围堰工程

土石混合围堰工程是普遍采用的一种围堰工程,其结构及施工方法和土石坝一样,其工程项目内容包括:清基、抛填堆筑堰体、干砌块石护顶护坡、浇筑溢流面混凝土、围堰拆除等。

3. 木笼围堰工程

木笼围堰工程是将做好的木笼放入水中,在木笼框格里填充块石、泥土所筑成的一种围堰工程。其工程项目内容有:水下清基、木笼制作沉放、土石料填充、水下封底混凝土浇筑、止水设施安装、夹缝混凝土浇筑、盖面混凝土浇筑、木笼拆除等。

4. 混凝土围堰工程

混凝土围堰工程包括预制块的制作、清基、浇筑、止水设施、拆除等工程内容。

(二)施工交通工程

施工交通工程包括为工程建设服务的临时铁路、公路、桥梁、码头、施工支洞、架空索道、施工通航建筑、施工过木、通航整治等工程项目。

(三)施工场外供电工程

施工场外供电工程包括从现有电网向施工现场供电的高压输电线路和施工变配电设施工程。

(四)施工房屋建筑工程

施工房屋建筑工程包括为工程建设服务的施工仓库和办公、生活及文化福利建筑两部分。施工仓库指为施工而兴建的设备、材料、工器具等全部仓库建筑工程;办公、生活及文化福利建筑指施工单位、建设单位及设计代表在工程建设期所需的办公室、宿舍、招待所和其他文化福利设施等房屋建筑。

不包括列入临时设施和其他大型临时工程项目内的风、水、电、通信系统、砂石料系统、混凝土拌和系统及浇筑系统、木工、钢筋机修等辅助加工厂、混凝土预制构件厂、混凝土制冷、供热系统、施工排水等生产用房。

（五）其他施工临时工程

其他施工临时工程指除施工导流、施工交通、施工场外供电、施工房屋建筑、缆机平台以外的施工临时工程。主要包括施工供水、砂石料加工系统、混凝土拌和浇筑系统、大型机械安拆、防汛、防冰、施工排水、施工通信、施工临时支护设施等工程。

三、施工临时工程费用计算

（一）导流工程

导流工程费用计算同主体建筑工程编制方法一样，采用工程量乘单价计算。

按照施工组织设计确定的施工方法及施工程序，用相应的工程定额计算单价，概算表格与建筑工程概算相同，按项目划分规定填写具体的工程项目，对项目划分中的三级项目根据需要可进行必要的再划分。

（二）施工交通工程

施工交通工程费用既可按设计工程量乘单价计算，也可根据工程所在地区造价指标或有关实际资料采用扩大单位指标编制。在概算编制阶段，由于受设计深度限制，常采用单位造价指标进行编制。

（三）施工场外供电工程

根据设计的电压等级、供电线路长度及所配备的变配电设施要求，采用工程所在地区造价指标及有关实际资料计算。

（四）施工房屋建筑工程

施工房屋建筑工程费用包括施工仓库和办公、生活及文化福利建筑两部分。

1. 施工仓库

施工仓库的建筑面积和建筑标准由施工组织设计确定，其单位造价指标根据办公、生活及文化福利建筑的相应水平确定。

2. 办公、生活及文化福利建筑

（1）枢纽工程和大型引水工程，按下式计算

$$I = \frac{AUP}{NL}k_1k_2k_3 \tag{8-1}$$

式中 I——房屋建筑工程投资；

A——建安工作量，按工程第一至第四部分建安工作量（不包括办公、生活及文化福利建筑和其他施工临时工程）之和乘以（1 + 其他施工临时工程百分率）计算；

U——人均建筑面积综合指标，按 12 ~ 15 m^2/人标准计算（大型水利水电枢纽工程可取大值，其他工程取小值或中值）；

P——单位造价指标，按工程所在省、自治区、直辖市规定的该地区的永久房屋造价指标计算；

N——施工年限，按施工组织设计确定的合理工期计算；

L——全员劳动生产率，一般为 6 万 ~ 10 万元/（人 · 年），施工机械化程度高取大值，反之取小值；

k_1——施工高峰人数调整系数，取 1.10；

k_2——室外工程系数，取 1.10 ~ 1.15，地形条件较差的可取大值；

k_3——单位造价指标调整系数,按不同施工年限采用表 8-4 的调整系数。

(2)河道治理工程、灌溉工程、疏浚工程,按第一至第四部分建安工作量的百分率计算。合理工期小于 3 年,取 2%;大于 3 年,取 1.5%。

(3)建设单位用房,按定员人数,平均每人 30~50 m^2 计算,大(1)型工程取上限,其他工程取中、下限。

表 8-4 单位造价指标调整系数(k_3)

工期	2 年以内	2~3 年	3~5 年	5~8 年	8~11 年
调整系数	0.25	0.40	0.55	0.70	0.80

(五)其他施工临时工程

其他施工临时工程投资,按第一至第四部分建安工作量(不包括其他施工临时工程)之和的百分率计算。

各类工程的百分率规定如下:①枢纽工程和引水工程为 3.0%~4.0%;②河道治理工程为 0.5%~1.0%。

第五节 建设征地和移民安置补偿投资概算编制

建设征地和移民安置补偿费用是水力发电工程总概算的重要组成内容。建设征地和水库淹没处理均要进行补偿,补偿问题是一项非常复杂的工作,既有政治、社会、经济方面的问题,又有环境和工程技术方面的问题。所以,建设征地和移民安置补偿费用(投资)的编制准确与否,对水力发电工程是否能顺利实施,具有极其重大的意义,同时也关系到水资源是否能得以充分和合理的开发和利用,还将影响到工程所在区域社会经济发展及和谐社会的建立。

一、项目设置及费用组成

项目设置及费用组成包括以下几个方面:

(1)农村移民安置迁建费。指库区(包括淹没、浸没、塌岸区以及其他影响区,下同)内农村移民迁址和乡村企业、事业单位迁建等所需的补偿费用。费用内容包括:征用土地费和安置补助费,房屋及附属建筑物补偿费,农副业加工设施补偿费,小型水利电力设施补偿费,乡村企业单位补偿费,文化、教育、医疗卫生等事业单位迁建补偿费,安置点基础设施建设费,搬运费,其他补偿费。

(2)城镇及集镇迁建补偿费。指库区内建制镇、县城、城市和区、乡政府驻地及非建制镇的居民、工商业、企业、机关、事业单位的迁建补偿费。它包括新址征地移民和场地平整费、公用设施恢复费、市政设施恢复费、居民迁移补偿费、工商企业迁建补偿费、行政事业单位迁建补偿费等。计算时将城镇及集镇迁建补偿费分别列项。

(3)专业项目恢复改建费。指库区内的工矿企业、铁路、公路、航运、电信、广播电视、输变电、水利设施、库周交通及文物古迹保护的恢复改建补偿费等。

(4)防护工程费。指对库区内不作淹没补偿和迁建的受淹对象进行防护处理所需的工程费用。

(5)库底清理费。指库区内不属于补偿范围的清理和卫生防疫措施的费用。

(6)其他费用。包括规划设计费、实施管理费、技术培训费、监测和监理费等。

(7)预备费。包括基本预备费和价差预备费。

(8)有关税费。指按国家规定应缴纳的与水库淹没处理有关的税费。

(9)环境影响等补偿费。指由于兴建水库(含工程建筑物)对环境等造成不利影响而增加的一次性费用。

上述费用中,前8项费用由设计单位按照《大中型水利水电工程建设征地补偿和移民安置条例》和《水利水电工程建设征地和移民安置设计规范》等国家有关规定和政策,在当地人民政府的密切配合下,提出淹没处理设计专题报告,编入设计概(估)算。

二、基础价格的编制

建设征地和移民安置补偿概(估)算编制中的基础价格包括粮食价格、其他农副产品价格、建筑材料预算价格及有关的费率和税率等。其中,粮食价格、农副产品价格应按概(估)算编制时的市场价格进行计算;有关费率、税率按概(估)算编制年国家或地方颁发的最新标准取定;对于建筑材料的预算价格,按如下办法确定:

(1)对于进行技施设计的项目,根据工程所在地的实际情况确定。

(2)对于按扩大指标计算的项目,可采用各淹没区、安置区有关部门的文件规定,结合调查所得的实际资料,在考虑各淹没区、安置区的比重和物价水平及物价的发展趋势的基础上,经综合衡量确定其统一价格。

总体上讲,基础价格应按概算编制年的有关政策、规定及市场价格水平进行编制。

(1)农副产品价格。在建设征地影响区主要农副产品订购价格和市场价格的基础上分析确定。

(2)林木单价。按建设征地的影响区市场价格计算。

(3)工程基础单价。包括人工预算单价,材料预算价格,电、水、风价格,施工机械使用费,砂石料单价及混凝土材料单价,应根据各工程项目涉及专业不同,采取相应专业的概算编制办法、计算标准和定额计算。

三、项目单价编制

(一)补偿补助性项目

(1)农田地(耕地、园地、林地、牧草地等)补偿费和安置补助费单价。农田地补偿费和安置补助费单价按土地被征用前3年平均年产值乘以土地补偿费和安置补助费的倍数计算。土地年产值的计算和土地补偿费、安置补助费倍数的取值,按国家有关规定执行。

(2)非农用地(建设用地和未利用地)补偿费单价。按照有关规定合理确定。

(3)房屋补偿单价。分结构类型,按当地重置价格计算。

(4)附属建筑物补偿单价。应根据征地范围内各种附属建筑物的实有数量、结构型式、使用材料,参照土建工程概算定额中的有关规定或近期在建、已建工程的相应补偿标准确定补偿单价。也可根据工程所在地区造价指标或有关实际资料,采用类比扩大单位指标法确定补偿单价。

(5)零星果木补偿单价。零星果木补偿单价按林木补偿单价乘以补偿数量计算。

(6)农副业加工设施补偿单价。可按照当地重置价格分别计算建筑物和附属设备的补偿单价，也可根据工程所在地区造价指标或有关实际资料，采用类比扩大单位指标确定补偿单价。

(7)小型水利电力设施补偿单价。可按照当地重置价格分别计算建筑物和附属设备的补偿单价，也可根据工程所在地区造价指标或有关实际资料，采用类比扩大单位指标计算补偿单价。

(8)企事业单位迁建补偿单价。根据企业的资产评估结果，估算企业除房屋、附属建筑物外的一次性补偿费用；根据需要估算事业单位补助费。

(9)搬迁补助单价。

①搬运单价。搬运单价 = 车船费 + 物资搬运费 + 物资损失费。

②设备拆卸与安装单价。按所需的人工和机械使用费分析计算。

③生活补助单价。生活补助单价 = 途中食宿费 + 途中医疗费 + 误工补贴费 + 临时住房补助费。

(10)停产补助单价。按企业或独立设备停产一天所造成的直接损失计算。

(二)工程项目单价

(1)基础设施建设。

①建设征地。按土地补偿单价计算。

②场地平整。根据建筑工程或市政工程概算编制方法和定额计算，或采用类比的综合单位指标。

③供水设施。根据建筑工程或市政工程概算编制办法和定额计算，或采用类比的综合单位指标。

④供电设施。根据建筑工程或市政工程概算编制办法和定额计算，或采用类比的综合单位指标。

⑤街道。根据建筑工程或市政工程概算编制办法和定额计算，或采用类比的综合单位指标。

⑥给水排水。根据建筑工程或市政工程概算编制办法和定额计算，或采用类比的综合单位指标。

⑦照明。根据建筑工程或市政工程概算编制办法和定额计算，或采用类比的综合单位指标。

⑧农贸市场。根据建筑工程或市政工程概算编制办法和定额计算，或采用类比的综合单位指标。

(2)铁路工程。根据铁路工程概算编制办法和定额计算，或采用类比的综合单位指标。

(3)公路工程。根据公路工程概算编制办法和定额计算，或采用类比的综合单位指标。

(4)水利工程。根据水利工程概算编制办法和定额计算，或采用类比的综合单位指标。

(5)电力工程。根据电力工程概算编制办法和定额计算，或采用类比的综合单位指标。

(6)电信工程。根据电信工程概算编制办法和定额计算，或采用类比的综合单位指标。

(7)广播电视工程。根据广播电视工程概算编制办法和定额计算，或采用类比的综合单位指标。

(8)航运设施。根据航运设施概算编制办法和定额计算，或采用类比的综合单位指标。

(9)文物古迹保护。根据国家文物古迹保护要求和文物保护项目保护设计计算。

(10)防护工程。按工程项目和相应的标准计算。

(11)环境保护工程。根据环境保护工程设计要求和有关概算编制办法计算,或采用类比的扩大单位指标。

(12)库底清理。

①建筑物清理。按拆除典型结构建筑物的人工和机械使用费计算。

②卫生清理。按卫生清理要求估算的平均工作量计算。

③坟墓清理。按迁移坟墓所需的平均费用计算。

④林地清理。按单位面积林木砍伐、焚烧的人工和必要的工具所需费用计算。

⑤其他清理。按有关规定计算。

第六节 水土保持工程概算编制

水土保持工程投资包括水土保持工程专项投资和主体工程中具有水土保持功能工程投资。水土保持工程专项投资是指为防止因工程建设造成的水土流失而专门兴建的、能独立发挥水土保持功能的工程投资(或称新增水土保持工程投资);主体工程中具有水土保持功能工程投资是指主体工程项目中为工程目的兴建的、同时具有水土保持功能、发挥水土保持作用的工程项目的投资(如坝肩、溢洪道、厂房、进水口及公路等开挖边坡表层处理,土石坝的护坡、护面、挡土墙、堰体保护等)。

一、项目划分及费用组成

水土保持工程专项投资项目划分为五部分:第一部分工程措施,第二部分植物措施,第三部分施工辅助措施,第四部分水土保持监测工程,第五部分独立费用,以及这五部分之外的基本预备费。

项目划分具体参照《水电建设项目水土保持工程概预算编制办法》。

工程措施是指在项目建设区和直接影响区范围内为减轻和避免因水电工程建设造成的植被破坏和水土流失而兴建的永久性水土保持工程设施。它包括护坡工程、挡渣工程、排水工程及土地整治工程等。

植物措施是指在项目建设区和直接影响区范围内为防治水土流失而采取的植物防护工程、植被恢复工程和绿化美化工程等。它包括场地覆土、栽植苗木、铺草皮、撒播树(草)籽和抚育管理等措施。

施工辅助措施指在项目建设过程中,为防止施工期水土流失而修建的临时防护措施和为保证水土保持工程施工所需要的施工辅助工程。

水土保持监测工程是指项目建设期内为监测水土流失防治效果而兴建的监测设施和所发生的监测费用。其中监测费用包括监测人工费、监测设备使用费等。

独立费用由水土保持项目建设管理费、科研勘察设计费和其他税费组成。

基本预备费指用以解决水土保持工程实施过程中的设计变更、预防自然灾害等因素而预留的费用。

二、编制方法和计算标准

（一）第一部分　工程措施

工程措施投资应依据项目划分按水土保持方案报告书提出的工程量乘以相应的工程单价计算。

工程措施投资编制所采用的人工预算单价，主要材料预算价格，施工用电、水、风、砂石料单价，施工机械台时费等基础资料价格，均应与主体工程设计概算一致。工程措施单价，应根据工程实际情况及有关设计资料，按《水电工程设计概算编制办法及计算标准》和现行水电工程定额进行编制。在定额缺项的情况下，可参照类似工程单价计算。

（二）第二部分　植物措施

植物措施单价，应根据国家（行业）、地方（省级）相关工程定额以及相应的取费标准编制，其中苗木、草皮、树籽、草籽的预算价格采用当地市场价格。

（三）第三部分　施工辅助措施

临时防护措施投资按设计方案的工程量乘以工程单价编制。

施工辅助工程投资按工程措施、植物措施投资以及临时防护措施投资之和的3%～5%计算，投资在2 000万元以上的取小值，投资在500万元以下的取大值。

（四）第四部分　水土保持监测工程

水土保持监测工程投资，应在明确具体监测项目、内容及监测时段的监测方案基础上分项计算，或按工程措施、植物措施和施工辅助措施三项投资之和的5%～9%计算，投资在2 000万元以上的取小值，投资在500万元以下的取大值。

（五）第五部分　独立费用

工程建设管理费，按前四部分投资之和的2%～3%计算。

工程建设监理费按下列公式计算

$$C = YLN \tag{8-2}$$

式中　C——水土保持工程建设监理费；

Y——水土保持工程监理人数，根据工程项目规模确定，一般为2～5人，工程规模大且复杂的项目取大值，反之取中值或小值；

L——人年指标，按6.5万～10万元/（人·年）计算；

N——水土保持工程的监理工期，按施工组织设计确定的建设工期计算。

咨询服务费按前四部分投资之和的0.5%～1%计算。

项目技术经济评估审查及验收费根据实际情况分析计算，一般中型工程为30万～70万元，大型工程为50万～100万元。

科研勘察设计费，按《国家计委、建设部关于发布工程勘察设计收费管理的通知》（计价格[2002]10号）的规定计算。

水土保持设施补偿费，根据国家和地方有关征收水土保持设施补偿费的法规文件，结合水电工程的特点合理计列。

工程建设质量监督费，根据《国家计委、中国人民建设银行关于工程质量监督机构监督范围和取费标准的通知》，按前四部分投资之和的0.05%～0.15%计算。

（六）第六部分　基本预备费

基本预备费，按工程措施、植物措施、施工辅助措施、水土保持监测工程和独立费用五部分投资合计的百分率计算，基本预备费费率一般取5%～8%。

三、水土保持工程投资概算编制

工程措施投资、植物措施投资、施工辅助措施投资、水土保持监测工程投资、独立费用和基本预备费之和构成水土保持工程专项投资。

主体工程中具有水土保持功能的工程投资应单独列表计算，并与水土保持工程专项投资共同构成水土保持工程投资。

工程措施、植物措施、施工辅助措施和水土保持监测工程分年度投资应根据各项目的施工总进度的安排分项计算。凡有详细工程量的项目，应按分年度计划完成的工程量进行计算；没有详细工程量的项目，可根据工程进度和该项目各年度完成的工作量比例分析计算。

独立费用根据费用的性质、发生的先后以及与施工时段的关系，按相应施工年度分别计算。

四、水土保持工程投资概算文件组成

水土保持工程投资概算文件由编制说明和投资概算表格以及投资概算附表组成。

编制说明应包括工程概况，水土保持工程设计方案概述，水土保持工程专项投资的编制原则、依据、方法，基础单价、工程单价等的计算依据和标准以及其他需要说明的问题。

投资概算表格包括水土保持工程投资汇总表，主体工程中具有水土保持功能工程投资汇总表、水土保持工程专项投资汇总表，工程措施投资概算表、植物措施投资概算表、施工辅助措施投资概算表、水土保持监测工程投资概算表、独立费用概算表，水土保持工程专项分年度投资表等。格式见表8-5～表8-7。

表8-5　水土保持工程投资汇总

编号	工程项目	投资（万元）	说明
1	水土保持工程专项投资		
2	主体工程中具有水土保持功能工程投资		
	水土保持工程投资（静态）		

表8-6　水土保持工程专项投资汇总

编号	工程项目	投资（万元）	说明
1	第一部分　工程措施		
	⋮		
2	第二部分　植物措施		
	⋮		
3	第三部分　施工辅助措施		
	⋮		

续表 8-6

编号	工程项目	投资(万元)	说明
4	第四部分　水土保持监测工程		
	⋮		
5	第五部分　独立费用		
	⋮		
6	第一至第五部分合计		
7	基本预备费		6×预备费费率
8	水土保持工程专项投资(静态)		6+7

表 8-7　主体工程中具有水土保持功能工程投资汇总

编号	项目	单位	工程量	单价	合价
1	导流工程				
	⋮				
2	挡水工程				
	⋮				
3	泄洪工程				
	⋮				
4	引水系统				
	⋮				
5	厂房系统				
	⋮				
	合计				

投资概算附表主要包括基础资料价格表、工程单价计算表等,可依据《水电工程设计概算编制办法及计算标准》概算附件中的有关表格格式进行编制。

第七节　环境保护工程概算编制

一、项目划分

水利水电工程环境保护项目划分为:第一部分环境保护措施,第二部分环境监测措施,第三部分环境保护仪器设备及安装,第四部分环境保护临时措施,第五部分环境保护独立费用,以及这五部分之外的环境保护预备费和建设期融资利息。

环境保护工程概算项目划分详见《水利水电工程环境保护措施概估算编制规程》(SL 359—2006)。

(一)第一部分　环境保护措施

环境保护措施包括为防止、减免或减缓工程对环境不利影响和满足工程环境功能要求而兴建的环境保护措施，主要有水环境（水质、水温）保护、土壤环境保护、陆生植物保护、陆生动物保护、水生生物保护、景观保护及绿化、人群健康保护、生态需水以及其他如移民安置环境保护措施等。

（二）第二部分　环境监测措施

施工期环境监测措施包括水质监测、大气监测、噪声监测、卫生防疫监测、生态监测等。

运行期环境监测措施包括监测站（点）等环境监测设施，不包括环境监测费用。

（三）第三部分　环境保护仪器设备及安装

环境保护仪器设备及安装包括为了保护环境和开展监测工作所需的仪器设备及安装。主要有环境保护设备、环境监测仪器设备。

（四）第四部分　环境保护临时措施

环境保护临时措施包括工程施工过程中，为保护施工区及其周围环境和人群健康所采取的临时措施。

环境保护临时措施分为废（污）水处理、噪声防治、固体废物处置、环境空气质量控制、人群健康保护等临时措施。

（五）第五部分　环境保护独立费用

环境保护独立费用包括建设管理费、环境监理费、科研勘测设计咨询费和工程质量监督费等。

二、费用构成

环境保护费包括工程措施费、非工程措施费、独立费用、预备费、建设期融资利息。

工程措施费包括建筑工程费、植物工程费、仪器设备费及安装费。其中，建筑工程费和植物工程费由直接工程费、间接费、企业利润、税金组成；仪器设备费包括仪器设备原价、运杂费、运输保险费和采购及保管费；安装费包括对设备进行安装需要的人工、材料和机械使用等费用。

非工程措施费包括一次性补偿费用、施工期环境监测费和其他非工程措施费。其中，一次性补偿费用包括因工程对环境造成不利影响，且难以恢复、改建的项目所发生的补偿费用；施工期环境监测费包括施工期委托监测单位开展环境监测工作所发生的费用；其他非工程措施费包括施工期委托有关单位开展卫生防疫等工作所发生的费用。

独立费用包括环境建设管理费、监理费、科研勘测设计咨询费及工程质量监督费等。

预备费包括基本预备费和价差预备费两项费用。其中，基本预备费主要为解决工程施工过程中，经批准的环境保护设计变更增加的投资及解决意外环境事故而采取的措施所增加的工程项目和费用。价差预备费主要为解决工程施工过程中，人工工资、材料和设备价格上涨以及费用标准调整而增加的环境保护投资。

建设期融资利息包括根据国家财政金融政策规定，工程在建设期内需偿还并应计入工程总投资的融资利息。

三、编制方法和计算标准

（一）工程措施（含建筑工程和临时工程）

参照《水利水电工程环境保护措施概估算编制规程》（SL 359—2006）。

(1)基础单价编制。人工预算单价,材料预算价格,施工用电、风、水、砂石料单价等均应与主体工程设计概算相一致。

(2)工程单价编制。建筑工程单价采用《概算定额》计算,也可采用工程设计概算单价计算标准计算,包括直接工程费及间接费、企业利润、税金等,其编制方法与主体工程设计概算相一致,只是现场经费和间接费的取费费率与主体工程中引水工程及河道工程的取费费率略有不同,如表8-8、表8-9所示。

表8-8　环境保护工程现场经费费率

工程性质	序号	工程类别	计算基础	现场经费费率(%)		
				合计	临时设施	现场管理费
环境保护工程	一	建筑工程				
	1	土方工程	直接费	4	2	2
	2	石方工程	直接费	6	4	2
	3	混凝土工程	直接费	6	3	3
	4	基础处理工程	直接费	7	4	3
	5	其他工程	直接费	5	3	2
	二	植物工程	直接费	5	3	2

表8-9　环境保护工程间接费费率

工程性质	序号	工程类别	计算基础	间接费费率(%)
环境保护工程	一	建筑工程		
	1	土方工程	直接工程费	4
	2	石方工程	直接工程费	6
	3	混凝土工程	直接工程费	4
	4	基础处理工程	直接工程费	7
	5	其他工程	直接工程费	4
	二	植物工程	直接工程费	6

(二)植物措施

工程单价由直接工程费、间接费、企业利润和税金组成。

(1)直接工程费由人工费、材料费、施工机械使用费和其他直接费组成,按照《水土保持工程概算定额》和当地园林苗木价格采用工程单位估价表的形式进行计算;间接费等按相应定额标准规定计算;税金取费同建筑工程单价。其他各项费用应参考相应植物措施工程定额标准计算。

(2)投资概算由苗木量和植物措施工程量乘以相应单价计算,苗木单价和植物措施工程定额由当地林业局和所属区调查而得。

(3)植物工程计算中应分别列出苗木规格表(植物应分列出两年生、三年生)、工程单价表、植物工程概算表、植物规格表。

由于环境工程涉及多部门、多行业,内容较繁杂,为利于环境保护方案通过主管部门的审批,通常要求在方案报告中概(估)算编制独立的附件。届时应在建筑工程、临时工程和植物工程之后再按规定计入独立费用和预备费等。

四、环境保护工程设计概(估)算编制

(一)环境保护工程设计总概算

环境保护措施费按设计工程量(或工作量)乘以单价计算。

环境监测措施费可按环境保护设计确定的监测工作量和国家或省(自治区、直辖市)有关部门规定的收费标准计算。对建设监测设施的项目,应计算监测设施费用。监测设施费用按设计工程量乘以工程单价或单位造价指标进行计算。

环境保护仪器设备及安装费应符合下列规定:

(1)仪器设备费按仪器设备数量乘以仪器设备预算价格计算。

(2)安装费按仪器设备数量乘以仪器设备安装费费率计算。

环境保护临时措施费按设计工程量(工作量)乘以工程单价计算。

环境保护独立费用应符合下列规定:

(1)建设管理费计算方法应符合如下规定:

①环境管理人员经常费可按环境保护设计概算第一至第四部分投资之和的2%~4%计算。

②环境保护设施竣工验收费可根据需要的实际工作量计算。

③环境保护宣传及技术培训费可按环境保护设计概算第一至第四部分投资之和的1.5%~3%计算。

(2)环境监理费参照主体工程监理人员费用标准,按环境监理人数和时间计算。

(3)科研勘测设计咨询费计算应符合下列规定:

①环境保护科学研究试验费:对有重要环境保护技术问题的水利水电工程,可按实际需要计列费用。

②环境影响评价费:根据国家发展计划委员会、国家环保局《关于规范环境影响咨询收费有关问题的通知》(计价格[2002]125号)计算。

③环境保护勘测设计费:根据国家发展计划委员会、建设部《工程勘察设计收费标准》(计价格[2002]10号)计算。

④技术咨询费对有重要环境问题的水利水电工程,应按国家有关规定计列。

(4)工程质量监督费按照国家及省、自治区、直辖市计划(物价)部门有关规定计收。

预备费及建设期融资利息应符合下列规定:

(1)预备费费率,采用与主体工程一致的费率标准,按5%~8%计算。

(2)价差预备费,根据施工年限,以分年度的静态投资为计算基数,按国家规定的物价指数计算。

(3)建设期融资利息,根据合理的建设工期,以第一至第五部分的投资、基本预备费、价差预备费之和的分年投资额为基数,按国家规定的融资利率计算。

（二）投资估算的编制

可行性研究投资估算与初步设计概算在组成内容、项目划分和费用构成上应基本相同，达到相应阶段的设计深度要求。

编制可行性研究投资估算，一、二级项目应按相应标准执行，三级项目可适当简化合并。

投资估算的编制方法及计算标准应符合下列规定：

（1）基础单价的编制与概算相同。

（2）建筑工程及植物工程单价的编制与概算相同，考虑设计深度不同，单价应乘以10%的扩大系数或用扩大指标法分析计算。

（3）基本预备费采用与主体工程一致的费率标准，按10%～12%计算。

（三）环境保护工程设计概（估）算表格

环境保护工程设计概（估）算表格参照《水利水电工程环境保护措施概估算编制规程》（SL 359—2006）编制。概算表包括总概算表（见表8-10）、环境保护设计概算表、分年度投资概算表。概算附表包括环境保护工程措施单价汇总表、仪器设备预算价格及安装工程单价汇总表、非工程措施单价汇总表、主要材料预算价格汇总表、次要材料预算价格汇总表、施工机械台时费总表、主要工程量汇总表。概算附件包括人工预算单价计算表、主要材料预算价格计算表、施工机械台时费计算表、工程单价计算表、分年度投资计算表。

表格编制方法与设计总概算中工程部分概算表格编制原理相一致。

表8-10　总概算表

编号	工程或费用名称	建筑工程措施费（元）	植物工程措施费（元）	仪器设备及安装费（元）	非工程措施费（元）	独立费用（元）	合计（元）	占第一至第五部分投资（%）
	第一部分　环境保护措施							
	×××（一级项目）							
	第二部分　环境监测措施							
	×××（一级项目）							
	第三部分　环境保护仪器设备及安装							
	×××（一级项目）							
	第四部分　环境保护临时措施							
	×××（一级项目）							
	第五部分　环境保护独立费用							
	×××（一级项目）							
	第一至第五部分投资合计							
	基本预备费							
	静态总投资							
	价差预备费							
	建设期融资利息							
	环境保护总投资							

第八节　设计总概算的编制

水利水电工程设计总概算由两部分组成，第一部分为工程部分概算，由建筑工程概算、机电设备及安装工程概算、金属结构设备及安装工程概算、施工临时工程概算和独立费用概算5项组成；第二部分为移民和环境部分概算，由建设征地和移民安置补偿（水库移民征地补偿）概算、水土保持工程概算和环境保护工程概算3项组成，概算编制执行《水利工程建设征地移民补偿投资概（估）算编制规定》、《水利工程环境保护概（估）算编制规定》和《水土保持工程环境保护概（估）算编制规定》。

本节主要介绍工程部分总概算的编制，移民和环境部分概算编制详见本章第五节、第六节、第七节相关内容。

一、总概算的编制程序

（1）编制准备工作。其内容主要有：收集、整理工程设计图纸，初步设计报告，工程枢纽布置，工程地质、水文地质，水文气象等资料；掌握施工组织设计内容，如砂石料开采方法，主要水工建筑物施工方案、施工机械、对外交通、场内交通等；向上级主管部门、工程所在地有关部门收集税务、交通运输、基建、建筑材料等各项资料；现行水利水电概预算定额和有关水利水电工程设计概预算费用构成及计算标准；各种有关的合同、协议、决定、指令、工具书等。

（2）进行工程项目划分，详细列出各级项目内容。

（3）根据有关规定和施工组织设计，编制基础单价和工程单价。

（4）按分项工程计算工程量。

（5）利用（3）、（4）的结果，计算各分项概算表及总概算表。

（6）进行复核、编制说明、整理成果。

二、总概算的编制内容

总概算内容由概算正件和概算附件两部分组成。概算正件和概算附件均应单独成册并随初步设计文件报审。

概算正件组成内容如下。

（一）编制说明

（1）工程概况。主要内容包括河系、兴建地点、对外交通条件、水库淹没耕地及移民人数、工程规模、工程效益、工程布置形式、主体建筑工程量、施工总工期和工程从开工至开始发挥效益工期、施工总工日和高峰人数、资金来源和投资比例等。

（2）投资主要指标。主要内容包括工程总投资和静态总投资、工程从开工至开始发挥效益期投资和静态投资、单位指标投资（单位千瓦投资、单位电量投资、单位灌溉面积投资等）、年物价上涨指数、价差预备费额度和占总投资百分比、工程建设期融资利息和利率等。

（3）编制依据和应说明的主要问题。主要内容包括：①设计概算编制原则和依据；②人工，主要材料，施工用电、水、风、砂石料等基础单价的计算依据；③主要设备价格的编制依据；④建筑安装工程定额、指标采用依据；⑤安装工程材料费和机械使用费调差系数的计算说明；⑥费用计算标准及依据；⑦水库淹没处理补偿费和环保费用的简要说明；⑧工程资金来源。

(4)工程部分概算编制。①人工，主要材料，施工用电、水、风、砂石料等基础单价的计算方法和编制说明；②工程单价编制说明及相关费率取费说明；③建筑工程定额、指标采用依据说明；④设备及安装工程概算编制说明；⑤施工临时工程概算相关计算及编制说明；⑥独立费用概算相关计算说明；⑦基本预备费、价差预备费计算说明；⑧建设期融资利息计算说明；⑨其他需说明的问题。

(5)移民和环境部分概算编制。①建设征地和移民安置补偿概算编制计算及说明，包括主要补偿项目的指标，基础价格分析说明，补偿、补助费用计算说明，工程费用计算说明，其他需说明的问题；②水土保持工程概算编制说明；③环境保护工程概算编制说明。

(6)总概算编制。①基本预备费、价差预备费、建设期融资利息的计算原则和方法；②工程资金筹措方案。

(7)设计概算编制中存在的其他应说明的问题。

(8)主要技术经济指标表。

(二)工程部分概算表

工程部分概算表如下。

1. 概算表

(1)工程总概算表。

(2)建筑工程概算表。

(3)机电设备及安装工程概算表。

(4)金属结构设备及安装工程概算表。

(5)临时工程概算表。

(6)独立费用概算表。

(7)分年度投资概算表。

(8)资金流量表。

2. 概算附表

(1)建筑工程单价汇总表。

(2)安装工程单价(费率)汇总表。

(3)主要材料预算价格汇总表。

(4)次要材料预算价格汇总表。

(5)施工机械台时费汇总表。

(6)主要工程量汇总表。

(7)主要材料量汇总表。

(8)工时数量汇总表。

(9)建设及施工场地征用数量汇总表。

3. 概算附件

概算附件单独成册，随设计概算报审，内容包括：

(1)人工预算单价计算表。

(2)主要材料运输费用计算表。

(3)主要材料预算价格计算表。

(4)施工用电价格计算书。

(5)施工用风价格计算书。

(6)施工用水价格计算书。

(7)补充定额计算书。

(8)补充施工机械台时费计算书。

(9)砂石料单价计算书。

(10)混凝土材料单价计算表。

(11)建筑工程单价计算表。

(12)安装工程单价计算表。

(13)主要设备运杂费率计算书。

(14)临时房屋建筑工程费用计算书。

(15)独立费用计算书(按项目独立分项计算)。

(16)工程建设期融资利息计算书。

(17)生产管理单位定员计算书。

(18)作为计算人工、材料、设备预算价格和费用依据的有关文件、报价资料及其他。

三、设计总概算的编制方法及计算标准

工程部分设计总概算编制程序如图 8-2 所示。

(一)分部工程概算编制

1. 第一部分 建筑工程

建筑工程分主体建筑工程和一般建筑工程。主体建筑工程在水利枢纽、水电站、水库工程中由 9 部分组成,分别为挡水工程、泄洪工程、引水工程、发电厂工程、升压变电站工程、航运过坝工程、筏道工程、鱼道工程和灌溉渠道工程;在其他水利工程中由闸坝工程、泵站工程、灌溉(供水)渠系工程、防洪工程、河道疏浚工程组成。一般建筑工程由交通工程、房屋建筑工程和其他工程组成。

建筑工程概算编制参见本章第二节内容。

2. 第二部分 机电设备及安装工程

机电设备及安装工程指构成工程固定资产的全部机电设备及安装工程。其中:

(1)设备费。包括设备原价、运杂费、运输保险费和采购及保管费 4 项。

(2)安装工程费。安装工程投资按设计工程量乘以工程单价进行计算。

(3)设备储备贷款利息构成设备费,设备储备贷款利率执行国家规定。

机电设备及安装工程概算编制参见本章第三节内容。

3. 第三部分 金属结构设备及安装工程

金属结构设备及安装工程概算编制方法和深度,同第二部分机电设备及安装工程。

4. 第四部分 临时工程

临时工程包括导流工程、施工交通工程、施工房屋建筑工程、施工场外供电线路工程、其他施工临时工程等 5 部分。

施工临时工程概算编制参见本章第四节内容。

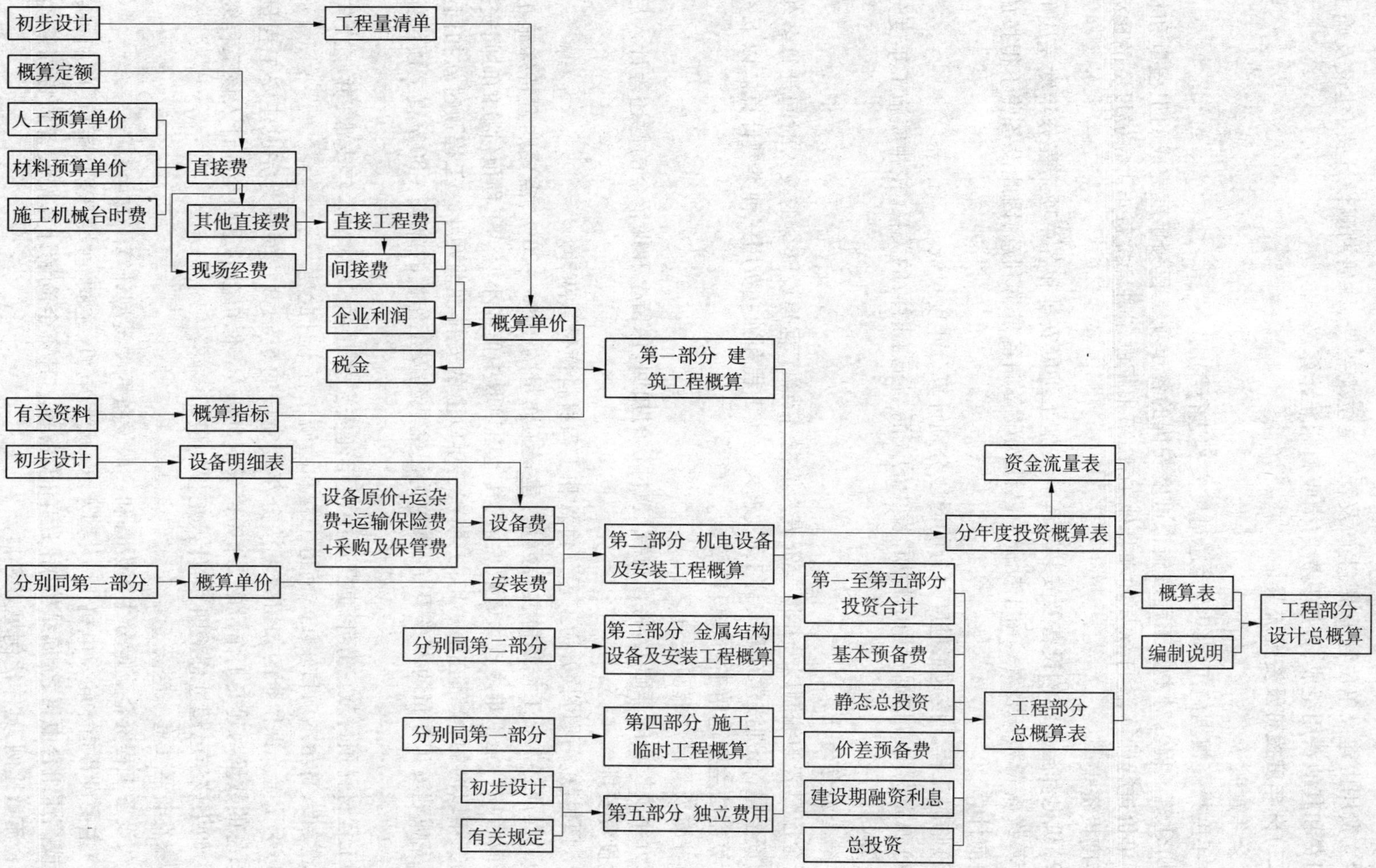

图 8-2 工程部分设计总概算编制程序

5. 第五部分　独立费用

独立费用由建设单位管理费、生产及管理单位准备费、科研勘测设计费、建设及施工场地征用费和其他费用组成，可按其费用构成和标准计算。

(二)分年度投资及资金流量

1. 分年度投资

分年度投资根据施工组织设计总进度安排进行编制。

(1)建筑工程。对主要工程按施工进度安排的各单项工程分年度完成的工程量和相应的概算单价进行计算，对于次要的和其他工程，可根据施工进度按每年占完成投资的比列摊入分年度投资表。

(2)机电和金属结构设备及安装工程。按施工进度安排和各单项工程分年度完成的工程量计算设备费和安装费。由于投资中已计入设备储备贷款利息，因此设备费不得按施工进度超前计算。

(3)临时工程。按施工进度划分的时段分别计算分年度投资。

(4)独立费用。根据费用的性质、发生的先后与施工时段的关系，按相应施工年度分摊计算投资。

2. 资金流量的计算

资金流量表的编制以分年度投资表为依据，依照工程建设资金的投入时间计算各年度使用的资金量，分别按建筑及安装工程、永久设备工程和独立费用三种类型计算。以下资金流量计算方法主要适用于初步设计概算。

1)建筑及安装工程资金流量

在分年度投资的基础上，将预付款、预付款的扣回、保留金和保留金的偿还等计入后的分年度投资安排。

(1)预付款。预付款分为工程预付款和工程材料预付款两种。

①工程预付款。工程预付款的数量：建安工作量的10%～20%，需要购置特殊施工机械设备或者项目施工难度较大者取大值，其他项目取中值或小值。工程预付款的时间安排：工期在三年以内的，全部在第一年；工期在三年以上的安排在前两年。工程预付款扣回：时间上从完成建安工作量的30%开始，数量为已完成建安工作量的20%～30%直至预付款全部收回。

②工程材料预付款。分年度投资中次年建安工作量的20%在本年支取，并于次年扣回，以此类推，直至本项目竣工。河道工程和灌溉工程不计此项。

(2)保留金。保留金的扣留数量按分年度完成的5%，截止时间为完成建安工程量的50%时，总的数量为建安工作量的2.5%(5%×50%)。保留金的返回全部计入该工程终止后一年，如果该年已超过总工期，则计入工程的最后一年。

2)永久设备工程资金流量

永久设备工程资金流量分主要设备和一般设备两种类型计算。其中：

(1)主要设备指水轮发电机组、大型水泵、大型电机、主阀、主变压器、桥机、门机、高压断路器或高压组合电器、金属结构闸门启闭设备等。其资金流量计算按设备到货周期确定各年资金流量比例，具体比例见表8-11。

表 8-11　各年资金流量比例

到货周期	年份					
	第 1 年	第 2 年	第 3 年	第 4 年	第 5 年	第 6 年
1 年	15%	75%	10%			
2 年	15%	25%	50%	10%		
3 年	15%	25%	10%	40%	10%	
4 年	15%	25%	10%	10%	30%	10%

(2)其他设备资金流量到货前一年预付 15% 的定金,到货年支付 85% 的剩余价款。

3)独立费用资金流量

独立费用资金流量主要是在勘测设计费的支付方式上考虑质量保证金的要求,其他项目均按分年投资表的资金安排计算。

(1)可行性研究和初步设计阶段勘测设计费按工期平均分配。

(2)技施阶段勘测设计费的 95% 按工期平均分配,勘测设计费的 5% 作为设计保证金计入最后一年的资金流量表内。

(三)总概算编制

总概算按下列顺序进行编制:

(1)基本预备费。根据规定的费率,按上述分部概算第一至第五部分投资合计数的百分率计算。

(2)价差预备费。按照合理建设工期和分年度静态投资(含基本预备费),根据国家规定的物价指数按有关公式进行计算。

(3)建设期融资利息。根据合理建设工期,第一至第五部分分年度投资、基本预备费、价差预备费之和,据国家规定的贷款利率及有关公式进行计算。

(4)工程静态总投资。第一至第五部分投资与基本预备费之和构成工程静态总投资。

(5)工程总投资。第一至第五部分投资、基本预备费、价差预备费、建设期融资利息之和构成工程总投资。

(6)编制总概算表时,在第五部分独立费用之后,应按顺序编列以下项目:①第一至第五部分投资合计;②基本预备费;③静态总投资;④价差预备费;⑤建设期融资利息;⑥总投资。

(7)工程总投资合计。具体如下:

静态总投资为工程部分静态总投资与移民和环境部分静态总投资之和。

总投资为枢纽工程总投资与水库淹没补偿费总投资之和。

(四)编制水利水电工程设计概算的主要表格及填写说明

1. 主要表格

(1)总概算表(见表 8-12)。

(2)建筑工程概算表(见表 8-13)。

(3)设备及安装工程概算表(见表 8-14)。

(4)分年度投资概算表(见表 8-15)。

(5)资金流量表(见表 8-16)。

表 8-12　总概算表

单位:万元

编号	工程或费用名称	建安工程费	设备购置费	独立费用	合计	占第一至第五部分投资(%)
Ⅰ	工程部分投资					
	第一部分　建筑工程					
	××工程(一级项目)					
	第二部分　机电设备及安装工程					
	××工程(一级项目)					
	第三部分　金属结构设备及安装工程					
	××工程(一级项目)					
	第四部分　临时工程					
	××工程(一级项目)					
	第五部分　独立费用					
	××费用(一级项目)					
	第一至第五部分投资合计					
	基本预备费					
	静态总投资					
	价差预备费					
	建设期融资利息					
	总投资					
Ⅱ	移民和环境部分投资					
一	建设征地及移民安置补偿投资					
二	水土保持工程投资					
三	环境保护工程投资					
	静态总投资					
	总投资					
Ⅲ	工程总投资合计					
	静态总投资					
	建设期融资利息					
	总投资					

表 8-13　建筑工程概算表

编号	工程或费用名称	单位	数量	单价(元)	合计(元)

表 8-14　设备及安装工程概算表

编号	名称及规格	单位	数量	单价(元)		合计(万元)	
				设备费	安装费	设备费	安装费

表 8-15　分年度投资概算表

单位:万元

编号	项目名称	合计	建设工期(年)							
			1	2	3	4	5	6	7	8
一	建筑工程									
1	建筑工程									
	××工程(一级项目)									
2	临时工程									
	××工程(一级项目)									
二	安装工程									
1	发电设备安装工程									
2	变电设备安装工程									
3	公用设备安装工程									
4	金属结构设备安装工程									
三	设备工程									
1	发电设备									
2	变电设备									
3	公用设备									
4	金属结构设备									
四	独立费用									
1	建设管理费									
2	生产准备费									
3	科研勘测设计费									
4	建设及施工场地征用费									
5	其他									
	第一至第四部分合计									

表 8-16 资金流量表

单位：万元

编号	项目名称	合计	建设工期(年)							
			1	2	3	4	5	6	7	8
一	建筑工程									
	分年度资金流量									
	××工程									
	⋮									
二	安装工程									
	分年度资金流量									
三	设备工程									
	分年度资金流量									
四	独立费用									
	分年度资金流量									
	第一至第四部分合计									
	分年度资金流量									
	基本预备费									
	价差预备费									
	建设期融资利息									
	总投资									

(6)建筑工程单价汇总表(见表8-17)。

(7)安装工程单价汇总表(见表8-18)。

(8)主要材料预算价格汇总表(见表8-19)。

(9)次要材料预算价格汇总表(见表8-20)。

(10)施工机械台时费汇总表(见表8-21)。

(11)主体工程主要工程量汇总表(见表8-22)。

(12)主要材料量汇总表(见表8-23)。

(13)工时数量汇总表(见表8-24)。

(14)建设及施工场地征用数量汇总表(见表8-25)。

表 8-17 建筑工程单价汇总表

单位：元

编号	名称	单位	单价	其中							
				人工费	材料费	机械使用费	其他直接费	现场经费	间接费	企业利润	税金

表 8-18　安装工程单价汇总表

单位:元

编号	名称	单位	单价	其中								
				人工费	材料费	机械使用费	装置性材料费	其他直接费	现场经费	间接费	企业利润	税金

表 8-19　主要材料预算价格汇总表

单位:元

编号	名称及规格	单位	预算价格	其中			
				原价	运杂费	运输保险费	采购及保管费

表 8-20　次要材料预算价格汇总表

单位:元

编号	名称及规格	单位	预算价格	单价		
				原价	运杂费	合计

表 8-21　施工机械台时费汇总表

单位:元

编号	名称及规格	台时费	其中				
			折旧费	修理及替换设备费	安拆费	人工费	动力燃料费

表 8-22　主体工程主要工程量汇总表

编号	项目	土石方明挖(m^3)	石方洞挖(m^3)	土石方填筑(m^3)	混凝土(m^3)	模板(m^2)	钢筋(t)	帷幕灌浆(m)	固结灌浆(m)

表 8-23　主要材料量汇总表

编号	项目	水泥(t)	钢筋(t)	钢材(t)	木材(m^3)	炸药(t)	沥青(t)	粉煤灰(t)	汽油(t)	柴油(t)

表 8-24　工时数量汇总表

编号	项目	工时数量	说明

表 8-25　建设及施工场地征用数量汇总表

编号	项目	占地面积(亩)	说明

2. 表格填写说明

(1)总概算表,如表 8-12 所示。第 2 栏按项目划分的五部分填至一级项目,五部分之后按顺序填列:①第一至第五部分投资合计;②基本预备费;③价差预备费;④建设期融资利息;⑤静态总投资;⑥总投资。

(2)建筑工程概算表,如表 8-13 所示。本表适用于编制建筑工程概算、临时工程概算和独立费用概算;第 2 栏填至项目划分第三级项目。

(3)设备及安装工程概算表,如表 8-14 所示。本表适用于编制机电和金属结构设备及安装工程概算;第 2 栏填至项目划分第三级项目。

(4)主体工程主要工程量汇总表,如表 8-22 所示;主体工程主要材料量汇总表,如表 8-23所示;主体工程工时数量汇总表,如表 8-24 所示。此三表统计范围均为主体建筑工程和施工导流工程;各表第 2 栏可按不同情况,填列项目划分第一级项目和第二级项目。

四、总概算编制中的有关问题

(一)预备费

预备费包括基本预备费和价差预备费两部分。

(1)基本预备费。主要是为了解决在施工过程中,经过上级主管部门批准的设计变更和国家政策性变动增加的投资,以及为解决意外事故而采取的措施所需增加的工程项目和费用。计算方法为:根据工程规模、施工年限和地质条件等不同情况,按工程概算第一至第五部分投资合计数(依据分年度投资表)的百分率计算。初步设计概算为 5.0% ~8.0%,可行性研究阶段投资估算为 10% ~12%,项目建议书阶段为 15% ~18%。

(2)价差预备费。主要是为了解决在工程建设过程中,因为人工工资、材料和设备价格上涨以及费用标准调整而增加的投资。计算方法是根据施工年限、部分设计阶段,以资金流量表的静态投资为计算基数,按照国家发展和改革委员会根据物价变动趋势适时调整和发布的年物价指数计算。

(二)建设期融资利息

建设期融资利息指根据国家财政金融政策的规定,工程在建设期内需偿还并应计入工程总投资的融资利息。计算方法为,根据合理建设工期,工程概算第一至第五部分分年投资、基本预备费、价差预备费之和,按国家规定的贷款利息复利计算。计算公式参见第四章。

(三)单位投资和单位造价

单位投资和单位造价指单位工程规模数量指标的投资和造价。例如,对于水电工程可表示为单位千瓦投资、单位千瓦造价;对于水利工程,可表示为单位库容投资、单位库容造价、单位灌溉面积投资或造价等。

(四)主要经济技术指标

水利工程无统一格式,根据工程具体情况拟定,反映出主要经济技术指标即可。

(五)分年度投资计算

基本建设工程的分年度投资,是根据概预算总投资和施工组织设计确定的施工总工期及施工进度计划计算。它是银行及有关部门据以安排基本建设工程年度投资和计算工程建设期融资利息的主要依据,也是对工程进行经济效益分析的依据。

分年度投资计算,可按下列方法进行:

(1)根据施工总进度,以相应年度不同项目工程量乘以概预算单价的办法计算。

(2)施工临时工程的分年度投资,除施工导流工程应在工程施工进度安排的相应时段计算外,其余工程一般均应在工程施工准备期内计算。

(3)独立费用,根据费用的性质、用途及费用发生的先后与施工时段的关系,按相应施工年度分摊计算。费用包括:

①建设管理费中,建设单位管理费应在工程总工期内分摊计算;建设及施工场地征用费可在工程施工准备期内分摊计算;联合试运转费可在第一台机组发电前半年至工程竣工的时段内分摊计算。

②生产准备费,可在主体工程开工至第一台机组发电或水库蓄水前的施工时段内分摊计算。

③科研勘测设计费,可按工程总工期分摊,但都向前平移一个年度使用,其中第一个超前年度的投资计入第一个施工年度内。

④建设及施工场地征用费可在工程施工准备期内分摊计算。

五、工程实例

(一)工程概况

某水库地处某市南约35 km的洪水河上,对外交通便利,总库容4 715万 m^3,为中型水利水电工程。主要建筑物包括沥青心墙砂砾石坝、排沙泄洪洞、输水洞、发电站等(发电站本阶段未作设计,投资为框算值)。工程建设期4年。施工总工日为144万工日,高峰人数1 638人。

主体建筑工程量:混凝土10.18万 m^3,土石方明挖144.19万 m^3,石方洞挖6.67万 m^3,坝体填筑661万 m^3,帷幕灌浆4.87万 m^3,固结灌浆2.58万 m^3。

项目资金来源为:国家拨款60%,地方自筹40%(其中50%贷款利率为5.76%)。

(二)设计概算编制说明

1.编制原则及依据

1)编制原则

本工程为中型水利基本建设项目,按国家水利基本建设项目编制本工程投资概算。执行水利部水总[2002]116号文颁发的《水利工程设计概(估)算费用构成及计算标准》。

2)编制依据

建筑工程采用水利部水总[2002]116号文颁发的《水利建筑工程概算定额》;安装工程采用水利部水建管[1999]523号文颁发的《水利工程机电设备安装概算定额》;施工机械台时费定额执行水利部水总[2002]116号文颁发的《水利工程施工机械台时费定额》。

2.基础单价

1)人工预算单价

依据水利部水总[2002]116号文颁发的《水利工程设计概(估)算费用构成及计算标准》规定,经分析计算人工工时预算价格为(按十一类地区计算):工长8.22元/工时、高级工7.64元/工时、中级工6.49元/工时、初级工3.52元/工时。

2）主要材料价格

该工程材料原价均按该市2002年第三季度市场调节价。主要材料预算价格见表8-26。

表8-26 主要材料预算价格

材料名称	单位	材料原价	材料名称	单位	材料原价
钢筋	元/t	2 300	钢板	元/t	2 410.13
42.5级普通硅酸盐水泥	元/t	280	型钢	元/t	2 451.33
52.5级普通硅酸盐水泥	元/t	295	板枋材	元/m^3	1 407.66
钢模板	元/t	3 400	炸药	元/kg	5.09
柴油	元/t	3 354	汽油	元/t	3 704.09

材料运杂费按当地运输部门规定计算，采购及保管费按运到工地价格（不含运输保险费）的3%计算。

3）施工用水、电、风、砂石料及块石预算单价

根据施工组织设计工艺流程分析计算，计算结果见表8-27。

表8-27 施工用水、电、风、砂石料及块石预算单价

材料名称	单位	预算价格	材料名称	单位	预算价格
水	元/m^3	0.14	砂	元/m^3	45.27
电	元/m^3	0.55	石	元/m^3	47.71
风	元/m^3	0.6	块石	元/m^3	62.38

4）设备预算价格

设备价格按2002年上半年价格及工程类比确定原价，其主要设备价格见表8-28。

表8-28 主要机电设备价格

设备名称	单位	设备原价	设备名称	单位	设备原价
弧形闸门	万元/t	1.1	油压启闭机	万元/t	2.4
平板闸门	万元/t	0.9	卷扬启闭机	万元/t	1.5
埋件	万元/t	0.8			

3.取费

1）其他直接费

计算基础为直接费，建筑工程费率为4%，安装工程费率为4.7%。

2）现场经费费率

现场经费费率按第四章表格确定。

3）间接费费率

间接费费率按第四章表格确定。

4）企业（计划）利润

企业（计划）利润按直接费与间接费之和的7%计算。

5）税金

税金按直接费、间接费与计划利润之和的3.22%计算（工程地点为市区与城镇之外）。

4. 建筑工程及临时工程

主要建筑工程依据工程数量、施工组织设计的施工方法，结合相应的单项工程定额指标和工地人工、材料、机械台时费逐项分析计算编制；一般建筑工程按单位扩大指标编制；其他永久工程费用按主体建筑工程投资的5%计列。

临时工程共分以下各项编制：

（1）导流工程。依据导流工程量及施工方法分析单价，逐项列入。

（2）交通工程。按实物工程量及单位扩大指标列入。

（3）临时房屋建筑工程。临时仓库按实际需要每平方米造价列入，生活福利建筑按公式计算。

（4）其他临时工程。除35 kV输电线路架设另列费用外，施工供电、供风、供水，砂石料系统，混凝土拌和系统，施工通信，辅助企业，基坑排水，施工防汛，道路养护及场地平整等其他全部临时工程按建安工作量的3%列入。

5. 独立费用

执行水利部水总［2002］116号文颁发的《水利工程设计概（估）算费用构成及计算标准》中独立费用标准分别计算。

6. 预备费

基本预备费按第一至第五部分投资合计的15%计算。

（三）投资概算表

投资概算表见表8-29～表8-39。

表8-29　总概算表

单位：万元

编号	工程或费用名称	建安工程费	设备购置费	其他费用	投资合计	所占比例（%）
Ⅰ	工程部分投资				59 344.09	
	第一部分　建筑工程	38 810.92			38 810.92	77.6
一	主体建筑工程	36 014.68			36 014.68	
二	交通工程	110.00			110.00	
三	房屋建筑工程	745.50			745.50	
四	供电工程	140.00			140.00	
五	其他永久工程	1 800.73			1 800.73	
	第二部分　机电设备及安装工程	43.06	291.84		334.90	0.7
一	供电设备及安装工程	23.06	19.94		43.00	
二	通信设备及安装工程	2.00	21.75		23.75	
三	公用设备及安装工程	18.00	250.15		268.15	
	第三部分　金属结构设备安装工程	71.46	458.46		529.92	1.1
一	泄洪工程	42.26	242.14		284.40	

续表 8-29

编号	工程或费用名称	建安工程费	设备购置费	其他费用	投资合计	所占比例（%）
二	输水工程	29.20	216.32		245.52	
	第四部分　施工临时工程	3 164.48			3 164.48	6.3
一	导流工程	1 009.75			1 009.75	
二	交通工程	128.00			128.00	
三	房屋建筑工程	800.81			800.81	
四	其他临时工程	1 225.92			1 225.92	
	第五部分　独立费用				7 171.26	14.3
一	建设管理费				1 808.90	
二	生产准备费				290.56	
三	科研勘测设计费				4 714.03	
四	建设及施工场地征用费				1.00	
五	其他			356.77	356.77	
	第一至第五部分投资合计	42 089.91	750.30	7 171.26	50 011.47	100.0
	基本预备费					
	静态总投资					
	建设期融资利息					
	总投资					
Ⅱ	移民和环境部分投资					
一	水库淹没处理补偿费					
	农村移民补偿费					
	乡镇迁建补偿费					
	专业项目复建补偿费					
	库底清理费				9.00	
	独立费用				20.00	
	基本预备费(10%)				23.00	
	有关税费					
	静态总投资				253.00	
	总投资				253.00	
二	环境保护工程				115.00	
三	水土保持工程				1 040.00	
Ⅲ	发电站				2 475.00	
Ⅳ	工程总投资合计				63 227.09	
	静态总投资				61 396.20	
	建设期融资利息				1 830.89	
	工程总投资				63 227.09	

表 8-30　分年度投资表

单位:万元

编号	工程或费用名称	投资合计	第 1 年	第 2 年	第 3 年	第 4 年
Ⅰ	水库工程	59 344.09	12 881.60	18 350.58	18 441.18	9 670.73
一	建筑工程	41 975.40	9 344.42	13 756.94	12 894.16	5 979.88
(一)	第一部分　建筑工程	38 810.92	7 762.18	12 807.60	12 419.49	5 821.65
(二)	第四部分　施工临时工程	3 164.48	1 582.24	949.34	474.67	158.23
二	安装工程	114.52			57.26	57.26
三	设备工程	750.30		187.58	525.21	37.51
四	独立费用	7 171.26	1 792.82	1 792.82	1 792.81	1 792.81
	合计	50 011.48	11 137.24	15 737.34	15 269.44	7 867.46
	基本预备费(15%)	7 501.72	1 670.59	2 360.60	2 290.42	1 180.12
	建设期融资利息	1 830.89	73.77	252.64	881.32	623.15
	静态总投资	57 513.20	12 807.83	18 097.94	17 559.86	9 047.58
	总投资	59 344.09	12 881.60	18 350.58	18 441.18	9 670.73
Ⅱ	发电站	2 475.00		742.50	1 237.50	495.00
Ⅲ	环境保护工程	115.00	28.75	28.75	28.75	28.75
Ⅳ	水土保持工程	1 040.00	207.00	312.00	416.00	104.00
Ⅴ	水库费用	253.00	101.20	101.20	50.60	
	Ⅰ~Ⅴ总投资	63 227.09	13 219.55	19 535.03	20 174.03	10 298.48

表 8-31　建筑工程概算表

编号	工程或费用名称	单位	数量	单价(元)	合计(万元)
	第一部分　建筑工程				38 810.92
一	主体建筑工程				36 014.68
(一)	大坝工程				30 149.51
	砂砾石开挖	m^3	1 172 808	15.15	1 776.80
	一般石方开挖	m^3	50 816	38.36	194.93
	基础石方开挖	m^3	76 224	48.61	370.52
	坝壳料	m^3	6 240 087	28.56	17 821.69
	反滤料	m^3	178 710	46.22	826.00
	过渡料	m^3	186 480	40.04	746.67
	沥青混凝土心墙	m^3	34 848	988.2	3 443.68
	防浪墙模板	m^3	1 044	57.25	5.98
	基座混凝土模板	m^3	6 993	57.25	40.03

续表 8-31

编号	工程或费用名称	单位	数量	单价(元)	合计(万元)
	块石排水体	m^3	23 520	109.95	258.60
	干砌块石护坡	m^3	97 125	148.7	1 444.25
	C20 混凝土防浪墙	m^3	1 305	318.05	41.51
	C15 混凝土基座	m^3	29 138	264.65	771.14
	帷幕灌浆	m	48 731	375.19	1 828.34
	固结灌浆	m	5 241	204.35	107.10
	钢筋制作及安装	t	96	5 117.06	49.12
	温控费用	m^3	9 940	25	24.85
	其他工程	m^3	331 918	12	398.30
(二)	排沙泄洪洞				3 458.66
1	进口段				111.63
	石方开挖	m^3	2 714	39.98	10.85
	护坡喷混凝土	m^3	198	659.56	13.06
	洞进口混凝土钢模	m^3	621	75.62	4.70
	洞进口 C20 混凝土	m^3	570	397.72	22.67
	钢筋制作及安装	t	108	5 117.06	55.26
	其他工程	m^3	2 544	20	5.09
2	洞身段				2 799.81
	岩石洞挖	m^3	43 752	99.64	435.94
	泄洪洞衬砌钢模	m^3	17 101	122.12	208.84
	渐变段 C20 混凝土	m^3	879	465.83	40.95
	洞身现浇 C30 混凝土	m^3	14 810	588.9	872.16
	回填灌浆	m^2	7 897	59.21	46.76
	固结灌浆	m	15 391	110.24	169.67
	钢筋制作及安装	t	1 883	5 117.06	963.54
	钢拱架制作及安装	t	67	5 500	36.85
	其他工程	m^3	15 689	16	25.10
3	竖井闸室段				342.93
	石方开挖	m^3	11 212	38.36	43.01
	岩石开挖	m^3	2 694	143.6	38.69
	竖井衬砌钢模	m^3	1 850	135.79	25.12

续表 8-31

编号	工程或费用名称	单位	数量	单价(元)	合计(万元)
	竖井 C25 混凝土	m^3	1 711	439.91	75.27
	闸室 C25 混凝土	m^3	373	390.75	14.57
	竖井闸室 C25 钢筋混凝土板梁柱	m^3	90	408.14	3.67
	钢筋制作及安装	t	235	5 117.06	120.25
	钢材制作及安装	t	24	5 500	13.20
	闸室及管理房	m^2	80	600	4.80
	其他工程	m^3	2 174	20	4.35
4	出口段				204.30
	碎石土开挖	m^3	9 177	15.15	13.90
	石方开挖	m^3	10 188	39.98	40.73
	抛块石	m^3	594	109.95	6.53
	出口混凝土模板	m^3	780.15	92.9	7.25
	基础 C10 混凝土	m^3	54	182.39	0.98
	闸室 C20 混凝土	m^3	616	391.27	24.10
	陡坡及鼻坎 C20 混凝土	m^3	536	336.96	18.06
	C25 钢筋混凝土板梁柱	m^3	77	408.14	3.14
	C40 硅粉混凝土底板	m^3	165	425.89	7.03
	钢筋制作及安装	t	151	5 117.06	77.27
	闸室及管理房	m^2	40	600	2.40
	其他工程	m^3	1 448	20	2.90
(三)	输水洞工程				2 406.50
1	进口段				121.84
	碎石土开挖	m^3	33 606	15.15	50.91
	石方开挖	m^3	4 455	39.98	17.81
	护坡喷混凝土	m^3	144	659.56	9.50
	洞进口混凝土钢模	m^3	594	75.62	4.49
	洞进口 C20 混凝土	m^3	550	397.72	21.87
	钢筋制作及安装	t	31	5 117.06	15.86
	其他工程	m^3	694	20	1.39
2	洞身段				1 538.54
	洞身石方开挖	m^3	18 543	133.58	247.70

续表 8-31

编号	工程或费用名称	单位	数量	单价(元)	合计(万元)
	衬砌钢模	m^3	11 419	122. 12	139. 45
	渐变段 C20 混凝土	m^3	496	493. 15	24. 46
	洞身 C30 混凝土衬砌	m^3	7 379	617. 12	455. 37
	回填灌浆	m^2	4 826	59. 21	28. 57
	固结灌浆	m	5 128	126. 45	64. 84
	钢筋制作及安装	t	1 059	5 117. 06	541. 90
	钢拱架制作及安装	t	43	5 500	23. 65
	其他工程	m^3	7 875	16	12. 60
3	竖井闸室段				406. 98
	一般石方开挖	m^3	29 735	38. 36	114. 06
	竖井石方开挖	m^3	2 605	160. 41	41. 79
	竖井衬砌钢模	m^3	1 783	135. 79	24. 21
	竖井 C20 混凝土衬砌	m^3	1 770	451. 26	79. 87
	闸室 C25 混凝土	m^3	271	390. 75	10. 59
	竖井闸室 C25 钢筋混凝土板梁柱	m^3	56	408. 14	2. 29
	钢筋制作及安装	t	220	5 117. 06	112. 58
	钢材制作及安装	t	24	5 500	13. 20
	闸室面积	m^2	70	600	4. 20
	其他工程	m^3	2 097	20	4. 19
4	出口段				339. 14
	碎石土开挖	m^3	27 352	15. 15	41. 44
	一般石方开挖	m^3	13 045	38. 36	50. 04
	碎石土夯填	m^3	330	23. 63	0. 78
	模板	m^2	2 662	66. 41	17. 68
	C10 埋石混凝土基础	m^3	2 178	194. 28	42. 31
	C10 埋石混凝土堰体	m^3	1 634	184. 37	30. 13
	C15 渠道混凝土	m^3	1 238	339. 74	42. 06
	C20 钢筋混凝土交通桥	m^3	15	357. 36	0. 54
	C20 钢筋混凝土锥形阀室	m^3	148	343. 89	5. 09
	C20 钢筋混凝土消能箱	m^3	736	343. 89	25. 31
	C25 钢筋混凝土板梁柱	m^3	17	408. 14	0. 69

续表 8-31

编号	工程或费用名称	单位	数量	单价(元)	合计(万元)
	C40 硅粉混凝土底板	m^3	176	425.89	7.50
	钢筋制作及安装	t	119	5 117.06	60.89
	闸室面积	m^2	40	600	2.04
	其他工程	m^3	6 142	20	12.28
二	交通工程				110.00
(一)	公路工程				110.00
1	场内永久道路(新建)	km	2	200 000	40.00
2	对外永久道路				70.00
	改建道路　四级公路	km	14	50 000	70.00
三	房屋建筑工程				745.50
(一)	永久房屋建筑工程	元	1	6 482 642.5	648.26
(二)	室外工程	元	1	972 396.38	97.24
四	供电工程				140.00
(一)	10 kV 线路架设	km	20	70 000	140.00
五	其他永久工程	元	1	18 007 340.27	1 800.73

表 8-32　机电设备及安装工程概算表

编号	工程或费用名称	单位	数量	单价(元)		合计(万元)	
				设备	安装	设备	安装
	第二部分　机电设备及安装工程					291.84	
一	供电设备及安装工程					19.94	
(一)	供电设备					19.94	
	变压器 SL7－160/10	台	1	30 000		3.00	
	跌落式熔断 RW4－10/50	台	3	320		0.10	
	避雷器 FS4－10	台	3	450		0.14	
	低压配电屏 PGL1－28	面	4	12 000		4.80	
	照明配电屏 XM(R)－7	面	4	2 000		0.80	
	动力配电箱 X(F)14－9	面	5	5 000		2.50	
	照明灯具	项	1	70 000		7.00	
	小计					18.33	
	综合运杂费用(8.76%)					1.61	

续表 8-32

编号	工程或费用名称	单位	数量	单价(元)		合计(万元)	
				设备	安装	设备	安装
(二)	电缆						23.06
	动力电缆	km	4				22.00
	控制电缆	km	0.5				0.50
	移动电缆	km	0.2				0.56
二	通信设备及安装工程	项	1	200 000	200 000	21.75	2.00
	小计					20.00	
	综合运杂费用(8.76%)					1.75	
三	公用设备及安装工程					250.15	18.00
(一)	外部观测设备	项	1	500 000	500 000	54.38	5.00
	小计					50.00	
	综合运杂费用(8.76%)					4.38	
(二)	计算机控制系统	项	1	300 000	300 000	32.63	3.00
	小计					30.00	
	综合运杂费用(8.76%)					2.63	
(三)	交通设备	项	1	500 000		54.38	
	小计					50.00	
	综合运杂费用(8.76%)					4.38	
(四)	其他设备	项	1	1 000 000	100 000	108.76	10.00
	小计					100.00	
	综合运杂费用(8.76%)					8.76	

表 8-33 金属结构设备及安装工程概算表

编号	工程或费用名称	单位	数量	单价(元)		合计(万元)	
				设备	安装	设备	安装
	第三部分 金属结构设备及安装工程					458.46	71.46
一	泄洪工程					242.14	42.26
(一)	排沙泄洪洞					128.01	27.02
	闸门设备及安装					128.01	27.02
	弧形闸门(1扇)	t	50	11 000	2 202.38	55.00	11.01
	平板闸门(1扇)	t	51	9 000	1 819.18	45.90	9.28
	埋件(弧)(1孔)	t	5	8 000	3 354.16	4.00	1.68
	埋件(平)(1孔)	t	16	8 000	3 157.04	12.80	5.05
	小计					117.70	
	综合运杂费用(8.76%)					10.31	

续表 8-33

编号	工程或费用名称	单位	数量	单价(元)		合计(万元)	
				设备	安装	设备	安装
(二)	启闭设备及安装					110.94	15.24
	液压启闭机 2×750 kN(25 t/台)	台	1	600 000	95 335.4	60.00	9.53
	QP 启闭机 2×1 200 kN(28 t/台)	台	1	420 000	57 100.76	42.00	5.71
	小计					102.00	
	综合运杂费用(8.76%)					8.94	
(三)	闸门喷锌	m^2	266	120		3.19	
二	输水工程					216.32	29.20
(一)	输水洞					216.32	29.20
1	闸门设备及安装					178.80	26.32
	平板闸门(1扇)	t	42	9 000	1 819.18	37.80	7.64
	锥形阀(1扇)	t	60	18 000	2 202.38	108.00	13.21
	埋件(1孔)	t	12	8 000	3 157.04	9.60	3.79
	锥形阀埋件(1孔)	t	5	18 000	3 354.16	9.00	1.68
	小计					164.40	
	综合运杂费用(8.76%)					14.40	
2	启闭设备及安装					37.52	2.88
	QP 启闭机 2×1 000 kN(22 t/台)	台	1	330 000	27 270	33.00	2.73
	LQ 螺杆式 50 kN	台	1	15 000	15 000	1.50	0.15
	小计					34.50	
	综合运杂费用(8.76%)					3.02	

表 8-34　临时工程概算表

编号	工程或费用名称	单位	数量	单价(元)	合计(万元)
	第四部分　施工临时工程				3 164.49
一	导流工程				1 009.76
(一)	围堰工程				1 009.76
	碎石土开挖	m^3	3 746	15.15	5.68
	截流体填筑	m^3	850	186.8	15.88
	砂砾石填筑	m^3	349 854	27.3	955.10
	土工膜防渗	m^2	15 950	20.75	33.10
二	交通工程				128.00

续表 8-34

编号	工程或费用名称	单位	数量	单价(元)	合计(万元)
(一)	新修道路				128.00
	砂碎石路面	km	16	80 000	128.00
三	房屋建筑工程				800.81
	施工仓库	m^2	5 800	220	127.60
	生活福利房屋	项	1	6 732 066.4	673.21
四	其他临时工程	项	1	12 259 199	1 225.92

表 8-35　独立费用概算表

编号	工程或费用名称	单位	数量	单价(元)	合计(万元)
	第五部分　独立费用				7 171.26
一	建设管理费				1 808.90
(一)	建设项目管理费				1 469.78
1	建设单位开办费				194.00
2	建设单位经常费				1 275.78
(1)	建设单位人员经常费				886.72
(2)	工程管理经常费				339.06
(二)	工程建设监理费				339.12
二	生产准备费				290.56
(一)	生产及管理单位提前进厂费				126.27
(二)	生产职工培训费				126.27
(三)	管理用具购置费				33.67
(四)	备品备件购置费				3.75
(五)	工器具及生产家具购置费	%			0.60
三	科研勘测设计费				4 714.03
(一)	工程科学研究试验费	%			210.45
(二)	勘测设计费				4 503.58
1	勘测费				2 438.35
2	设计费				2 065.23

续表 8-35

编号	工程或费用名称	单位	数量	单价(元)	合计(万元)
四	建设及施工场地征用费				1.00
(一)	永久征地				0.40
	荒地及河滩地	亩	40		0.40
(二)	临时占地				0.60
	荒地及河滩地	亩	60		0.60
五	其他				356.77
(一)	定额编制管理费	%	0.08		33.67
(二)	工程质量监督费	%	0.1		42.09
(三)	工程保险费	%	0.45		192.78
(四)	地区高原补贴				88.23

表 8-36　建筑工程单价汇总表　　单位:元

编号	项目名称	单位	单价	其中							
				人工费	材料费	机械使用费	其他直接费	现场经费	间接费	企业利润	税金
一	土石方工程										
	碎石土(砂砾石)开挖	m^3	15.15	2.77	1.87	6.74	0.44	1.02	1.02	0.87	0.42
⋮	⋮										
	岩石洞挖	m^3	99.64	29.8	27.89	17.06	2.98	6.71	6.71	5.69	2.8
二	砂石备料工程										
	坝壳料	m^3	28.56	1.64	17.77	3.82	0.92	0.46	1.39	1.72	0.84
⋮	⋮										
三	模板工程										
	基座混凝土模板	m^2	57.25	4.32	22.34	17.74	1.76	3.54	2.66	3.28	1.61
⋮	⋮										
四	混凝土工程										
	基础 C10 混凝土	m^3	182.39	28.78	98.44	15.23	5.70	11.43	7.15	10.5	5.16
⋮	⋮										
	闸室 C25 混凝土	m^3	390.75	35.45	215.54	54.36	12.21	24.43	15.27	22.44	11.05
⋮	⋮										
五	钻孔灌浆及锚固工程										
	帷幕灌浆	m	375.19	139.21	72.61	78.62	11.62	20.33	20.33	21.76	10.71
⋮	⋮										

表 8-37　主要材料预算价格汇总表

单位:元

编号	工程或费用名称	单位	预算价格	其中			
				原价	运杂费	保险费	采保费
M0030	砂	m^3					
M0080	汽油	t	3 704.09	3 580.00	16.20		107.89
M0090	柴油	t	3 741.31	3 354.00	16.20		101.11
M0120	钢筋	t	2 399.83	2 300.00	29.93		69.90
M0204	板枋材	m^3	1 407.66	1 350.00	16.66		41.00
M0254	水泥 42.5 级	t	315.35	280.00	26.17		9.19
M0256	水泥 52.5 级	t	428.80	295.00	121.31		12.49
M0322	2#岩石铵梯炸药	kg	5.09	4.51	0.43		0.15
M0323	4#抗水岩石铵梯炸药	kg	5.51	4.91	0.43		0.16
M2570	型钢	t	2 451.33	2 350.00	29.93		71.40
M2571	钢板 8 ~ 12 mm	t	2 410.13	2 310.00	29.93		70.20
M2572	钢模板	t	3 593.23	3 400.00	88.57		104.66
M2573	组合钢模板	t	3 696.23	3 500.00	88.57		107.66

表 8-38　次要材料预算价格汇总表

单位:元

编号	名称及规格	单位	预算价格	编号	名称及规格	单位	预算价格
M0030	砂	m^3	45.27	M0151	钢棒	kg	5.50
M0040	石子	m^3	47.71	M0152	钢导管	kg	3.80
M0050	块石	m^3	62.38	M1042	螺栓	kg	6.40
M0058	堆料石	m^3	9.39	M1054	锚杆附件	kg	6.00
M0060	反滤料及过滤料	m^3	4.36	M1063	铁钉	kg	5.55
M0063	石英砂	m^3	103.00	M1072	铁件及预埋铁件	kg	4.50
M0077	黏土	t	50.00	M1073	铁丝	kg	5.45
M0078	黏土	m^3	10.96	M1076	钢材	kg	25.00
M0079	砖	千块	190.00	M1077	铜电焊条	kg	40.00
M0102	沥青	kg	1.80	M1091	DH6 冲击器	套	2 500.00
M0103	沥青	t	1 780.00	M1096	灌浆钢管 ϕ25 mm	m	13.10
M0106	煤	kg	0.25	M1098	灌浆盒	m	11.60
M0112	透平油	kg	6.80	M1099	灌浆盒	个	6.00
M0113	变压器油	kg	5.40	M1104	合金钻头	个	45.00
M0141	钢管	kg	3.20	M1112	金刚钻头	个	1 000.00

表 8-39　施工机械台时费汇总表　　单位:元

编号	机械名称	台时费	其中		
			一类费用	二类费用	三类费用
P1011	单斗挖掘机　液压 2 m^3	234.92	147.30	87.62	
P1014	单斗挖掘机　液压 4 m^3	492.84	320.21	172.63	
P1028	装载机　轮胎式 1 m^3	64.13	21.69	42.44	
P1031	装载机　轮胎式 3 m^3	180.2	89.52	90.68	
P1042	推土机　59 kW	69.03	24.31	44.72	
P1043	推土机　74 kW	95.03	42.67	52.36	
P1044	推土机　88 kW	116.15	56.85	59.30	
P1047	推土机　132 kW	170.66	89.50	81.16	
P1062	拖拉机　履带式 74 kW	71.5	21.57	49.93	
P1084	振动碾　凸块 13 ~ 14 t	181.89	107.81	74.08	
P1088	羊足碾　8 ~ 12 t	2.92	2.92		
P1094	刨毛机	60.87	19.62	41.25	
P1095	蛙式夯实机　2.8 kW	15.66	1.18	14.48	
P1096	风钻　手持式	27.81	2.43	25.38	
P1097	风钻　气腿式	38.28	3.28	35.00	
P1098	风镐(铲)　手持式	12.59	2.16	10.43	
P1101	潜孔钻　150 型	201.27	79.38	121.89	
P1114	凿岩台车　液压三臂	670.66	528.47	142.19	
P1117	液压平台车	116.84	43.80	73.04	
P1137	吊斗(桶)　0.2 ~ 0.6 m^3	1.22	1.22		
P1138	吊斗(桶)　2 m^3	2.2	2.20		
P2003	混凝土搅拌机　0.8 m^3	31.28	12.04	19.24	
P2005	强制式混凝土搅拌机　0.25 m^3	22.9	8.40	14.50	
P2032	混凝土喷射机　4 ~ 5 m^3/h	84.81	53.21	31.60	
P2041	振捣器　插入式 1.1 kW	96.23	5.31	90.92	
P2047	振捣器　插入式 1.5 kW	2.02	1.54	0.48	
P2048	变频机组 8.5 kVA	2.97	2.31	0.66	
P2052	变频机组 8.5 kVA	15.28	11.44	3.84	
P2058	混凝土振动碾 BW90AD	51	34.58	16.42	

续表 8-39

编号	机械名称	台时费	其中		
			一类费用	二类费用	三类费用
P2073	摊铺机 DF130C	457.37	368.08	89.29	
P2080	风(砂)水枪　6 m^3/min	31.27	0.66	30.61	
P2107	滑膜台车　竖井衬砌后直径 18 m	755.25	675.26	79.99	
P3004	载重汽车　5 t	53.71	18.63	35.08	
P3009	载重汽车　15 t	108.28	62.02	46.26	
P3012	自卸汽车　5 t	56.11	16.10	40.01	
P3013	自卸汽车　8 t	79.97	36.14	43.83	
P3014	自卸汽车(保温)　8 t	81.78	37.95	43.83	
P3017	自卸汽车　15 t	126.43	72.54	53.89	
P3019	自卸汽车　20 t	148.02	83.37	64.65	
P3022	自卸汽车　32 t	330.36	233.44	96.92	
P3074	胶轮车	0.9	0.90		
P3176	胶带输送机　固定式 800 mm×30 m	25.17	13.43	11.74	
P4025	门座式起重机 10/30 t 高架 10～30 t	216.33	136.54	79.79	
P4030	塔式起重机　10 t	100.9	61.36	39.54	
P4085	汽车起重机　5 t	64.32	25.34	38.98	
P4087	汽车起重机　8 t	79.8	35.56	44.24	
P4088	汽车起重机　10 t	86.77	42.53	44.24	
P4091	汽车起重机　20 t	132.86	75.08	57.78	
P4092	汽车起重机　25 t	175.5	114.95	60.55	
P4143	卷扬机　单筒慢速　5 t	17.36	4.18	13.18	
P4156	卷扬机　双筒快速　5 t	35.8	10.08	25.72	
P4163	绞车　单筒 1.2 m×1.0 m 30 kV	31.34	9.88	21.46	
P5041	砂石洗选机　单螺旋 XL－914 mm	30.01	16.77	13.24	
P5091	给料机　重型槽式 1 100×2 700 mm	33.47	20.23	13.24	
P6002	地质钻机　150 型	39.97	14.73	25.24	
P6021	灰浆搅拌机	15.53	3.31	12.22	
P6024	灌浆泵　中低压泥浆	33.4	9.90	23.5	
P6025	灌浆泵　中低砂浆	32.8	11.16	21.64	

第九章　其他造价文件的编制

第一节　投资估算的编制

一、投资估算的概念

水利水电工程投资估算，是指在可行性研究阶段，按照国家和主管部门规定的编制方法、估算指标、各项取费标准，现行的人工、材料、设备价格，以及工程具体条件编制的技术经济文件。

投资估算是可行性研究报告的重要组成部分，是建设项目进行经济评价及投资决策的依据，是前期工作的关键性环节。可行性研究报告是基本建设程序中决策的前期工作阶段，是建设项目是否可行的重要论证依据。可行性研究报告经批准后，是进行初步设计或施工图设计（采用一阶段设计）的依据。投资估算的准确度将直接影响国家对项目选定的决策。

二、投资估算的作用

由于投资决策过程可进一步划分为规划阶段、项目建议书、可行性研究、编制设计任务书等四个阶段，所以投资估算工作也相应分为四个阶段。不同阶段所具备的条件和掌握的资料不同，因此投资估算的准确程度不同，进而每个阶段投资估算所起的作用也不同。总的来说，投资估算是前期各个阶段工作中，作为判断拟建项目是否经济合理的重要文件。它具有下列作用：

(1)它是国家决定拟建建设项目是否继续进行研究的依据。

规划阶段的投资估算，是国家根据国民经济和社会发展的要求，制定区域性、行业性发展规划阶段编制的经济文件，是国家决策部门判断拟建项目是否继续进行研究的依据之一，仅作为一项参考的经济指标。

(2)它是国家审批项目建议书的依据。

项目建议书阶段的投资估算，是国家决策部门领导审批项目建议书的依据之一，用以判断拟建项目在经济上是否列为经济建设的长远规划。项目建议书阶段的估算，在决策过程中也是一项参考性的经济文件。

(3)它是国家批准设计任务书的重要依据。

可行性研究阶段的投资估算，是研究分析拟建项目经济效果和各级主管部门决定立项的重要依据。因此，它是决策性质的经济文件。可行性研究报告被批准后，投资估算就作为控制设计任务书下达的投资限额，对初步设计概算编制起控制作用，也可作为筹集资金和向银行贷款的计划依据。

(4)它是国家编制中长期规划，保持合理比例和投资结构的重要依据。

拟建项目的投资，是编制固定资产长远投资规划和制订国民经济中长期发展计划的重要依据。根据各个拟建项目的投资估算，可以准确核算国民经济的固定资产投资需要量，确定国民经济积累的合理比例，保持适度的投资规模和合理的投资结构。

三、投资估算的内容

整个建设项目的投资估算总额，是指工程从筹建、施工直到建成投产的全部建设费用，其中包括的内容应视项目的性质和范围而定。

可行性研究投资估算与初步设计概算在组成内容、项目划分和费用构成上基本相同，但两者设计深度不同。投资估算可根据《水利水电工程可行性研究报告编制规程》的有关规定，对初步设计概算规定中部分内容进行适当简化、合并和调整。

投资估算按照2002年水利部《水利水电工程设计概（估）算编制规定》的办法编制。

（一）编制说明

（1）工程概况。包括：河系、兴建地点、对外交通条件、水库淹没耕地及移民人数、工程规模、工程效益、工程布置形式、主体建筑工程量、主要材料用量、施工总工期和工程从开工至开始发挥效益工期、施工总工日和高峰人数等。

（2）投资主要指标。投资主要指标为：工程静态总投资和总投资，工程从开工至开始发挥效益静态投资，单位千瓦静态投资和投资，单位电量静态投资和投资，年物价上涨指数，价差预备额度和占总投资百分率，工程施工期贷款利息和利率等。

（3）编制依据和主要问题。包括：①投资估算编制原则和依据；②人工、主要材料、施工供电、砂石料等基础单价的计算依据；③主要设备价格的编制依据；④建安工程定额、指标采用依据；⑤建安工程单价综合系数、安装工程材料费和机械使用费调差系数计算的说明；⑥费用计算标准及依据；⑦水库淹没处理补偿费以及环保费用和简要说明；⑧工程资金来源。

（4）估算编制中存在的和其他应说明的问题。

（5）主要技术经济指标表。

（二）投资估算表

投资估算表（与概算基本相同）包括：

（1）总投资表。

（2）建筑工程估算表。

（3）设备及安装工程估算表。

（4）分年度投资表。

（三）投资估算附表

投资估算附表包括：

（1）建筑工程单价汇总表。

（2）安装工程单价汇总表。

（3）主要材料预算价格汇总表。

（4）次要材料预算价格汇总表。

（5）施工机械台时费汇总表。

（6）主要工程量汇总表。

（7）主要材料量汇总表。

（8）工时数量汇总表。

(9)建设及施工征地数量汇总表。

(四)附件

附件材料包括:

(1)人工预算单价计算表。

(2)主要材料运输费用计算表。

(3)主要材料预算价格计算表。

(4)混凝土材料单价计算表。

(5)建筑工程单价表。

(6)安装工程单价表。

(7)资金流量计算表。

(8)主要技术经济指标表。

四、投资估算的编制依据

投资估算编制的主要依据包括:

(1)经批准的项目建议书投资估算文件。

(2)水利部《水利水电工程可行性研究投资估算编制办法(规程)》。

(3)水利部《水利水电工程设计概(估)算费用构成及计算标准》。

(4)水利部《水利水电工程设计概(估)算标准和水利水电工程施工机械台时费定额的补充规定》。

(5)可行性研究报告提供的工程规模、工程等级、主要工程项目的工程量等资料。

(6)投资估算指标、概算指标。

(7)建设项目中的有关资金筹措的方式、实施计划、贷款利息、对建设投资的要求等。

(8)工程所在地的人工工资标准、材料供应价格、运输条件、运费标准及地方性材料储备量等资料。

(9)当地政府有关征地、拆迁、安置、补偿标准等文件或通知。

(10)编制可行性研究报告的委托书、合同或协议。

五、投资估算的计算方法

水利水电工程中的主要建筑物和主要设备及安装工程是永久工程中的主体,在工程总投资中占有举足轻重的份额,所以为了保证投资估算的基本精度,采用了与概算相同的项目划分和计算方法。永久工程中的非主要工程(或称次要工程),由于项目繁多,工程量及投资相对较小,在可行性研究阶段由于受设计深度的限制,难以提出各分项工程的数量,所以在估算中采用合并项目,用粗略的方法(指标或百分率)估算其投资。

投资估算与设计概算编制程序和方法基本相同,其主要差别在于要求的工作深度不一样。具体差别表现在:①依据的定额不同。初步设计概算采用概算定额编制工程单价,而估算则采用综合性较强的估算指标编制估算单价,如采用概算定额编制估算单价,则要乘以一个扩大系数,现采用10%。②留取的余度不同。由于可行性研究的设计深度较初步设计低,对有些问题的研究还未深化,为了避免估算总投资失控,故编制估算所留的余地较概算要大。主要表现在:估算的工程量阶段系数值较初步设计概算要大;基本预备费率,估算采用的费率要大,现行规定:估算为10%,初步设计概算为5%~8%。③投资估算对次要工程投资采用简化的方法计算。

下面简单地介绍一下投资估算的编制方法。

(一)建筑工程

建筑工程由主体建筑工程、交通工程、房屋建筑工程和其他建筑工程组成,前三项基本概算的编制方法相同。

1. 主体建筑工程

主体建筑工程包括水利枢纽、水电站、水库工程、水闸、泵站、灌溉渠系、防洪堤以及河湖疏浚工程等,是构成总投资的重要组成部分,也是编制其他项目投资估算的基础。因此,必须做深入细致的工作,尽可能接近实际。

主体建筑工程投资估算的计算方法,与概算编制方法基本相同,即采用主体建筑工程的工程量乘以相应单价。

主体建筑工程单价应根据已掌握的工程具体条件,例如人工工资标准、对外交通情况、砂石材料的开采运输条件和主要施工方案等,拟定出人工预算单价,主要材料预算价格,砂、石、水、电、风等基础单价,施工机械台时费,采用估算指标计算出投资估算单价。估算采用的三级项目较概算粗略,一般均采用概算定额编制估算单价,但要乘以一个扩大系数,现行规定扩大系数为1.10。

2. 交通工程

交通工程包括上坝、进厂、对外等场内一切永久性的铁路、公路、桥涵、码头等,以及对地方原有公路、桥梁等进行的改建加固工程。

交通工程的投资按设计交通工程量分别乘以千米及延长米指标计算。公路工程造价指标可按照设计要求的道路等级、工程所在地区经济状况、现场地形地质条件、施工难易程度及工程量大小等,参照交通部颁发的有关规定计算。铁道工程可根据地形、地区经济状况,按每千米造价指标估算。

3. 房屋建筑工程

房屋建筑工程包括辅助生产厂房、仓库、办公室、生活及文化福利建筑和室外工程。编制方法与概算基本相同。

4. 其他建筑工程

其他建筑工程指除主体建筑工程和交通工程外的永久性建筑工程,包括动力线路、照明线路、通信线路,厂坝区及生活区供水、供热、排水等公用设施工程,厂坝区环境建设设施,内外部观测工程,水情自动测报系统工程等,全部合并在一起,采用占主体建筑工程(挡水、泄洪、引水、发电等)投资的百分率的方法估算其投资。百分率一般采用3%~5%,也可根据本工程的具体条件和工程规模估算。

(二)机电设备及安装工程

编制方法与概算基本相同,由主要机电设备及安装工程和其他机电设备及安装工程两项组成。

1. 主要机电设备及安装工程

主要机电设备及安装工程包括发电设备及安装工程、升压变电设备及安装工程、公用设备及安装工程、泵站设备及安装工程、小水电站设备及安装工程、供变电工程、公用设备及安装工程。

主要机电设备及安装工程投资，包括设备出厂价、运杂费和安装费。

设备出厂价，对于定型产品，执行市场价；对于非定型产品，采用厂家报价，如不能取得厂家报价，可按设计确定的设备质量，以单位价格指标(元/t)计算。

机组价格中包括油压装置、调速器、自动化元件和透平油等配套设备价格。

设备运杂费，可按占设备出厂价的一定百分数计算。安装费，可按设备安装费概算定额乘以10%计算。

2. 其他机电设备及安装工程

其他机电设备及安装工程包括除主要设备外的其他全部设备，如水力辅助机械、电气、通信、机修、变电站高压设备和一次拉线等工程。其投资估算可根据装机台数、电压等级、输电电线回数以及接线复杂程度，按装机总容量乘以单位千瓦指标(元/kW)估算，也可按主要设备投资的百分率计算。

将电梯、坝区馈电、供水、供热、水文、环保、外部观测、交通等设备及安装，以及全厂保护网、全厂接地等其他工程全部合并，以占主要机电设备及安装工程投资的百分率来估算其投资。

(三)金属结构设备及安装工程

金属结构设备及安装工程由水工建筑物各单项工程及灌溉渠道等工程中的金属结构设备及安装工程组成。包括闸门、启闭机、拦污栅、升船机和压力钢管等。其投资估算按各单项工程金属结构数量和每台(套)单位质量估算，与概算的计算方法基本相同。

(四)施工临时工程

施工临时工程由导流工程、施工交通工程、房屋建筑工程、施工供电工程和其他施工临时工程5项组成。估算编制方法及计算标准与概算相同。

1. 导流工程

导流工程同主体建筑工程一样，采用工程量乘以单价计算，其他难以估量的项目，可按计算出的导流投资的10%增列。

2. 施工交通工程

施工交通工程参照主体建筑工程中交通工程的方法编制，也可按主体建筑工程的百分率估算。

3. 房屋建筑工程

房屋建筑工程投资按估算编制办法的有关规定估算。

4. 施工供电工程

施工供电工程依据设计电压等级、线路架设要求和长度，参考表9-1指标计算。

表9-1　施工供电线路估算指标　　单位：万元/km

地区	电压等级	
	110 kV	220 kV
平原	4.5~5.5	7.0~9.0
丘陵	5.5~6.0	9.0~11.0
山岭	6.0~7.0	11.0~13.0

5. 其他施工临时工程

其他施工临时工程一般可按工程项目第一至第四部分的建安工作量(不包括其他临时工程本身的建安工作量)的一定百分率计算,枢纽工程和引水工程取3.0%～4.0%,河道工程取0.5%～1.0%。

(五)独立费用

独立费用编制方法及计算标准基本与概算相同。

(1)建设管理费。按全部建安工作量的一定百分率估算。

(2)生产准备费。按全部建安工作量的一定百分率估算。

(3)科研勘测设计费。按部颁标准计算。

(4)建设及施工场地征用费。

(5)其他费用。

一般按全部建安工作量的一定百分率计列。其中,技术准备费按建安工作量的2.5%～6%计列;施工企业基地建设补贴费按建安工作量的1%～2.5%计列。

(六)预备费、建设期融资利息、静态总投资和总投资

预备费分为基本预备费和价差预备费。

(1)基本预备费。

以上述5项费用之和为基数计算,可行性研究投资估算费率取10%～12%,项目建议书阶段基本预备费率取15%～18%。

(2)价差预备费。

根据施工年限及预测的物价指数计算,与初步设计概算相同。

建设期融资利息根据分年度投资计划计算复利。

第二节　施工图预算的编制

一、施工图预算的概念

施工图预算是指在施工图纸已设计完成后,设计单位根据施工图纸计算的工程量,施工组织设计和现行的水利建筑工程预算等定额、单位估价表及各项费用的取费标准,基础单价,国家及地方有关规定进行编制的反映单位工程或单项工程建设费用的经济文件。施工图预算应在已批准的初步设计概算控制下进行编制。

二、施工图预算的作用

施工图预算是在施工图设计阶段,在批准的概算范围内,根据国家现行规定,按施工图纸和施工组织设计综合计算的造价。其主要作用如下:

(1)它是确定单位工程项目造价的依据。预算比主要起控制造价作用的概算更为具体和详细,因而可以起确定造价的作用。这一点对于工业与民用建筑而言尤为突出。如果施工图预算超过了设计概算,应由建设单位会同设计部门报请上级主管部门核准,并对原设计概算进行修改。

(2)它是签订工程承包合同,实行投资包干和办理工程价款结算的依据。因预算确定的投资较概算准确,故对于不进行招标投标的特殊或紧急工程项目等,常采用预算包干。按照规定程序,经过工程量增减、价差调整后的预算作为结算依据。

(3)它是施工企业内部进行经济核算和考核工程成本的依据。施工图预算确定的工程造价,是工程项目的预算成本,其与实际成本的差额即为施工利润,是企业利润总额的主要组成部分。这就促使施工企业必须加强经济核算,提高经营管理水平,以降低成本,提高经济效益。同时,它也是编制各种人工、材料、半成品、成品、机具供应计划的依据。

(4)它是进一步考核设计经济合理性的依据。施工图预算的成果,因其更详尽和切合实际,可以进一步考核设计方案的技术先进性和经济合理程度。施工图预算,也是编制固定资产的依据。

三、施工图预算的编制内容

施工图预算有单位工程预算、单项工程预算和建设项目总预算。单位工程预算是根据施工图设计文件、现行预算定额、费用标准以及人工、材料、设备、机械台班(时)等预算价格资料,以一定方法编制单位工程的施工图预算。然后汇总所有各单位工程施工图预算,成为单项工程施工图预算。再汇总所有各单项工程施工图预算,便是一个建设项目建筑安装工程的总预算。

单位工程预算包括:建筑工程预算、机电设备及安装工程预算、金属结构设备及安装工程预算、施工临时工程预算、独立费用预算等。

建筑工程预算项目包括:枢纽工程中的挡水工程、泄洪工程、引水工程、发电厂工程、升压变电站工程、航运工程、鱼道工程、交通工程、房屋建筑工程和其他建筑工程,引水工程及河道工程中的供水、灌溉渠(管)道、河湖整治与堤防工程、建筑物工程、交通工程、房屋建筑工程、供电设施工程和其他建筑工程等。

机电设备及安装工程预算项目包括:枢纽工程中的发电设备及安装工程、升压变电设备及安装工程、公用设备及安装工程,引水工程及河道工程中的泵站设备及安装工程、小水电设备及安装工程、供变电工程和公用设备及安装工程等。

金属结构设备及安装工程预算主要包括:闸门、启闭机、拦污栅、升船机等设备及安装工程,压力钢管制作及安装工程和其他金属结构设备及安装工程等。

施工临时工程预算由导流工程、施工交通工程、施工房屋建筑工程、施工场外供电线路工程和其他施工临时工程组成。

独立费用预算由建设管理费、生产准备费、科研勘测设计费、建设及施工场地征用费和其他组成。

四、施工图预算的编制依据

(1)施工图纸及说明书和标准图集。经审定的施工图纸、说明书和标准图集,完整地反映了工程的具体内容、各部分的具体做法、结构尺寸、技术特征以及施工方法,是编制施工图预算的重要依据。

(2)现行预算定额及编制办法。国家和水利部颁发的建筑、设备及安装工程预算定额及有关的编制办法、工程量计算规则等,是编制施工图预算、确定分项工程子目、计算工程量、计算直接工程费的主要依据。

(3)施工组织设计或施工方案。因为施工组织设计或施工方案中包括了编制施工图预算必不可少的有关资料,如建设地点的土质、地质情况、土石方开挖的施工方法及余土外运方式与运距、施工机械使用情况、重要或特殊机械设备的安装方案等。

(4)材料、人工、机械台班(时)预算价格及调价规定。材料、人工、机械台班(时)预算价格是预算定额的三要素,是构成直接工程费的主要因素。尤其是材料费在工程成本中占的比重大,而且在市场经济条件下,材料、人工、机械台班(时)的价格是随市场而变化的。为使预算造价尽可能接近实际,国家和地方主管部门对此都有明确的调价规定。因此,合理确定材料、人工、机械台班(时)预算价格及其调价规定是编制施工图预算的重要依据。

(5)水利水电建筑安装工程费用定额。水利部规定的费用定额及计算程序。

(6)有关预算的手册及工具书。预算工作手册和工具书包括了计算各种结构件面积与体积的公式,钢材、木材等各种材料规格、型号及用量数据,各种单位的换算比例等,这些资料是常用的。

五、施工图预算的编制程序

(一)收集资料

收集资料是指收集与编制施工图预算有关的资料,如会审通过的施工图设计资料,初步设计概算,修正概算,施工组织设计,现行与本工程相一致的预算定额,各类费用取费标准,人工、材料、机械价格资料,施工地区的水文、地质情况等。

(二)熟悉施工图设计资料

全面熟悉施工图设计资料,了解设计意图,掌握工程全貌是准确、迅速地编制施工预算的关键。

(三)熟悉施工组织设计

施工组织设计是指导拟建工程施工准备、施工各现场空间布置的技术文件,同时施工组织设计也是设计文件的组成部分之一。根据施工组织设计提供的施工现场平面布置、料场、堆场、仓库位置、资源供应及运输方式、施工进度计划、施工方案等资料才能准确地计算人工、材料、机械台班单价及工程数量,正确地选用相应的定额项目,从而确定反映客观实际的工程造价。

(四)了解施工现场情况

主要包括:了解施工现场的工程地质和水文地质情况,现场内需拆迁处理和清理的构造物情况;水、电、路情况,施工现场的平面位置,各种材料、生活资源的供应等情况,这些资料对准确、完整地编制施工图预算有着重要的作用。

(五)计算工程量

工程量的计算是一项既简单又繁杂,并且十分关键的工作。由于建筑实体的多样性和预算定额条件的相对性,为了在各种条件下保证定额的正确性,各专业、各分部分项工程都视定额制定条件的不同,对其相应项目的工程量作了具体规定。在计算工程量时,必须严格按工程量计算规则执行。

(六)明确预算项目划分

水利水电工程概预算的编制应按预算项目表的序列及内容进行划分。

（七）编制预算文件

预算文件是设计文件的组成部分，由封面、目录、编制说明及全部预算计算表格组成。

六、施工图预算编制方法及其与设计概算的区别

施工图预算与设计概算的项目划分、编制程序、费用构成、计算方法都基本相同。施工图是工程实施的蓝图，在这个阶段，建筑物的细部结构构造、尺寸、设备及装置性材料的型号、规格等都已明确，所以据此编制的施工图预算，较设计概算要精细。编制施工图预算的方法与设计概算的不同之处具体表现在以下几个方面。

（一）主体工程

施工图预算与概算都采用工程量乘单价的方法计算投资，但深度不同。

概算根据概算定额和初步设计工程量编制，其三级项目经综合扩大，概括性强，而预算则依据预算定额和施工图设计工程量编制，其三级项目较为详细。如概算的闸、坝工程，一般只需套用定额中的综合项目计算其综合单价；而施工图预算须根据预算定额按各部位划分为更详细的三级项目，分别计算单价。

（二）非主体工程

概算中的非主体工程以及主体工程中的细部结构采用综合指标（如铁路以元/km，遥测水位站以元/座计等）或百分率乘二级项目工程量的方法估算投资，而预算则均要求按三级项目乘工程单价的方法计算投资。

（三）造价文件的结构

概算是初步设计报告的组成部分，在初设阶段一次完成。概算完整地反映整个建设项目所需的投资。由于施工图的设计工作量大，历时长，故施工图设计大多以满足施工为前提，陆续出图。因此，施工图预算通常以单项工程为单位，陆续编制，各单项工程单独成册，最后汇总成总预算。

第三节　施工预算

一、施工预算的概念

施工预算是施工企业内部根据施工图纸、施工措施及施工定额编制的唯一能够确定建筑安装工程在施工过程中所需要控制的人工、材料、施工机械台班消耗限额的数据文件。一般来说，这个消耗的限额不能超过施工图预算所限定的数额，这样企业的经营才能收到效益。

二、施工预算的作用

（1）施工预算是编制施工作业计划的依据。施工作业计划是施工企业计划管理的中心环节，也是计划管理的基础和具体化。编制施工作业计划，必须依据施工预算计算的单位工程或分部分项工程的工程量、构配件、劳力等进行有计划管理。

（2）施工预算是施工单位向施工班组签发施工任务单和限额领料单的依据。施工任务单是把施工作业计划落实到班组的计划文件，也是记录班组完成任务情况和结算班组工人工资的凭证。

施工任务单的内容可以分为两部分:一部分是下达给班组的工程任务,包括工程名称、工作内容、质量要求、开工和竣工日期、计量单位、工程量、定额指标、计件单价和平均技术等级;另一部分是实际任务完成的情况记载和工资结算,包括实际开工和竣工日期、完成工程量、实用工日数、实际平均技术等级、完成工程的工资额、工人工时记录表和每人工资分配额等。其主要工程量、工日消耗量、材料品种和数量均来自施工预算。

(3)施工预算是计算超额奖和计算计件工资、实行按劳分配的依据。施工预算所确定的人工、材料、机械使用量与工程量的关系是衡量工人劳动成果、计算应得报酬的依据,它把工人的劳动成果与劳动报酬联系起来,很好地体现了多劳多得、少劳少得的按劳分配原则。

(4)施工预算是施工企业进行经济活动分析的依据。进行经济活动分析是企业加强经营管理,提高经济效益的有效手段。经济活动分析,主要是将施工预算的人工、材料和机械台班数量等与实际消耗量对比,同时与施工图预算的人工、材料和机械台班数量进行对比,分析超支、节约的原因,改进操作技术和管理手段,有效地控制施工中的消耗,节约开支。

通常把施工预算、施工图预算、竣工结算统称为施工企业进行施工管理的“三算”。

三、施工预算的编制依据

(一)施工图纸

施工图纸和说明书必须是经过建设单位、设计单位和施工单位会审通过的,不能采用未经会审通过的图纸,以免返工。

(二)施工定额及补充定额

施工定额及补充定额包括全国建筑安装工程统一劳动定额和各部、各地区颁发的专业施工定额。凡是已有施工定额可以参照使用的,均应参照施工定额编制施工预算中的人工、材料及机械使用费。在缺乏施工定额作为依据的情况下,可按有关规定自行编制补充定额。施工定额是编制施工预算的基础,也是施工预算与施工图预算的主要差别之一。

(三)施工组织设计或施工方案

由施工单位编制详细的施工组织设计,据以确定应采取的施工方法、进度以及所需的人工、材料和施工机械,作为编制施工预算的基础。

(四)有关的手册、资料

例如,建筑材料手册,人工、材料、机械台时费用标准等。

四、施工预算的编制方法

编制施工预算有两种方法,一是实物法,二是实物金额法。

实物法的应用比较普遍。它是根据施工图和说明书按照劳动定额或施工定额规定计算工程量,汇总、分析人工和材料数量,向施工班组签发施工任务单和限额领料单,实行班组核算,与施工图预算的人工和主要材料进行对比,分析超支、节约原因,以加强企业管理。

实物金额法即根据实物法编制施工预算的人工和材料数量分别乘以人工和材料单价,求得直接费,或根据施工定额规定计算工程量、套用施工定额单价,计算直接费。其实物量用于向施工班组签发施工任务单和限额领料单,实行班组核算。将直接费与施工图预算的直接费进行对比,以改进企业管理。

五、施工预算的编制步骤

编制施工预算与编制施工图预算的步骤相似。应熟悉设计图纸及施工定额，对施工单位的人员、劳力、施工技术等有大致了解；对工程的现场情况、施工方式方法要比较清楚；对施工定额的内容，所包括的范围应了解。为了便于与施工图预算相比较，编制施工预算时，应尽可能与施工图预算的分部、分项项目相对应。在计算工程量时所采用的计算单位要与定额的计量单位相适应。具备施工预算所需的资料，并已熟悉了基础资料和施工定额的内容后，就可以按以下步骤编制施工预算：

(1)计算工程实物量。工程实物量的计算是编制施工预算的基本工作，要认真、细致、准确，不得错算、漏算和重算。凡是能够利用施工图预算的工程量，就不必再算，但工程项目、名称和单位一定要符合施工定额。工程量计算完毕经仔细核对无误后，根据施工定额的内容和要求，按工程项目的划分逐项汇总。

(2)套用的施工定额必须与施工图纸的内容相一致。分项工程的名称、规格、计量单位必须与施工定额所列的内容相一致，逐项计算分部分项工程所需人工、材料、机械台班使用量。

(3)工料分析和汇总。有了工程量后，按照工程的分项名称顺序，套用施工定额的单位人工、材料和机械台时消耗量，逐一计算出各个工程项目的人工、材料和机械台班的用工用料量，最后同类项目工料相加予以汇总，便成为一个完整的分部分项工料汇总表。

(4)编写编制说明。编制说明包括的内容有：编制依据，包括采用的图纸名称及编号，采用的施工定额、施工组织设计或施工方案；遗留项目或暂估项目的原因和存在的问题以及处理的办法等。

六、施工图预算和施工预算的区别与对比

施工预算和施工图预算是两个不同概念的预算，前者属于企业内部生产管理系统，后者属于对外经营管理系统。它们所表示的内容也不一样，前者是以分部分项所消耗的人工、材料、机械的数量来表示的，而后者则以货币形式直接表示。施工预算、施工图预算不同之处详见表9-2。

施工预算和施工图预算对比是建筑企业加强经营管理的手段，通过对比分析，找出节约、超支的原因，研究解决措施，防止人工、材料和机械费的超支，避免发生计划成本亏损。施工预算和施工图预算对比是将施工预算计算的工程量，套用施工定额中的人工定额、材料定额，分析出人工和主要材料数量，然后按施工图预算计算的工程量套用预算定额中的人工、材料定额，得出人工和主要材料数量，对两者人工和主要材料数量进行对比，对机械台班数量也应进行对比，这种对比称为“实物对比法”。将施工预算的人工和主要材料、机械台班数量分别乘以单价，汇总成人工、材料和机械费，然后与施工图预算相应的人工、材料和机械费进行对比，这种对比法称为“实物金额对比法”。由于施工图预算定额与施工预算定额的定额水平不一样，施工预算的人工、材料、机械使用量及其相应的费用，一般应低于施工图预算。当出现相反情况时，要调查分析原因，必要时要改变施工方案。

表 9-2　施工图预算和施工预算的区别

序号	项目	施工图预算	施工预算
1	编制时间	施工图设计阶段	施工阶段
2	依据的定额	预算定额	施工定额
3	用途	①是编制施工计划的依据； ②是用来签订承包合同的依据； ③是工程价款结算的依据； ④是进行经济核算和考核的依据	①是施工企业内部管理的依据； ②是下达施工任务和限额领料的依据； ③是劳动力、施工机械调配的依据； ④是进行成本分析和班组经济核算的依据
4	编制单位	设计单位编制	施工单位编制
5	投资额	<概算 >施工预算	<施工图预算
6	预备费大小	基本预备费率为 3% ~5%	不列预备费或按合同列部分预备费
7	编制精度	按施工图工程量计算(不用细部结构指标),项目划分较粗	按施工图工程量计算,项目划分较细

第四节　投标报价的编制

本节内容主要讲述施工投标报价的编制。

一、投标报价的工作程序

投标报价的工作程序如图 9-1 所示。

二、投标报价的编制步骤

(一)核对或计算工程量

工程量是计算投标报价的重要依据。在招标文件中均有实物工程量清单,投标单位在投标报价前应进行核对。遇有工程量清单与设计图纸不符的情况,则投标单位应详细计算工程量后再据以逐项分析单价,从而确定标价。

(二)编制分部工程单价表

此表是计算标价的又一重要依据,它的编制分为两个基本步骤,即先确定直接费诸因素的基础单价,再按不同分部分项工程的工料等消耗定额确定其预算单价,此预算单价为计算标价的基础。

(三)施工间接费费率的测算

在报价中,施工间接费占有一定的比重,要做到合理报价并科学地确定本企业的间接费开支水平,应根据本单位的实际情况,进行必要的测算。

(四)资金占有和利息分析

根据我国现行规定,建筑企业的流动资金实行有偿占用,即由银行提供贷款,由建筑企业按规定利率支付利息,所以在投标报价时要对资金占用和利息进行分析。

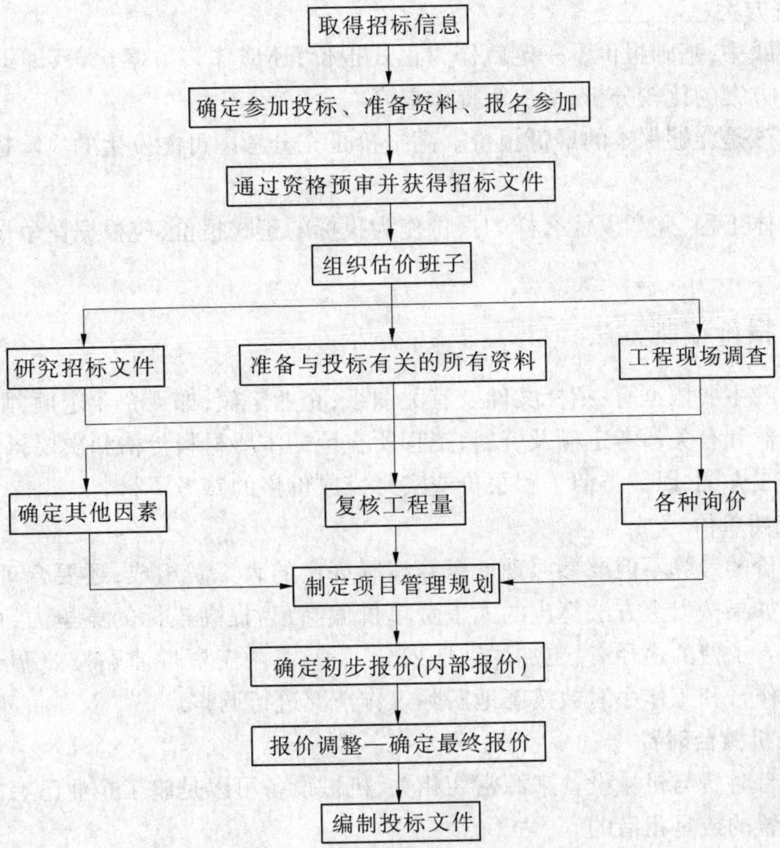

图 9-1　工程投标报价的工作程序

建筑企业在一个建设项目施工中的利息支出,取决于占用资金的数量、时间和利率三个因素。降低利息支出的关键在于占用资金数量少,占用时间短,即周转速度快。

(五)不可预见因素的考虑

因材料价格变化,基础施工遇到意外情况以及因其他意外事故造成停工、窝工等,都会影响工程造价。因此,在投标报价时应对这些因素予以适当考虑,特别是采用固定总价合同时,更应充分注意,酌加一定的系数(例如 3% ~5%,或更低些),以不可预见费的名目,列为标价的组成部分。

(六)预期利润率的确定

我国建筑业实行低利润率政策,现行计划利润率仅为 7%。但在实行招标承包制的条件下,为了鼓励竞争,建筑企业在投标报价时,应允许采取有适当弹性的利润率,即为了争取中标,预期利润率可低于 7%,甚至在某一工程上有策略性的亏损,以提高报价的竞争力;在降低成本、保证工程量的前提下,预期利润率也可以高于 7%。对此,投标单位应自主作出决策。

(七)确定基础报价

将分别确定的直接费、间接费、不可预见费以及预期利润汇总,即得出造价。汇总后须进行检查,必要时加以适当调整,最后形成基础标价。

（八）报价方案

在投标实践中，基础报价不一定就作为正式报价，还应作多方案比较，即进行可能的低标价和高标价方案的比较分析，为决策提供参考。

低报价应该是能够保本的最低报价。高报价是充分考虑可能发生的风险损失以后的最高报价。

对某一具体工程，究竟以什么样的报价作为投标的正式报价，应根据竞争情况和自身条件作出决策。

三、投标报价编制方法

编制报价的主要依据有：招标文件及有关图纸；企业定额，如无企业定额，则可参照国家颁布的行业定额和有关参考定额及资料；工程所在地的主要材料价格和次要材料价格；施工组织设计和施工方案；以往类似工程报价或实际完成价格的参考资料。

（一）人工费单价

人工费单价的计算不但要参照现行概算编制规定的人工费组成，还要合理结合本企业的具体情况。如果按以上方法算出的人工费单价偏高，为提高投标的竞争力，可适当降低。可考虑的降低人工费的途径有：更加详细地划分工种，各项工资性津贴按照调查资料计算，工人年有效工作日和工作小时数按工地实际工作情况进行调整。

（二）施工机械台时费

施工机械台时费与机械设备来源密切相关，机械设备可以是施工企业已有的和新增的，新增的包括购置的或是租借的。

（1）购置的施工机械。其台时费包括购置费和运行费用，即包括基本折旧费、轮胎折旧费、修理费、机上人工和动力燃料费、车船使用费、养路费和车辆保险费等，可视招标文件的要求计入施工机械台时费或间接费内。施工机械台时费可参照行业有关定额和规定进行计算，缺项时，可补充编制施工机械台时费。

（2）租借的施工机械。根据工程项目的施工特点，为了保证工程的顺利实施，业主有时提供某些大型专用施工机械供承包商租用，或承包商根据自己的设备状况而租借其他部门的施工机械。此时，施工机械台时费应按照业主在招标文件中给出的条件或租赁协议的规定进行计算。对于租借的施工机械，其基本费用是支付给设备租赁公司的租金。编制标价时，往往要加上操作人员的工资、燃料费、润滑油费、其他消耗性材料费等。

（三）工程直接费单价

按照工程报价单中各个项目的具体情况，可采用编制标底的几种方法，即定额法、工序法、直接填入法。采用定额法计算工程单价应根据所选用的施工方法，确定适用的定额或补充定额进行单价计算，关于定额，最好是采用本企业自己的定额，因为企业定额充分反映了本企业的实际水平。

编制报价的其他方法还有包含法、条目总价包干法、暂定金额法等。现分别介绍如下：

（1）包含法。概预算专业人员可在某一工程条目上注明已包括在其他条目内，即其他工程项目中包含了这条项目的工作内容，所以不再单独计算此条目单价。

（2）条目总价包干法。工程量报价表中可能有一些项目没有给出工程量，要求估价人员填入一个包干价，这种方法常用于一些与合同要求和特定要求有关的一般条目中，如场地清理费、施工污染防治费等。

(3)暂定金额法。为了一些尚未确定的工程施工、物资材料供应、提供劳务或不可预见项目临时确定的金额，有的招标文件中列有“暂定金额”条目，在招标文件发布时这些项目还不能充分预见、定义或作出具体说明，在工程实施中可能全部或部分地发生，或根本不发生，这些未定项目发生与否将根据监理工程师的判断确定，投标单位不能改动暂定金额，因为它不包含承包商的利润。所以，工程量报价单中如有这种项目，承包商需将完成这些项目应获得的利润包括在报价中。一般而言，暂定金额条目下部有一条子目，供投标人填写调整百分数，这个调整百分数以人工、施工设备、计日工费用为计取基数，其目的是包含有关费用和利润。

(四)间接费计算

计算间接费时，要按施工规划、施工进度、施工要求确定下列数据或资料：

(1)管理机构设置及人员配备数量。

(2)管理人员工作时间和工资标准。

(3)合理确定人均每年办公、差旅、通信等费用指标。

(4)工地交通管理车辆数量、工作时间及费用指标。

(5)其他，如固定资产折旧、职工教育经费、财务费用等归入间接费项目的费用估算。

按照以上资料可粗略算出间接费费率，与主管部门规定的间接费费率相比较，前者一般不能大于后者。间接费的计算既要结合本企业的具体情况，又要注意投标竞争情况，过高的间接费费率，不仅会削弱企业竞争能力，也表示本企业管理水平低下。

(五)利润、税金

投标人应根据企业状况、施工水平、竞争情况、工作饱满程度等确定利润率，并按国家规定的税率计算税金。

(六)确定报价

在投标报价工作基本完成后，概预算专业人员应向投标决策人员汇报工作成果，供讨论修改和决策。

(七)填写投标报价书

投标总报价确定后，有关费用在工程量报价单中的分配，并不一定按平均比例进行。也就是说，在保持总价不变的前提下，有些单价可以高一些，而另一些单价则低一些。其目的是：①工程量报价单中的某些工程量，经造价或设计人员核对，可能少了，于是就可能有机会通过提高这些工程条目的单价和利用实际结算工程量的增加来获取额外收入；②造价人员常用提高早期完工项目的工程单价来增加前期收入，从而缓解承包商的资金压力；③在通货膨胀率较高时，利率低于通货膨胀率，加大项目后期完工工程的费用可能有利于价差调整。

单价调整完成后，填入工程单价表，并进行汇总计算和详细校核。最后将填好的工程量报价表以及全部附表与正式的投标文件一起报送业主。

四、水利水电工程量清单计价

工程量清单是拟建工程的分类分项项目、措施项目、其他项目、零星工作项目的名称和相应数量的明细清单。

水利工程工程量清单应由具有编制能力的招标人或受其委托具有相应资质的工程造价咨询人依据《水利工程工程量清单计价规范》(GB 50501—2007),国家或省级行业建设主管部门颁发的计价依据和办法,招标文件的有关要求,设计文件,与水利工程建设有关的标准、规范、技术资料和施工现场实际情况等进行编制。投标单位依据工程量清单进行计价投标。

工程量清单计价是承包人依据发包人按同一项目(计价项目)设置,统一计量规则和计量单位,按规定格式提供的项目实物工程量清单,并结合工程实际、市场实际和企业实际,充分考虑各种风险后,提出完成清单项目工作内容的包括成本、利润和税金及风险在内的综合单价,因而形成工程价格。投标单位依据工程量清单进行计价投标,在投标报价工作中,除对工程量进行详细计算和复核,最后还须确定每一个分类分项工程单价。

项目编码结构如图 9-2 所示(以水利建筑工程为例)。

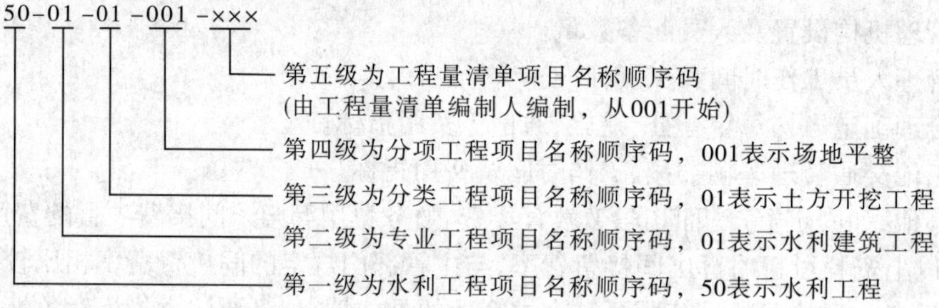

图 9-2　水利工程工程量清单项目编码结构

工程量清单中的各分类分项工程量并不十分准确,如果设计深度不够可能会出现较大的误差,而工程量的多少是准备材料、安排人力和机械、选择施工方法等必须考虑的因素,自然也影响分类分项工程的单价,所以一定要对工程量进行复核。有经验的投标人在计算施工工程量时都对工程量清单中的工程量进行审核,以便确定招标人提供的工程量的准确度和采用不平衡报价方法,把握索赔机会。

(一)工程量清单的报价程序

(1)熟悉招标文件和设计文件的内容。

(2)核对清单工程量并计算有关工程量。

(3)参加图纸答疑和现场勘察。

(4)询价,确定人工、材料和机械台时单价。

(5)分类分项工程量清单项目综合单价。

(6)分类分项清单计价、措施项目清单和其他项目清单计价。

(7)计算单位工程造价。

(8)汇总单价工程造价、工程项目总造价。

(9)填写总价、封面、装订、盖章。

(二)工程量清单计价的标准格式

工程量清单计价应采用表 9-3 ~ 表 9-18 的统一格式,填写工程量清单报价表。

表 9-3　封面

__________工程

工程量清单报价表

合同编号:(投标项目合同号)

投标人：__________(单位盖章)

法定代表人

(或委托代理人)：__________(签字盖章)

造价工程师

及注册证号：__________(签字盖执业专用章)

编制时间：__________

表 9-4　投标总价

投标总价

工作名称：__________

合同编号：__________

投标总价(小写)：__________

(大写)：__________

投标人：__________(单位盖章)

法定代表人

(或委托代理人)：__________(签字盖章)

编制时间：__________

表 9-5　工程项目总价表

合同编号:(招标项目合同号)

工程名称:(招标项目名称)　　　　第　页　共　页

序号	工程项目名称	金额(元)	序号	工程项目名称	金额(元)
1	一级××项目		××	其他项目	
2	一级××项目				
××	措施项目			合计	

法定代表人

(或委托代理人)：__________(签字)

表 9-6 分类分项工程量清单计价表

合同编号:(招标项目合同号)

工程名称:(招标项目名称)　　　　第　页　共　页

序号	项目编码	项目名称	计量单位	工程数量	单价(元)	合价(元)	主要技术条款编码
1		一级××项目					
1.1		二级××项目					
1.1.1		三级××项目					
	50×××××××××	最末一级项目					
1.1.2							
2		一级××项目					
2.1		二级××项目					
2.1.1		三级××项目					
	50×××××××××	最末一级项目					
2.1.2							
		合计					

法定代表人

(或委托代理人):__________(签字)

表 9-7 措施项目清单计价表

合同编号:(招标项目合同号)

工程名称:(招标项目名称)　　　　第　页　共　页

序号	项目名称	金额(元)
	合计	

法定代表人

(或委托代理人):__________(签字)

表 9-8　其他项目清单计价表

合同编号:(招标项目合同号)

工程名称:(招标项目名称)　　　　第　页　共　页

序号	项目名称	金额(元)	说明
	合计		

法定代表人

(或委托代理人):________(签字)

表 9-9　零星工作项目计价表

合同编号:(招标项目合同号)

工程名称:(招标项目名称)　　　　第　页　共　页

序号	名称	型号规格	计量单位	单价(元)	说明
1	人工				
2	材料				
3	机械				
	合计				

法定代表人

(或委托代理人):________(签字)

表 9-10　工程单价汇总表

合同编号:(招标项目合同号)

工程名称:(招标项目名称)　　　　第　页　共　页

序号	项目编码	项目名称	计量单位	人工费	材料费	机械使用费	施工管理费	企业利润	税金	合计
1		建筑工程								
1.1		土方开挖工程								
1.1.1	500101××××××									
1.1.2										
2		安装工程								
2.1		机电设备及安装工程								
2.1.1	500201××××××									
2.1.2										

法定代表人

(或委托代理人):________(签字)

表 9-11　工程单价费(税)率汇总表

合同编号:(招标项目合同号)

工程名称:(招标项目名称)　　　　　　　　　　　　　　　　第　页　共　页

序号	工程类别	工程单价费(税)率(%)			说明
		施工管理费	企业利润	税金	
一	建筑工程				
二	安装工程				

法定代表人

(或委托代理人):__________(签字)

表 9-12　投标人生产电、风、水、砂石基础单价汇总表

合同编号:(招标项目合同号)

工程名称:(招标项目名称)　　　　　　　　　　　　　　　　第　页　共　页

序号	名称	型号规格	计量单位	人工费	材料费	机械使用费	…	…	…	合计	说明

法定代表人

(或委托代理人):__________(签字)

表 9-13　投标人生产混凝土配合比材料费表

合同编号:(招标项目合同号)

工程名称:(招标项目名称)　　　　　　　　　　　　　　　　第　页　共　页

序号	工程部位	混凝土强度等级	水泥强度等级	级配	水灰比	预算材料量(kg/m^3)						单价(元/m^3)	说明
						水泥	砂	石					

法定代表人

(或委托代理人):__________(签字)

表 9-14　招标人供应材料价格汇总表

合同编号:(招标项目合同号)

工程名称:(招标项目名称)　　　　　　　　　　　　　　　　第　页　共　页

序号	材料名称	型号规格	计量单位	供应价(元)	预算价(元)

法定代表人

(或委托代理人):__________(签字)

表 9-15　投标人自行采购主要材料预算价格汇总表

合同编号:(招标项目合同号)

工程名称:(招标项目名称)　　　　第　页　共　页

序号	材料名称	型号规格	计量单位	预算价(元)	说明

法定代表人

(或委托代理人):________(签字)

表 9-16　招标人提供施工机械台时(班)费汇总表

合同编号:(招标项目合同号)　　　　第　页　共　页

工程名称:(招标项目名称)　　　　单位:元/台时(班)

序号	机械名称	型号规格	招标人收取的折旧费	投标人应计算的费用							合计
				维修费	安装拆卸费	人工	柴油	电	…	小计	

法定代表人

(或委托代理人):________(签字)

表 9-17　投标人自备施工机械台时(班)费汇总表

合同编号:(招标项目合同号)　　　　第　页　共　页

工程名称:(招标项目名称)　　　　单位:元/台时(班)

序号	机械名称	型号规格	一类费用				二类费用					合计
			折旧费	维修费	安装拆卸费	小计	人工	柴油	电	…	小计	

法定代表人

(或委托代理人):________(签字)

表 9-18　工程单价计算表

单价编号:　　　　________工程　　　　定额单位:

施工方法:

序号	名称	型号规格	计量单位	数量	单价(元)	合价(元)
1	直接费					
1.1	人工费					
1.2	材料费					

续表 9-18

序号	名称	型号规格	计量单位	数量	单价(元)	合价(元)
1.3	机械使用费					
2	施工管理费					
3	企业利润					
4	税金					
	合计					
	单价					

法定代表人

(或委托代理人):________(签字)

(三)工程量清单报价表的填写要求

(1)工程量清单报价表的内容应由投标人填写。

(2)投标人不得随意增加、删除和涂改招标人提供的工程量清单中的任何内容。

(3)工程量清单报价表中所有要求盖章、签字的地方,必须由规定的单位和人员盖章签字(其中法定代表人也可由其授权委托代理人签字、盖章)。

(4)投标金额(价格)均应以人民币表示。

(5)投标总价应按工程项目总价表合计金额填写。

(6)工程项目总价表填写。

表 9-6 中一级项目名称按招标人提供的招标项目工程量清单中的相应名称填写,并按分类分项工程量清单计价表中相应项目合计金额填写。

(7)分类分项工程量清单计价表填写。

①表 9-6 的序号、项目编码、项目名称、计量单位、工程数量、主要技术条款编码,按招标人提供的分类分项工程量清单中的相应内容填写。

②表 9-6 列明的全部需要填写的单价和合价,投标人均应填写;未填写的单价和合价,视为此项费用已包含在工程量清单的其他单价和合价中。

(8)措施项目清单计价表填写。

表 9-7 的序号、项目名称,按招标人提供的措施项目清单中相应内容填写,并填写相应措施的金额和合计金额。

(9)其他项目清单计价表填写。

表 9-8 的序号、项目名称、金额,按招标人提供的其他项目清单中的相应内容填写。

(10)零星工作项目计价表填写。

表 9-9 的序号、人工、材料、机械的名称、型号规格以及计量单位,按招标人提供的零星工作项目清单中的相应内容填写,并填写相应项目单价。

(11)辅助表格填写。

①工程单价汇总表,按工程单价计算表中的相应内容、价格(费率)填写。

②工程单价费(税)率汇总表,按工程单价计算表中的相应费(税)率填写。

③投标人生产电、风、水、砂石基础单价汇总表，按基础单价分析计算成果的相应内容、价格填写，并附相应基础单价的分析计算书。

④投标人生产混凝土配合比材料费表，按表中工程部位、混凝土和水泥强度等级、级配、水灰比、相应材料用量和单价填写，填写的单价必须与工程单价计算表中采用的相应混凝土材料单价相符。

⑤招标人供应材料价格汇总表，按招标人供应的材料名称、型号规格、计量单位和供应价格填写，并填写经分析计算后的相应材料预算价格，填写的预算价格必须与工程单价计算表中采用的相应材料预算价格相符。

⑥投标人自行采购主要材料预算价格汇总表，按表中的序号、材料名称、型号规格、计量单位和预算价格填写，填写的预算价格必须与工程单价计算表中采用的相应材料预算价格相符。

⑦招标人提供施工机械台时（班）费汇总表，按招标人提供的机械名称、型号规格和招标人收取的台时（班）折旧费填写；投标人填写的台时（班）费合计金额必须与工程单价计算相应的施工机械台时（班）费单价相符。

⑧投标人自备施工机械台时（班）费汇总表，按表中的序号、机械名称、型号规格、一类费用和二类费用填写，填写的台时（班）费合计金额必须与工程单价计算表中相应的施工机械台时（班）费单价相符。

⑨工程单价计算表，按表中的施工方法、序号、名称、型号规格、计量单位、数量、单价、合价填写，填写的人工、材料和机械等基础价格，必须与基础材料单价汇总表、主要材料预算价格汇总表及施工机械台时（班）费汇总表中的单价相一致，填写的施工管理费、企业利润和税金等费（税）率必须与工程单价费（税）汇总表中的费（税）率相一致。凡投标金额小于投标总报价万分之五以下的工程项目，投标人可不编报工程单价计算表。

五、投标报价分析

（一）投标总价的计算

在每个单位工程的分部分项工程报价、措施项目报价及其他项目报价计算完成后，即可汇总计算单位工程费、单项工程费及工程项目总报价（即内部报价）。内部报价计算主要让投标人对标价心中有数，以便作出准确的报价决策。内部报价的确定为报价决策提供科学依据。

（二）标价的评估及分析

1. 标价评估

内部报价计算完成后，还必须对标价进行评估分析，包括对标价计算的正确性和合理性进行审查，进行盈亏分析和风险分析，预测出按内部标价投标时可能获得利润的幅度，并据以提出可能的低标价和可能的高标价，供决策者选择。

标价评估的目的是使投标班子对标价心中有数，以便作出报价决策。由于市场经济条件下标价计算的非标准性，对高、低标价的评估不可能十分准确，但毕竟要比凭个人主观臆断而盲目压价或层层加码要科学。

标价的计算、评估、调整能够较好地体现投标人的投标与经营管理水平。

2. 标价的盈余分析

标价的盈余分析一般从以下几个方面进行：

(1)效率分析。实际上是对所采用的定额消耗量水平进行分析，包括人工功效、材料消耗、施工机械效率分析。能否采取措施降低消耗量，达到降低成本的目的是分析的重点之一。为降低资源消耗，提高报价的竞争力，可由有经验的人员有针对性地对工程项目进行价值分析。由于占全部分项工程 10% ~20% 的一些主要分项工程，其成本占全部分项工程的 60% ~80%，因此应选择前 10% ~20% 的项目作为价值分析重点对象，以提高效率和减少分析的工作量。对工程项目来说，应从以下两个途径提高产品的价值：

①功能不变，降低成本（如在不影响质量的前提下降低资源消耗）。

②功能有所降低（但必须满足招标文件规定的质量要求），但能带来成本的大幅度下降（如选择替代材料）。

(2)价格分析。对劳动力、不同来源的材料设备价格、机械台班（时）价格三方面进行分析。主要分析大宗材料、永久设备、施工机械等的价格，价格分析涉及面很广，应从招标文件规定的物资供应渠道等多方面分析各种价格能否降低。上述价格降低主要取决于资源选择、供应方式、市场价格变动幅度与趋势、分包报价及税收等因素。

(3)费用分析。即对管理费、临时设施费等进行逐项分析，重新核实，检查有无潜力可挖掘。

(4)其他方面。如保证金、保险费、维修费等方面均可复核，检查其是否有潜力可挖之处。

经过上述分析，最后得出总的估计盈余总额，但要考虑实际不可能百分之百地实现，尚需乘以一定的修正系数，一般取 0.5 ~ 0.7（估价准确时取小值；反之，取大值），据以测出可能的低标价，即

$$低标价 = 基础标价 - 估计盈利 \times 修正指数$$

3. 标价亏损分析

标价亏损分析是对作价时考虑不周，可能少估或低估，以及施工中可能出现质量问题和施工延期等因素可能带来的损失进行预测。主要有以下几个方面：①工资方面；②材料、设备价格方面；③质量问题；④作价失误；⑤招标人或监理工程师方面的问题；⑥不熟悉当地法律、法规所发生的罚款等；⑦自然条件方面；⑧施工管理不善造成损失；⑨管理费失控等。

以上亏损总额，同样也要乘以修正系数 0.5 ~ 0.7（估价准确时取小值；反之，取大值），并据此求出可能的高标价，即

$$高标价 = 基础价 + 估计亏损 \times 修正系数$$

必须注意的是，在亏损分析中，要把有关的影响因素划分清楚，考虑时切勿重复或漏项，以免影响标价。

4. 标价的风险分析

在工程承包过程中都存在一定的风险，标价的风险分析就是要对影响标价的风险因素进行进一步的分析评价，对风险的危险程度和发生概率作出合理的估计，并研究避免或减少风险的有效对策与措施。有经验的承包人往往能把风险降低到最小程度，以争取获得最大的利润。表 9-19 列出了解决部分主要风险的对策，是国外一些承包人的经验总结。

对待风险，承包人不应“谈虎色变”，而应正确对待。风险不等于“危险”，风险也不一定

会发生，风险大才会带来高报价、高额利润，风险小的项目利润也必然小。

表 9-19　风险及对策

风险来源	种类	风险对策
(1)工期长、规模大、投资多、技术复杂等方面； (2)施工条件、现场地质、地理环境等方面	有形风险	(1)做好可行性研究，慎重选择项目； (2)规模较大的项目实行联合投标； (3)实施工程保险； (4)适当提高有关分项的单价； (5)签订公正合理、利于自己的合同； (6)减少固定资产投资
(1)当地社会政局、经济秩序等方面； (2)承包市场、金融市场等方面； (3)延期付款、实物兑换等结算条件方面； (4)承包人实力、经营状况等方面	有形风险或商业风险	(1)重视对世界政治经济形势的研究； (2)准确预测汇率的变动； (3)尽量争取硬通货结算的项目； (4)增列保值条款； (5)进行汇率保险； (6)储备货币实行多样化； (7)做好结算工作

5.标价的敏感性分析

当构成标价的某些因素发生变化时，也会引起标价的变化，标价的敏感性分析就是计算分析某些因素的变化，测算标价的变化幅度，特别是这些变化对工程项目利润的影响。敏感性分析主要考虑延误工期、物价和工资上涨以及其他可变因素的影响，对各种价格构成因素的浮动幅度进行综合分析，从而为选定标书报价的浮动方向和浮动幅度提供一个科学的、符合客观实际的范围，并为盈亏分析提供量化依据，明确投标项目预期利润的受影响水平。

1)延误工期的影响

由于承包人自身原因，如材料设备交货拖延、管理失误等造成工程中断、质量问题或导致返工等，所造成的项目工期延误，不但不能向招标人索赔，还可能因违约拖期而被罚款，而且由于工期延长，承包人可能会增大管理费用、劳务费、机械设备使用费以及资金成本。一般情况下，可以预测工期延长某一段时间，上述各项费用增大的数额及其与总标价的比率。这种增大的开支部分需要由利润来弥补。因此，可以通过多次测算，得到工期最多延长多久，可使利润全部丧失。

2)物价和工资上涨的影响

通过调整标价计算中的材料设备和工资上涨系数，测算其对工程利润的影响。同时应对当地工程物资和工资的升降趋势与幅度进行切实调查，以便作出恰当判断。通过这一分析，可以得知投标利润对物价和工资上涨的承受能力。

3)其他可变因素的影响

影响标价的可变因素很多，而有些是投标人无法控制的，如贷款利率的变动、国家宏观政策及法规的变化等。通过分析这些可变因素的变化，可以了解投标项目预期利润的受影响水平。

6.竞争性分析

投标人面临的投标机会有各种不确定因素，因而不能确切地知其竞争形势。但对过去的投标情况进行分析，则能提供很多有用的信息，有助于减少不确定因素，作出最佳决策。而过去的投标情况，总是可以通过公开资料或相互交换情报的途径收集得到。

进行竞争性分析，需要收集的信息数据有如下几种：①各项合同工程的性质和规模；②本公司估算的各项工程的直接成本；③每项合同工程的投标数目；④竞争者（经常遇到的和其他竞争者）的报价分布情况，报高率各为多少；⑤最低报价分布情况，报高率各为多少。

根据以上信息，进行竞争性分析可包括如下几个方面的内容：

（1）投标者数目与工程性质、规模和经济环境所造成的竞争形势有关。经济繁荣，竞争形势就和缓，每项合同的竞争者就少；工程规模大，可能赢得利润高，吸引的竞争者也多。但工程规模越大，对承担工程的承保人资格（如履约保证金，取得信贷的能力）要求越高。因此，工程规模达到一定程度后，投标者数目又会逐渐减少。另一方面，小规模工程又能吸引较少的承包人参加竞争。

例如，根据对100项规模在50万元与1亿元不等的工程项目投标情况统计，工程规模在80万元以下的小项目，平均有投标者4.8家；80万～150万元的有7.1家，这是因为规模过小，有些承包人对工程不感兴趣。而达到一定规模后，较小的承包人竞相参与竞争。规模在100万～500万元的有5.5家，此后工程规模越大，竞争者越多；到超过5 000万元，竞争者又逐渐减少。

对投标者数目与工程规模的关系进行分析，可以帮助投标人的决策人员在面临新的投标机会，且知工程规模而不知道竞争者确切数目时，预测到近似的竞争者数目及可能的一部分具体竞争者，由此可以预见到竞争形势，从而对投标机会加以取舍，并以此作为确定报高率的重要参数。

（2）投标报价分布情况与中标机会。有经验的决策人，根据过去相当长一段时间内各投标工程项目的规模和投标者数目之间的关系进行分析，报高率和中标机会预料能得到的利润率是相关的。在面临新的投标机会时，如果竞争不明，就可以采用典型竞争者竞争的投标策略。

例如，某企业两年内参加投标的项目投标数据表明，8%的投标报价在本企业估算的直接成本的100%～105%之间，25%在105%～110%之间，34%在110%～115%之间，25%在115%～120%之间，8%在120%～125%之间。在这种“典型”的投标分布情况下，与一名“典型”竞争者竞争。若报高率为5%，中标机会为100%－8%＝92%，而报高率为10%、15%、20%、25%时，中标机会分别为67%（100%－8%－25%）、33%、8%、0。

报高率为5%，中标机会为92%，可能的利润率为0.92×0.05＝0.046，即4.6%；报高率为10%，中标机会为67%，可能的利润率为6.7%；报高率为15%，中标机会为33%，可能的利润率为4.95%；报高率为20%，中标机会为8%，可能的利润率为1.6%；而报高率为25%，其中标机会与利润率均为0。从而可以看出，在这样的典型竞争条件下，最佳投标的报高率应在10%左右。实际企业投标报价的情况远比此复杂得多，而且往往会有一部分投标报价在估算的直接成本以下，实际分析时需要结合具体的情况进行分析。

在与未明的对象竞争投标时，就可以用典型的竞争者这一概念来大体预测可能获得的利润情况，对投标者进行选择，确定最佳报高率。

（3）最低报价与次低报价间的差额。最低报价与次低报价两者之间的差额说明最低报价还可以适当报高而仍能中标的限度。在某种情况下，它可以说明该项目工程的竞争激烈程度。但如果差额过大,特别是如果次低报价与更高报价间相差不远,就有可能是因为最低报价的投标人估算上发生了错误。

经验表明,投标者的数目与差额平均百分比有关。一般情况下,投标者增多,差额的百分比就会缩小。在平均差额百分比范围内,究竟还可以报高多少为好,可以用下例说明:如某项工程,其估算直接成本为95万元,在正常情况下最低报价为100万元,即可获得5万元利润,如将报价提高9%,增至109万元,如果中标,利润可增加到14万元,中标的可能性应该是报价为100万元时的5÷14=0.36,即36%,从而可能获得的利润机会为14×0.36=5.04(万元),高于原来的可能利润。将报价提高至110万元,中标率可能降到原来的5÷15=0.33,即33%,从而可能获得的利润机会为15×0.33=4.95(万元),低于原来的利润,得不偿失。很明显,在上例中的正常情况下,报价再提高9%是合理的,高于9%则是不合理的。

六、报价技巧

报价技巧是指投标人在投保报价中采用的让招标人可以接受,中标后又能获得更多利润的投标手段,也是一种投标艺术。当然,在投标报价时,投标人主要应该在先进合理的技术方案和较低的投标价格上下工夫,以争取中标。但是还有其他一些手段对中标及中标后的盈利有辅助性的作用,尤其在竞争激烈的情况下,灵活地运用这些手段,能在一定程度上提高报价的竞争力。

(一)修改设计以降低造价取胜

这是投标报价竞争中的一个有效方法。投标人在编制投标文件的过程中,应仔细研究设计图纸。如果发现改进某些不合理的设计或利用某项新技术可以降低造价,投标人除按原设计提出报价外,还可另附一个修改设计的比较方案及相应的低报价。这往往能得到业主的赏识而收到出奇制胜的效果。①改正设计错误,显示投标企业的雄厚技术实力,在相同报价下能够增强竞争力。②改进设计,在原设计功能不变的情况下,降低工程造价。以原设计内容为准编制一个报价,再以修改后的设计为准编制一个报价,同时报出,以期比较。③改进设计,保持工程造价不变,大大改善设计功能,这一方面可以显示投标单位的技术力量,另一方面直接提高了投资效益,等于间接节约了投资,降低了工程造价。

(二)标函中附带优惠条件制胜

在投标时,根据所掌握的招标单位的信息,结合企业的实际能力,提出对招标单位有吸引力、在众多投标者中有竞争力的优惠条件,以此来创造中标机会。在实践中,优惠条件种类繁多,主要有:

(1)提出垫支工程款、不收预付工程款,工程开工一段时间内不收工程价款,或按比例减收工程款,以缓解招标单位的筹资困难。

(2)解决主材、主设备的采购问题。有些招标单位采购工程所需的主要材料、设备有困难,投标单位就以帮助其解决困难为优惠条件。解决业主的某些困难,有时是投标取胜的重要因素。如上海石洞口电厂主厂房基础打桩工程招标中,二十冶获得业主缺乏钢板桩的信息,就在标函中提出可以垫借12 000根钢板桩给业主,并可力争提前15 d完工(工期与对手一样),解决了业主材料短缺的燃眉之急。虽然报价比对手高,却中了标。

(3)协助招标单位进行三大目标控制。有些招标项目的建设单位技术、管理力量薄弱,对做好工程项目的三大目标控制工作心中无数,希望得到帮助。投标单位针对这种情况,可以在标书中提出帮助其进行三大目标控制和其他工程管理工作的计划,以解其忧。

(4)提出工期优惠。在一些招标项目中,工期要求特别紧急,按正常工期施工,则招标单位觉得时间太长;向前赶工,又会大大增加造价。在这种情况下,经验丰富、实力雄厚的投标企业就可以在标书中提出既能满足招标单位的工期要求,又不增加工程造价的条件,并附上详细的计划,以吸引招标单位。

(三)不平衡单价法

采取不平衡单价是国际投标报价常见的一种手法。所谓不平衡单价,就是在总标价基本确定后,不影响总标价水平的前提下,某些项目的单价定得比正常水平高些,而另外一些项目的单价则比正常水平低些,以期既不提高总标价,不影响中标,又能在结算时得到更理想的经济效益。但要注意避免显而易见的畸高畸低,以免降低中标机会或成为废标。有些国家的标书中就明确规定:如果工程师判定投标者有标价不平衡现象,可以宣布这份标函无效。

在总报价一定的条件下,哪些单价可高些,哪些单价可低些,这对改善承包商资金流动或获得额外盈利十分有益。一般原则是:

(1)估计到以后工程量会增加的项目,其单价可定得高些;估计到以后工程量会减少的项目,其单价可适当降低。

(2)对先期施工的项目(如土方开挖),其单价可定得高一些,有利于增加早期收入,减少贷款利息或增加存款利息;对后期施工的项目,其单价可低些。

(3)没有工程量,只填单价的项目,其单价宜高些,因为它不在总报价之内,项目完成后可全部按报价结算。这样做既不影响投标总报价,以后发生时又可获利。

(4)图纸有缺陷的,估计今后会修改的项目,其单价可高些。

(5)计日工单价和机械台时费单价可稍高于工程单价的人工、施工设备台时费单价。尽管在投标报价中可能列有此项,但并不构成承包总价的范围,发生时实报实销,也可多获利。

(6)有时招标文件要求投标人对工程量大的项目报"清单项目报价分析表",投标时可将单价分析表中的人工费及机械设备费报得较高,而材料费报得较低。这主要是为了在今后补充项目报价时,可以参考选用"清单项目报价分析表"中较高的人工费和机械费,而材料则往往采用市场价,因而可以获得较高的收益。

(7)在议标时,投标人一般都要压低标价。这时应该首先压低那些工程量少的单价,这样即使压低了很多单价,总的标价也不会降低很多,而给发包人的感觉却是工程量清单上的单价大幅度下降,投标人很有让利的诚意。

(8)暂定项目,又叫任意项目或选择项目,对这类项目要作具体分析。因这一类项目要开工后由发包人研究决定是否实施,由哪一家投标人实施。如果工程不分包,只由一家投标人施工,则其中肯定要施工的单价可高些,不一定要施工的则应低些。如果工程分包,该暂定项目也可能由其他投标人施工的,则不宜报高价,以免抬高总报价。

(9)在通货膨胀率较高时,利率低于通货膨胀率,在有价差调整条款时,加大项目后期完工工程的费用可能是有利的。

(四)多方案报价法

多方案报价法是利用工程说明书或合同条款不公正或不明确之处,以争取达到修改工程说明书和合同为目的的一种报价方法。合同条款和工程说明书不公正或不明确，投标人往往要承担很大风险。为了减少风险就须扩大工程单价，增加“不可预见费”，但这样做又会因报价过高而增加被淘汰的可能性，这时可采用多方案报价法，即在标函上报两个单价。一是按原工程说明书和合同条款报价，二是加以注解：“如工程说明书或合同条款作某些改变，则可降低多少费用”。这样既吸引业主修改说明书和合同条款，又使报价较低。

增加建议方案时，不要将方案写得太具体，保留方案的技术关键，防止招标人将此方案交给其他投标人，同时要强调的是，建议方案一定要比较成熟，或过去有这方面的实践经验。因为投标时间往往比较短，如果仅为中标而匆忙提出一些没有把握的建议方案，可能引起很严重的不良后果。

（五）预备标价法

建筑工程招标的全过程也是施工企业互相竞争的过程。竞争对手们总是随时随地互相侦察对方的报价动态。而要做到报价绝对保密又很难，这就要求参加投标报价的人员能随机应变，当了解到第一报价对己不利时，可用预备的标价投标。如石塘水电站的招标，水电第十二工程局于开标前一天带着高、中、低三个报价到达杭州后，就千方百计通过各种渠道了解投标者到达的情况及可能出现的对手情况。直到截止投标前10分钟，他们发现主要竞争对手已放弃投标，立即决定不用最低报价。同时又考虑到第二竞争对手的竞争力，决定放弃最高报价，选择了中报价，结果成为最低标，为该局中标打下了基础。

（六）突然降价法

报价是一件保密的工作，但是对手往往会通过各种渠道、手段来刺探情报，因此用突然降价法可以在报价时迷惑竞争对手。即先按一般情况报价或表现出自己对该工程兴趣不大，到快要投标截止时才突然降价。采用这种方法时，一定要在准备投标报价的过程中考虑好降价的幅度，在临近投标截止日期前，根据信息情况分析判断，再作最后决策。采用突然降价法往往降低的是总价，而要把降低的部分分摊到各清单项内，可采用不平衡报价法进行，以期取得更高的效益。

（七）逐步升级法

在邀请招标或邀请议标方式中，投标单位可以利用竞争对手少或没有竞争对手的优势，先报出较低的报价，然后在反复的协商、洽谈过程和拟订施工合同的过程中，提出种种制约施工的因素或其他对投标单位不利的因素，并借故要求加价，逐步升级，最后协商成功时的发包造价，已远远高于开始时的报价。

（八）先亏后赢法

对于大型分期建设的工程，在第一期工程投标时，可以将部分间接费分摊到第二期工程中去，并减少利润以争取中标。这样在第二期工程投标时，凭借第一期工程的经验、临时设施以及创立的信誉，比较容易拿到第二期工程。如第二期工程遥遥无期，则不可以采用此方法。

（九）无利润投标法

（1）对于分期建设的项目，先以低价获得首期项目，而后赢得机会创造第二期工程中的竞争优势，并在以后的实施中赚得利润。

（2）以保本或微利为投标目的。建筑企业在业务不饱满的情况下，为解决企业“窝工”现象，其参加投标的战略思想往往是以保本或微利为主。这种企业投标时，可能会投与成本相同或稍高于成本的低标。

(3)以开拓新业务及某地区或国家建筑市场为投标目的。建筑市场的开放,打破了行业和地区的界限,为施工企业开辟了广阔的竞争舞台。建筑企业为开拓新业务或为打入某行业、某地区和某国家的建筑市场,并创造良好的社会信誉,往往会采取保本甚至赔本的低报价。

(4)面临生存危机的超常规报价。当建筑企业面临生存危机,或为了保住声誉,往往不得不咬牙压价,采取低于成本较多的(超低标)超常规报价。

(十)争取评标奖励

有时招标文件规定,对某些技术指标的评标,若投标人提供的指标优于规定指标值,给予适当的评标奖励,有利于竞争中取胜。但要注意技术性能优于招标规定,将导致报价相应上涨,如果投标报价过高,即使获得评标奖励,也难以与报价上涨的部分相抵,这样评标奖励也就失去了意义。

七、投标报价中有关问题的处理

投标决策以后总报价就固定下来了,但待摊费用应该怎样在各工程单价内进行分配平衡,哪些单价宜高些,哪些单价宜低些,业主在评标过程中对不平衡报价如何评定,这些问题是值得投标人员认真加以分析和研究的。

(一)待摊费用的分摊办法

待摊费用指工程报价表中没有工程项目而在报价中又必须包含的费用。这些费用主要有间接费、投标费用、保函手续费、保险费,招标文件规定的价差调整范围以外的价差、次要工程项目以及不可预见费等。严格来讲,待摊费用应根据工程费用发生的额度和时间分配在相应时段的工程条目单价内。但往往由于工程条目十分繁多,待摊费用又繁又杂,要准确计算分摊是不现实的。另外,承包商往往从自身效益和改善资金流动出发有意在待摊费用分摊上做文章。主要有以下几种分摊方法:

(1)均摊法。平均摊入各工程项目的费用,是指随工程进度平稳发生,难以预测或按完成工作量计算的费用。如利润、税金、保险费和不可预见费用等。

(2)早摊法。将待摊费用摊入早期施工的项目,其目的是尽快将资金收回,减少贷款利息。早期摊入的费用项目有:投标过程中的费用、施工机械进场费、保函手续费、临时工程费。

(3)递增法。有些费用在工程后期发生,此时,可按递增法分摊有关费用。

(4)递减法。有些费用随工程进展而逐渐减少,此时,可按递减方式分摊有关费用。

在实际工程中,往往是综合运用上述分摊方法。分摊的实质是确定工程量报价单中所填入的工程条目单价的高低。

(二)不平衡单价

按照上述分摊方法和原则进行分配的结果是可能产生不平衡单价。在这种情况下,承包商从自身利益出发,在确定费用分摊时采取措施,对工程单价进行调整,通常称为“单价重分配”。但应该认识到,业主可以通过编制标底和从各投标单价横向对比中发现不平衡单价。业主评标人员的主要任务之一是审查投标人所报的单价,从中找出不符实际的单价,旨在从修改设计和工程量变化中获得好处的策略性单价以及错误和漏项。过度的不平衡单价会使评标人员产生反感,影响评标得分,即使勉强中标,业主往往会要求提高履约保证金的额度以使业主免除中标者一旦不能履约后造成的损失。

(三)工程单价水平

对于水利水电工程而言,很难一概而论什么样的单价是合适的,不同类别的工程单价变化幅度也不同。如土石方单价主要是和施工机械生产效率有关的,材料和人工费用占的比例不大,而混凝土单价中人工费和材料费占的比重则较大。一般而言,土石方单价在合理单价上下变化20%以内还可接受,混凝土单价在合理单价上下变化10%以内也可接受。

第五节　竣工结算与竣工决算的编制

水电工程竣工后,要及时组织验收工作,尽快交付投产,这是水利水电工程建设程序的重要内容。施工企业要按照双方签订的工程合同,编制竣工结算书,向建设单位(通过银行)结算工程价款。建设单位应组织编写竣工决算报告,以便正确地核定新增固定资产价值,使工程尽早正常地投产运行。竣工结算与竣工决算是不同的概念,最明显的特征是:办理竣工结算是建设单位与施工企业之间的事,办理竣工决算是建设单位与业主(或主管部门)之间的事。竣工结算是编制竣工决算的基础。

一、水电工程竣工结算

水电工程竣工结算是整个水电工程项目或单项工程竣工验收后,施工单位向建设单位结算工程价款的过程,通常通过编制竣工结算书来办理。

水电工程竣工结算是指承包商完成合同内工程的施工并通过了交工验收后,所提交的竣工结算书经过业主和监理工程师审查签证,送交当地银行或地方水电工程预算审查部门审查签认,然后由银行办理拨付工程价款手续的过程。因此,竣工结算是施工单位确定工程建筑安装施工产值和实物工程完成情况的依据,是建设单位落实投资额,拟付工程价款的依据,是施工单位确定工程的最终收入、进行经济核算及考核工程成本的依据。

(一)竣工结算的依据

(1)工程竣工报告及工程竣工验收单。

(2)施工单位与建设单位签订的工程合同或双方协议书。

(3)施工图纸、设计变更通知书、现场变更签证及现场记录。

(4)预算定额、材料价格,基础单价及其他费用标准。

(5)施工图预算、施工预算。

(6)其他有关资料。

(二)竣工结算管理程序

(1)接到承包商提交的竣工结算书后,业主应以单位工程为基础,对承包合同内规定的施工内容进行检查与核对,包括工程项目、工程量、单价取费和计算结果等。

(2)核查合同工程的执行情况,包括以下几方面:①开工前准备工作的费用是否准确;②土石方工程与基础处理有无漏算或多算;③钢筋混凝土工程中的含钢量是否按规定进行了调整;④加工订货的项目、规格、数量、单价等与实际安装的项目规格、数量、单价是否相符;⑤特殊工程中使用的特殊材料的单价有无变化;⑥工程施工变更记录与合同价格的调整是否相符；⑦实际施工中有无与施工图要求不符的项目；⑧单项工程综合结算书与单位工程结算书是否相符。

(3)对核查过程中发现的不符合合同规定的情况，如多算、漏算或计算错误等，均应予以调整。

(4)将批准的工程竣工结算书送交有关部门审查。

(5)工程竣工结算书经过确认后，办理工程价款的最终结算拨款手续。

(三)竣工结算书的编制

竣工结算书的编制内容、项目划分与施工图预算基本相同。其编制步骤为：

(1)以单位工程为基础，根据现场施工情况，对施工图预算的主要内容逐项检查和核对，尤其应注意以下三方面的核对：

①施工图预算所列工程量与实际完成工程量不符合时应作调整。其中包括：设计修改和增漏项目需要增减的工程量，应根据设计修改通知单进行调整；现场工程的更改，例如基础开挖后遇到古墓，施工方法发生某些变更等，应根据现场记录按合同规定调整；施工图预算发生的某些错误，应作调整。

②材料预算价格与实际价格不符时应作调整。其中包括：因材料供应或其他原因，发生材料短缺时，需以大代小，以优代劣，这部分材料应根据工程材料代用通知单计算材料代用价差进行调整，材料价格发生较大变动而与预算价格不符时，应根据当地规定，对允许调整的进行调整。

③间接费和其他费用，应根据工程量的变化作相应的调整。由于管理不善或其他原因，造成窝工、浪费等所发生的费用，应根据有关规定，由承担责任的一方负担，一般不由工程费开支。

(2)对单位工程增减预算查对核实后，按单位工程归口。

(3)对各单位工程结算分别按单项工程进行汇总，编出单项工程综合结算书。

(4)将各单项工程综合结算书汇编成整个建设项目的竣工结算书。

(5)编写竣工结算说明，其中包括编制依据、编制范围及其他情况。

工程竣工结算书编好之后，送业主(或主管部门)、建设单位等审查批准，并与建设单位办理工程价款的结算。

二、水电工程竣工决算

竣工决算是指所有建设项目竣工后，由建设单位编制的建设项目从筹建到竣工投产或使用全过程实际支出费用的竣工决算报告。竣工决算是综合反映竣工项目建设成果和财务情况的总结性文件，是办理交付使用的依据，也是竣工验收报告的重要组成部分。水利水电建设项目完建后，在竣工验收前，应该及时办理竣工决算，大中型项目必须在六个月内，小型项目必须在三个月内编制完毕并上报。

水电工程竣工决算应包括项目从筹建到竣工验收投产的全部实际支出费，即建筑工程费、设备及安装工程费和其他费用，它是考核竣工项目概预算与基建计划执行情况以及分析投资效益的依据，是总结财务管理经验的依据，也是办理移交新增固定资产和流动资产价值的依据，对于总结水利水电工程建设经验，降低建设成本，提高投资效益具有重要的价值。竣工决算报告依据《水利工程基本建设项目竣工决算报告编制规程》(SL 19—2001)编制，对于大中型水力发电工程依据电力系统的规定执行。

(一)做好编制竣工决算前的工作

(1)做好竣工验收的准备工作。竣工验收是对竣工项目的全面考核,在竣工验收前,要准备整理好技术经济资料,分类立卷以便验收时交付使用。单项工程已按设计要求建成时,可以实行单项验收;整个项目建成并符合验收标准时,可按整个建设项目组织全面验收准备工作。

(2)要认真做好各项账务、物资及债权债务的清理工作,做到工完场清、工完账清。要核实从开工到竣工整个拨、贷款总额,核实各项收支,核实盘点各种设备、材料、机具,做好现场剩余材料的回收工作,核实各种债权、债务,及时办理各项清偿工作。

(3)要正确编制年度财务决算。只有在做好上述工作的基础上,才能进行整个项目的竣工决算编制工作。

(二)竣工决算编制的内容

组成竣工决算报告的内容如下:

(1)竣工决算报告的封面及目录。

(2)竣工工程的平面示意图及主体工程照片。

(3)竣工决算报告说明书。

(4)全套竣工决算报告表格。

其中,说明书与决算表格是竣工决算的核心内容。

(1)竣工决算报告说明书。

竣工决算报告说明书是总体反映竣工工程建设成果,全面考核分析工程投资与造价的书面文件,是竣工决算报告的重要组成部分,其主要内容包括:

①工程概况。包括工程一般情况、建设工程、设计效益、主体建筑物特征及主要设备的特性、工程质量等。

②概预算与工程计划执行情况。包括概预算批复及调整情况,概预算执行情况,工程计划执行情况,主要实物工程量完成、变动情况及原因。

③投资来源:包括投资主体、投资性质及投资构成分析。

④投资使用和基建支出情况。

⑤工程效益:包括因工程建设发生的直接效益和可预见的间接效益。

⑥投资包干和招标投标的执行情况及分析。

⑦包干结余资金分配情况。

⑧工程费用分配情况和投资分摊情况。

⑨交付使用财产情况。

⑩移民及库区淹没处理情况。

⑪财务管理情况。

⑫存在的主要问题及处理意见。

⑬其他有关说明。

(2)竣工决算报告表格。

按现行规定,竣工决算全部表格共20种,第一部分竣工工程概况表为专用表,由建设单位根据工程的不同性质和特点选用,其余部分各表为通用表。各部分表格名称如下:

①竣工工程概况表。该类表综合反映工程新增固定资产、生产能力、建设成本及主要技术经济指标，应根据设计概预算文件、基本建设计划和实际执行结果填列。

②竣工工程决算表及未完工程明细表。前者反映竣工建设项目的投资、造价，并考核概预算及投资包干情况，后者反映未完尾工工程的明细项目、工程量和单价。

③建设项目年度财务决算表。反映竣工项目的投资来源、基建支出、结余资金等情况。

④建设项目投资分析表。以单项工程、单位工程和费用项目的实际支出与相应的概预算费用相比较，用来反映竣工项目建设投资状况。

⑤建设项目成本表。反映竣工项目建设成本结构以及形成过程情况。

⑥建设项目预计未完工程及费用表。反映预计纳入竣工决算的未完工程及竣工验收等费用的明细情况。

⑦竣工项目待核销基建支出表。反映竣工项目发生的待核销基建支出明细情况。

⑧竣工项目转出投资表。反映竣工项目发生的转出投资明细情况。

⑨竣工项目交付使用资产表。反映竣工项目向不同资产接受单位交付使用资产情况，资产应包括固定资产（建筑物、房屋、设备及其他）、流动资产、无形资产及递延资产等。

另外，承包人对施工完毕并已竣工结算的单项（或单位）工程也应进行施工单位的竣工决算。主要目的是通过决算考核该工程的经营成果，核算分析其预算成本（收入）、实际成本（支出）和成本降低额；对主要材料和人工、机械的实际用量与预算用量进行对比分析。通过对比，一方面考核施工的经济效益，作为承包任务完成情况的考核依据，另一方面通过各项数据分析，找出施工的经验和不足，以进一步提高企业的技术和管理水平。

竣工决算编制好后，要报业主（或上级主管部门）审查，同时抄送设计单位和开户银行，大中型水利水电建设项目的竣工决算，还应抄送主管部、财政部和有关省、直辖市、自治区财政部门。

（三）竣工决算的审查

一般由建设主管部门会同银行对业主提交的竣工决算进行会审。重点审查以下内容：

（1）根据批准的设计文件，审查有无计划外的工程项目。

（2）根据批准的概预算或包干指标，审查建设成本是否超标，并查明超标原因。

（3）根据财务制度，审查各项费用开支是否符合规定，有无乱挤建设成本、扩大开支范围和提高开支标准的问题。

（4）报废工程和应核销的其他支出中，各项损失是否经过有关机构的审批同意。

（5）历年建设资金投入和结余资金是否真实准确。

（6）审查和分析投资效果。

第十章　水利水电工程造价的控制

第一节　概　述

一、工程造价控制的含义

工程造价控制是指在工程项目建设的全过程中,检查是否按预测的工程造价和资金使用计划进行,发现偏差、分析原因、进行纠正,以确保项目建设目标的实现。工程造价控制与工程造价管理是两个不同的概念。工程造价管理包含工程造价控制,工程造价控制只是工程造价管理活动的一种形式。

工程造价控制的目的和关键,是要保证建设项目造价目标尽可能好地实现。工程造价的规划为工程项目的建设制定了计划的目标以及控制的实施方案,可以说,工程造价规划为建设项目建起了一条通向项目目标的理论轨道。当建设项目进入实质性启动阶段以后,项目的实施就开始进入预定的计划轨道,这时,工程造价管理的中心活动就变为工程造价目标的控制。

为确保固定资产投资计划的顺利完成,保证建设工程造价不突破批准的投资限额,对工程造价必须按项目建设程序实行层层控制。在建设全过程中,批准的可行性研究报告中的投资估算,是拟建项目造价的计划控制值;批准的初步设计总概算是控制工程造价的最高限额;其后阶段的工程造价均应控制在上阶段确定的造价限额之内,无特殊情况,不得任意突破。

工程建设项目本身的特点,决定了工程造价控制具有以下的特点:

(1)工程造价控制目标的动态性。由于工程造价需要多次性的计价,所以各个阶段的工程造价控制目标在不断地改变。

(2)工程造价控制的因素多。一方面工程建设资源消耗数量多;另一方面工程建设周期长,影响工程造价的因素多。

(3)工程造价控制系统的复杂性。工程造价控制系统按性质分为政府控制系统、行业控制系统、业主控制系统、施工企业控制系统,按资源消耗费用分为人工费用控制系统、材料消耗费用控制系统、机械消耗费用控制系统等。

二、动态控制原理

随着项目的不断进展,大量的人力、物力和财力投入项目实施之中,此时,应不断地对项目进展进行监控,以判断项目进展的实际值与计划值是否发生了偏差,如发生偏差,要及时分析偏差产生的原因,并采取果断的纠偏措施。必要的时候,还应对项目规划中的原定目标进行重新的论证。因此,项目管理成败如何,很大程度上取决于项目规划是否科学和项目控制是否有效。

在工程项目建设中,项目的控制紧紧围绕着三大目标的控制,即投资控制、质量控制和进度控制(见图10-1),这种目标控制是动态的,并且贯穿于项目实施的始终。

这个流程应当每两周或一个月循环进行,其表达的意思如下:

(1)项目投入,即把人力、物力和资金投入到项目实施中。

(2)设计、采购、施工和安装等行为发生后称工程进展。在工程进展过程中,必定存在各种各样的干扰,如恶劣气候、设计出图不及时等。

(3)收集实际数据,即对项目进展情况作出评估。

(4)把投资目标、进度目标和质量目标等计划值与实际投资发生值、实际进度和质量检查数据进行比较,这相当于电工学中测量器的工作。

(5)检查实际值和计划值有无偏差,如果没有偏差,则项目继续进行,继续投入人力、物力和财力等。

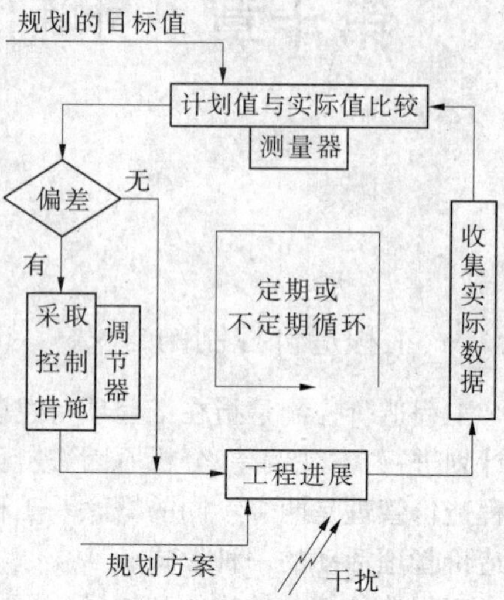

图10-1 动态控制原理图

(6)如有偏差,则需要采取控制措施,这相当于电工学中调节器的工作。

在工程项目管理中,这一动态控制过程中,应着重做好以下几项工作:

(1)对计划目标值的论证和分析。实践证明,由于各种主观因素和客观因素的制约,项目规划中的计划目标值有可能是难以实现或不尽合理的,需要在项目实施的过程中,或合理调整,或细化和精确化。只有项目目标是正确合理的,项目控制方能有效。

(2)及时对项目进展作出评估,即收集实际数据。没有实际数据的收集,就无法清楚了解和掌握工程的实际进展情况,更不可能判断是否存在偏差。因此,数据的及时、完整和正确是确定偏差的基础。

(3)进行计划值与实际值的比较,以判断是否存在偏差。这种比较同时也要求在项目规划阶段就应对数据体系进行统一的设计,以保证比较工作的效率和有效性。

(4)采取控制措施以确保项目目标的实现。

三、工程造价控制的目标

随着工程建设实践、认识、再实践、再认识,工程造价控制目标的设置应是随着工程项目建设实践的不断深入而分阶段设置的,具体来讲,投资估算应是设计方案选择和进行初步设计的建设项目造价控制目标;设计概算应是进行技术设计和施工图设计的工程造价控制目标;施工图预算或工程承包合同价则应是施工阶段控制建筑安装工程造价的目标。有机联系的阶段目标相互制约、相互补充,前者控制后者,后者补充前者,共同组成工程造价控制的目标系统。

目标要既有先进性又有实现的可能性,目标水平要能激发建造者的进取心和充分发挥他们的工作能力。若目标水平太低,如对建设项目投资高估冒算,则使建造者缺乏激励性,建造者亦没有发挥潜力的余地,目标形同虚设;若水平太高,如在建设项目立项时投资就留有缺口，建造者一再努力也无法达到，则可能产生灰心情绪，使工程造价控制成为一纸空文。

四、工程造价控制的重点

工程造价控制贯穿于项目建设全过程，这一点是没有疑义的，但是必须重点突出。图 10-2所示是国外描述的不同建设阶段影响建设项目投资程度的坐标图，我国的实际情况与其应是大致吻合的。从图 10-2 可以看见，影响项目投资最大的阶段，是约占工程项目建设周期 1/4 的技术设计结束前的工作阶段。在初步设计阶段，影响项目投资的可能性为75% ~95%；在技术设计阶段，影响项目投资的可能性为 35% ~75%；在施工图设计阶段，影响项目投资的可能性则为 5% ~35%。很显然，工程造价控制的关键在于施工以前的投资决策和设计阶段，而在项目作出投资决策后，控制工程造价的关键就在于设计。建设工程全寿命费用包括项目投资和工程交付使用后的经常开支费用（含经营费用、日常维护修理费用、使用期内大修理费用和局部更新费用）以及该项目使用期满后的报废拆除费用等。据国外一些专家的分析，设计费一般只相当于在建设项目全寿命费用的 1% 以下，但正是这少于 1% 的费用却基本决定了几乎全部随后的费用。由此可见，设计质量对整个建设项目的效益是至关重要的。

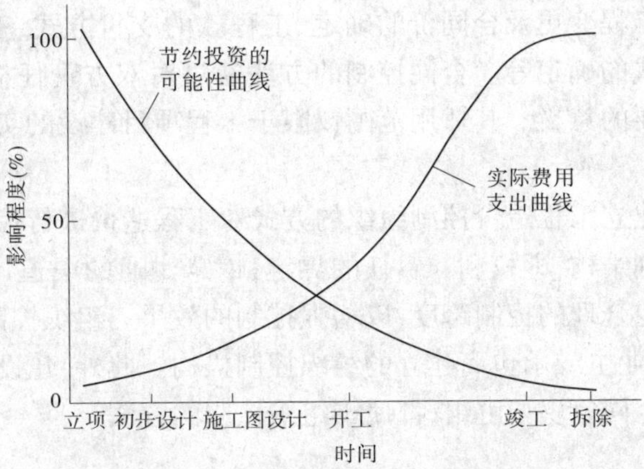

图 10-2　不同阶段对投资的影响程度

长期以来，人们普遍忽视建设工程项目前期工作阶段的工程造价控制，而往往把控制工程造价的主要精力放在施工阶段——审视施工图预算、结算工程价款、算细账。这样做，尽管也有效果，但毕竟是"亡羊补牢"，事倍功半。要有效地控制工程造价，就要坚决地把工作重点转到建设前期阶段上来，尤其是要抓住工程设计这个关键阶段，未雨绸缪，以取得事半功倍的效果。

五、工程造价控制的类型

由于工程造价管理具有多主体性，而且工程建设的各个阶段所要解决的重点也是不同的，从不同角度、不同目标、不同内容上看，工程造价控制表现出多样性的特点。工程造价控制的种类很多，最为常用的有如下几种分类方法：①根据控制活动的性质可以分为预防性控制和更正性控制；②根据控制点位于整个活动过程中的位置划分为预先控制、过程控制和事后控制；③根据控制信息的性质划分为反馈控制和前馈控制；④根据控制所采用的手段划分为直接控制和间接控制。当然,上述各种分类方法不是孤立的,有时一个控制可能同时属于几种类型。比如变更合同价的调整,既可属于更正性控制,也可属于事后控制。

六、工程造价控制的方法

工程造价控制按不同的控制主体和不同的控制对象,有不同的控制方法,归纳起来有五类控制方法,即政策与法规控制、合同控制、组织控制、目标控制和评价激励控制。

(一)政策与法规控制

政策与法规控制是实施控制的重要方法。这种控制方法有助于限定组织或个人的主观判断以及所采取的活动。政策与法规是一种宏观的、一般性的活动的指导,一般作为政府对工程进行造价控制的方法。国家的税收政策以及与工程造价的有关法律法规都属于此类控制方法,如《中华人民共和国招标投标法》、《建设项目法人责任制》、《建筑工程施工发包与承包计价管理办法》等。

(二)合同控制

合同控制是指以合同双方签订的条款进行工程造价控制的方法。合同控制的方法是工程造价控制最主要的方法,同政策与法规控制方法相比,它更加具体、细致,属于微观的控制方法。如合同中关于工程变更及合同价的确定、工程款的支付方式、工程索赔的处理、工程风险的分担及合同形式的确定等。合同控制的方法通过对双方责任权利的约定,对合同目标的实现具有十分重要的意义。其适用范围仅限于工程项目建设的实施阶段。

(三)组织控制

组织控制是指以建立工程造价控制组织的方式对工程造价进行控制的方法。组织控制的内容包括组织的权利结构,即权利与责任的界定;信息沟通的渠道,即组织信息的获取渠道;控制的跨度,即确定合理的控制跨度,以增强控制的效果。组织控制方法有多种形式,如政府主管部门的控制、业主或承包商建立的组织控制机构。此外,建设监理、工程造价咨询,以及合同双方聘请的合同争议调解组,都属于组织控制的方法。

(四)目标控制

目标控制是指工程造价的控制者在确定控制目标后,无须直接控制。这种控制的关键是控制目标确定的合理性问题。在实际中,限额设计的限额、固定合同总价、对项目实行的包干价等都属于目标控制的方法。这种方法控制的费用较低,但由于被控制者承担较多的风险,在控制目标中往往要考虑风险费用,工程造价的控制效果反而不一定好。

(五)评价激励控制

评价激励控制是指对被控制对象的行为效果进行评价,并以此作为奖励和惩罚的依据的控制方法。这种方法的应用有利于发挥被控制对象的积极性和创造性,以保证目标的实现。如限额设计中的节奖超罚、优化施工方案后的利益分享等。

七、工程造价控制的原则

选择合理的工程造价控制方法是保证控制效果的基础,但方法本身并不能自行达到这一目标,关键在于切实地把握住控制这一环节。如何有效地实施控制,达到控制工程造价的目的,要遵循以下四个基本原则。

（一）控制的目的性原则

控制是管理的一项重要职能，是为目标服务的。虽然在工程建设的各个阶段，工程造价控制的目的有所不同，但控制的目的性是不容置疑的。控制必须具有明确的目的性，不是为控制而控制。例如，在建设项目的决策阶段，控制工程造价的目的是为建设项目的正确决策提供依据；而在建设项目的施工阶段，控制工程造价的目的是在满足项目功能的前提下，保证工程造价目标不被突破。每个阶段有每个阶段的控制重点和控制方法，无论是控制重点，还是控制方法，其目的都是实现各个阶段的目标。控制的目的性在于在众多的甚至是相互矛盾的目标中选择出关键的反映目标特性和需要的因素，并加以重点控制，才能确保目标的实现。在设计阶段设计方案的好坏，在施工阶段材料的费用都是影响工程造价的敏感因素，也是工程造价控制的重要对象。

（二）控制的及时性原则

较好的控制必须及时发现偏差，并及时采取措施加以更正。如果信息滞后，往往可能造成不可弥补的损失。如在工程索赔中，当索赔事件发生时，应及时提出索赔意向，否则超过了索赔时限，就会导致索赔的失败。又如，进度款支付中也有时间的限制，超过期限，业主将承担进度款的迟付利息。为了解决好控制的及时性问题，较好的办法是采用前馈控制或预防性控制措施，使之能预测可能出现的偏差，一旦发现了偏差，也能及时采取措施加以更正。一般而言，控制越及时，偏差越小；反之，偏差越大。

（三）控制的经济性原则

控制活动是需要费用的，是否进行控制，控制到什么程度，都要考虑到费用的问题。要把控制所需要的费用同控制所产生的结果进行经济方面的比较，只有有利可图时，才实施控制（见图10-3），这就是控制的经济性原则。招标投标既是选择承包商的一种方式，同时也是控制工程造价的一种有效的方法。但只有招标工程达到一定规模，这种方法才是有效的，或者说经济的。因为招标需要花费一定的费用，只有在招标竞争中获得的收益比花费的费用高时才具有意义。一个零星的小工程通常采取直接发包。对于工程量明确、工期短而造价又不高的项目，通常采用固定总价的合同形式，其目的也是从控制的经济性考虑。这种合同形式管理简单、费用低。

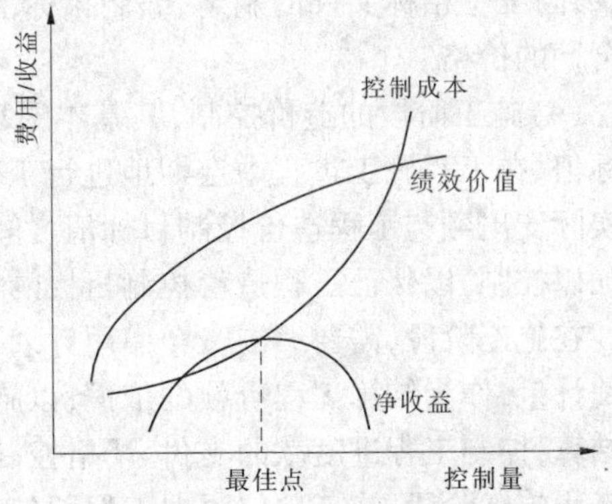

图10-3　控制系统的经济性

（四）控制的弹性原则

工程建设的过程中有许多不确定因素的影响，如不利的地质条件、不可抗拒的自然灾害和社会风险、不可准确预测的政策变化和物价波动等。控制的弹性原则就是为了保证这些因素发生时，控制工作仍然有效，不受影响。在实际中，对工程造价的敏感性分析，在工程造价中计入预备费用，对概算造价的调整，都是基于工程造价控制的弹性原则。

八、建设各阶段中工程造价的控制

在项目建设过程中，应对建设全过程的造价控制负责，严格按批准的可行性研究报告中规定的建设规模、建设内容、建设标准、建设工期和批准的建设项目总投资进行建设,按照国家有关工程建设招标投标管理的法律、法规,组织设计方案竞赛、施工招标、设备采购招标等,努力把工程造价控制在批准的总造价以内。

(1)建设项目投资决策阶段的造价控制,主要任务是要对拟建项目进行策划,并对其可行性进行技术的分析和论证,从而作出是否进行投资的决策。此阶段的工程造价管理是要参与建设项目的经济评价工作,在项目建议书及可行性研究报告阶段,编制拟建项目的投资估算,对拟建项目投入产出的各种经济因素进行调查、分析、研究、计算和论证,比选和推荐最佳的项目方案。

(2)设计阶段是工程造价控制的重点。仅就工程造价而言,进行工程造价控制是要以投资估算控制初步设计的工作,以设计概算控制施工图设计的工作。如果设计概算超出投资估算,应对初步设计进行调整和修改。同理,如果施工图预算超过设计概算,应对施工图设计进行修改或修正。通过对设计过程中所形成的工程造价费用的层层控制,以实现拟建项目的工程造价控制目标。

要在设计阶段有效地控制工程造价,应从组织、技术、经济、合同等各方面采取措施,随时纠正发生的投资偏差。技术措施和技术方法在设计阶段的工程造价控制中起着极为重要和积极的作用,如执行设计标准与标准设计、应用价值工程、采用限额设计方法等。

(3)施工准备阶段的工程造价控制,是以工程设计文件为依据,结合工程施工的具体情况,参与工程招标文件的制定,编制招标工程的标底,选择合适的合同计价方式,确定工程承包合同的价格。

(4)施工阶段的造价控制,其基本原理是把计划工程造价控制额作为工程造价控制的目标值,在工程施工过程中定期地进行工程造价实际值与目标值的比较,通过比较发现并找出实际支出额与工程造价控制目标值之间的偏差,然后分析产生偏差的原因,并采取有效措施加以控制,以保证工程造价控制目标的实现。

在施工阶段,需要编制资金使用计划,合理地确定实际工程造价费用的支出;以严格的工程计量,作为结算工程价款的依据;以施工图预算或工程合同价为控制目标,合理确定工程结算,控制工程进度款的支付;严格控制工程变更,合理确定工程变更价款。工程结算是在工程施工阶段,施工单位根据工程承包合同的约定而编制的确定应得到工程价款的文件。工程结算经工程师审核通过后,建设单位就按此向施工单位支付工程价款。对于建设单位来说,工程结算的作用一是在施工过程中按施工单位实际完成的工作量支付并控制工程的进度款,二是通过工程结算来确定实际工程造价费用。工程竣工结算,是指在工程竣工验收以后,建设单位和施工单位最终结清工程价款,确定实际工程造价(主要为建筑安装工程费用)的文件。工程竣工结算一般由施工单位编制,提交建设单位进行审核,也可委托工程造价咨询单位进行审价。

(5)在竣工验收阶段,按有关规定编制竣工决算,计算确定整个建设项目从筹建到全部竣工的实际工程造价。以设计概算为目标,对建设全过程中的工程造价及其管理工作进行全面总结评价。竣工决算是反映工程项目建设成果和财务情况的总结性文件,其中的一个重要编制内容是归纳计算实际发生的工程造价,即整个工程项目建造完成所需花费支出的实际工程总造价通过竣工决算最后确定。竣工决算由建设单位进行编制。

第二节　投资决策阶段工程造价的控制

一、项目投资决策与工程造价控制

(一)项目投资决策

决策是人们为实现预期的目标,采用一定的科学理论、方法和手段,对若干可行性的行动方案进行研究论证,从中选出最为满意的方案的过程。决策是行动的准则,正确的行动来源于正确的决策。项目投资决策是指对拟建项目的必要性和可行性进行技术经济论证,对不同建设方案进行比较、选择以及对拟建项目的技术经济问题作出判断和决定的过程。项目投资决策是决定项目投资成败的关键。

(二)项目投资决策与工程造价的关系

在项目投资决策阶段,工程造价习惯上称为投资估算。

投资估算在项目投资决策中具有十分重要的作用,是项目可行性评价的重要参数。投资估算与项目投资决策的关系表现在:

(1)投资估算的合理性是项目投资决策正确性的重要依据。投资估算的合理性是指其反映项目未来资金和资源实际投入量的贴近度。项目的投资额是影响项目经济效益最为敏感的因素之一,投资估算越贴近未来实际,经济评价的可靠度就越高。虽然投资估算的合理性并不能肯定项目的可行性,但它为项目的正确决策提供可靠的科学依据。

(2)投资估算是项目决策过程中重要的经济评价指标。项目决策的实质是选择最优的方案,而对于方案优劣的比较,投资估算是其重要的经济评价指标。

(3)项目决策的内容是决定投资估算的基础。虽然投资估算对项目的正确决策具有十分重要的意义,但投资估算的依据却与项目决策有关,即投资估算要全面反映项目决策的内容。投资估算的合理性必须建立在项目决策内容的基础上,如项目的建设规模、建设标准、工艺选择、建设地点选择、筹资方案、筹资结构、建设周期等。这些都是投资估算的重要依据。

(4)项目决策的深度影响投资估算的精度。项目决策的过程是一个由浅入深、不断深化的过程。随着决策深度的加深,未来不确定的因素逐渐减少,投资估算的精度也同时提高。如在机会研究阶段投资估算的精度只有±30%,在初步可行性研究阶段,投资估算的精度为±20%,而在详细可行性研究阶段,投资估算的精度为±10%。

二、项目投资决策阶段影响工程造价的主要因素

如前所述,项目投资决策的实质是选择最佳的投资方案,工程造价的多少并不能反映方案的优劣,即不能以工程造价的多少来否定或肯定某一方案。但这并不意味着项目投资决策与工程造价无关,实际上两者有密切的关系。第一,在项目规模一定的条件下,工程造价的多少决定了项目的经济效果。工程造价越少效果越好,而经济效果是项目决策的关键因素。第二,在投资资金有约束的条件下,工程造价也是决定投资方案取舍的重要因素。第三,工程造价的多少也反映了项目投资风险的大小。在项目投资决策阶段影响工程造价的主要因素有:项目合理规模的决策、建设标准的确定、建设地点的选择、生产工艺的确定、设

备的选用、资金筹措等。

(一)项目规模与工程造价

一般而言,项目规模越大,工程造价越高;反之越低。但项目规模的确定并不依赖于工程造价的多少,而取决于项目的规模效益、市场因素、技术条件、社会经济环境等。

(1)项目的规模效益。项目的决策与项目的经济效益密切相关,而项目的经济效益与项目的规模也有密切的关系。在一定的条件下,项目的规模扩大一倍,而项目的投入并不会扩大一倍,这就意味着,单位产品的成本具有随着生产规模的扩大而下降的趋势,而单位产品的报酬随生产规模的扩大而增加。在经济学中,这一现象被称为规模效益递增。但同时,这一现象也不可能永久地持续下去,即当规模达到一定程度时,又会出现效益递减的现象。因此,项目规模的确定不仅会影响工程造价,更重要的是会影响项目的经济效益,从而也影响项目的决策。对于一些非生产性项目规模的确定,一般按其功能要求和有关指标来确定。如水利工程,按防洪或排涝标准及保护区的重要程度确定,一般按多少年一遇的洪水考虑。

(2)市场因素。市场因素是制约项目规模的重要因素。市场的需求量是确定项目生产规模的前提。市场因素的影响表现在三个方面:①项目的生产规模以市场预测的需求量为限。在进行项目决策时,必须对市场的需求量作充分的调查。②项目产品投放市场后引起的连锁反应。按需求理论,当供给增加时,价格就会降低,这对项目的效益必然产生影响。因此,项目规模的确定也要考虑供给增加所带来的影响。③项目建设的资源消耗对建筑市场的影响。项目建设具有消耗资源量大的特点。项目的建设在一定范围内会引起建筑材料市场价格的波动,从而也会影响工程造价。一般来讲,项目的规模越大这种影响越大。

(3)技术条件。技术条件是项目决策的重要因素之一。技术上的可行性和先进性是项目决策的基础,也是项目经济效益的保证。技术上的先进性不仅能保证项目生产规模的实现,也能使生产成本降低以保障项目的经济效益,但技术水平的提高也应该适度,因为过高的技术水平也会带来获取技术成本的增加和管理难度的提高。盲目地追求过高的技术水平,也可能导致难以充分发挥技术水平,造成项目投资降低,达不到预期的投资效益,即便是工程投资估算再精确也毫无意义。

(4)社会经济环境。必须承认地区发展不平衡的客观现实。一定的经济发展水平和经济环境与项目的规模有一定的关系。在项目规模决策中要考虑的主要环境因素有土地与资源条件、运输与通信条件、产业政策以及区域经济发展规划等。实际上,这些因素有时制约着项目规模的确定。

(二)建设标准与工程造价

建设标准是项目投资决策的重要内容之一,也是影响工程造价高低的重要因素。建设标准的主要内容包括:建设规模、占地面积、工艺装备、建筑标准、配套设施等方面的标准和指标。建设标准是编制、评价、审批项目可行性研究的重要依据,是衡量工程造价是否合理及监督检查项目建设的客观尺度。

建设标准能否起到控制工程造价、指导建设的作用,关键在于标准水平定得是否合理。标准定得过高会脱离我国的实际情况和财力、物力的承受能力,加大投资风险,造成投资浪费;标准定得过低,则会妨碍科学技术的进步,降低项目的投资效益,表面上控制了工程造价,实际上也会造成投资浪费。因此,建设标准的确定应与当前的经济发展水平相适应。对于不同地区、不同行业、不同规模的建设项目,其建设标准应根据具体实际合理地确定,一般以中等适用的标准为原则。经济发达地区,项目技术含量较高或有特殊要求的项目,标准可适当提高一些。在建筑方面,应坚持“安全、适应、经济、美观”的建筑方针。

(三)建设地点与工程造价

建设地点与工程造价有密切的联系,如果地点选择不当会大大增加工程造价。如项目的总体平面布置、“三通一平”等都直接与建设地点的选择有关。不仅如此,建设地点还会对建设速度、投产后的经营成本等产生影响。因此,合理地选择建设地点,不仅可以降低工程造价,也可以提高项目经济效益。在建设地点选择上,一般从自然条件、社会经济条件、建筑施工条件和城市条件等方面综合考虑。

(四)生产工艺与工程造价

生产工艺的确定是项目决策的重要内容之一,它关系到项目在技术上的可行性和经济上的合理性。生产工艺的选择一般以先进适用、经济合理为原则。

(1)先进适用。先进与适用的关系是对立统一的。在确定生产工艺时,既要强调其先进性,又不能脱离其适用性。过分地强调先进性或适用性,都可能导致决策的失败。

(2)经济合理。经济合理是指所选用的工艺既能在经济上承受,又能获得令人满意的经济效果。在确定生产工艺时,应提出不同的工艺方案,在先进适用的原则下选择经济效益好的工艺。

生产工艺的选择对厂区平面布置有较大的影响,可以说,生产工艺大体决定了平面布置,因此在生产工艺的选择过程中应充分考虑建设地点的地形、地貌特征。

(五)设备费与工程造价

设备费是工程造价的组成部分之一,其对工程造价的影响是显而易见的。设备作为项目最积极、最活跃的投资,是项目获得预期效益的基本保证。随着科学技术的不断发展,设备投资占工程造价的比重越来越大。设备的选用不仅关系到工程造价,更关系到项目的技术先进性和投资效益。设备的选用也应该遵循先进适用、经济合理的原则。先进的设备具有较高的技术含量,它是实现项目目标的技术保证。同时,技术含量高的设备附加值也高,即投资大。在注意先进性的同时也要考虑其适用性,考虑其配套设备技术的稳定性等综合因素,既要经济,又要能满足项目的要求。

(六)资金筹措与工程造价

项目资金的筹措是市场经济条件下投资多元化所必须面临的问题。筹资方式、筹资结构、筹资风险、筹资成本是项目中必须认真研究的问题,也是项目投资决策的内容之一。筹资成本(建设期融资利息)也是工程造价的组成部分。

(1)筹资方式。筹资方式包括股份集资、发行债券、信贷筹资、自然筹资、租赁筹资以及建设项目的 BOT 方式等。

(2)筹资结构,即资金来源的构成。合理的筹资结构有利于降低项目的经营风险。

(3)筹资风险。筹资风险是指因改变筹资结构而增加的丧失偿债能力的可能和自有资金利润率降低的可能。

(4)筹资成本。筹资成本是指企业取得资金所付出的代价。筹资成本包括筹资过程中所发生的费用和使用过程中必须支付给出资者的报酬。前者为筹资费,如发行债券时支付的注册费、代办费等,贷款中的手续费、承诺费等。后者称为筹资的使用费,如利息支付、股息等。项目在建设期所要付出的筹资成本均属于工程造价的组成部分。对于大型建设项目，由于建设周期长，其建设期的贷款利息支出对工程造价的影响也是不容忽视的。

筹资成本指标一般以筹资成本率表示，筹资成本率是指获得100元资金将要付出的代价，即

$$筹资成本率 = 筹资使用费 / 筹资净额$$

$$筹资净额 = 筹资总额 - 筹资费 \tag{10-1}$$

对于普通股筹资成本率(r)有

$$r = 被选定市场收益率 /(1 - 筹资费率) \tag{10-2}$$

对于债券或贷款筹资成本率(r)有

$$r = 债务利息 / 筹资净额 \times 100\% \tag{10-3}$$

如果一个建设项目有多种筹资渠道，则其筹资成本率按加权平均的方式确定，即

$$r = \sum_{i=1}^{n} r_i w_i \tag{10-4}$$

式中 r——各种筹资总额的成本率；

r_i——第 i 种筹资方式的成本率；

w_i——第 i 种筹资方式的筹资额占总筹资额的比重；

n——筹资方式的种类。

三、决策阶段工程造价的控制

决策阶段工程造价控制的目的是按照决策的内容使工程造价能够全面地、准确地反映建设项目所需的投资额，为建设项目的正确投资提供可靠的技术经济指标。

（一）选择合理的工程造价计价方法

选择合理的工程造价计价方法是提高工程造价精度的关键因素之一。第一，必须收集尽可能多的已建类似项目的工程造价资料，并对这些资料进行分析、整理以及对已建类似项目的工程特点、工艺特点、技术水平的程度进行描述。第二，对拟建项目和已建项目进行比较、分析，重点是建筑工程的结构、地质地形条件、工艺选择和工艺水平以及设备选型等。第三，根据以上分析确定工程造价的计价方法。例如，当拟建项目和已建项目生产能力相差不大、建筑结构形式相似、生产工艺相近时可考虑采用生产能力指数法计算。第四，计算方法确定后应重点对计算中所取的参数进行比较细致的测算。这些参数的确定对工程造价的精度有较大的影响。

生产能力指数法中的有关参数的确定方法如下：

综合调整系数的确定。综合因素包括物价上涨因素、定额水平的变化、政策性的调整等，其中物价上涨的影响最大。因此，综合调整系数 f 可以表示为

$$f = f_1 f_2 f_3 \tag{10-5}$$

式中 f_1——物价上涨调整系数；

f_2——定额水平变化的调整系数；

f_3——政策变化的调整系数。

可根据拟建项目和已建项目期间物价的平均上涨率来确定 f_1，即

$$f_1 = (1 + f_0)^n \tag{10-6}$$

式中 f_0——拟建项目和已建项目期间物价的平均上涨率；

n——拟建项目和已建项目的间隔年数。

例如:某工程1995年建成,拟建项目投资估算年份为2000年,1995~2000年期间物价平均上涨率为6%,则

$$f_1 = (1 + 6\%)^5 = 1.338$$

若拟建项目和已建项目期间定额发生了修编,则可根据前后定额水平的变化确定f_2的取值。一般情况下,定额水平不断提高,$f_2 < 1$;若定额水平没有发生变化,则$f_2 = 1$。

政策变化主要是对工程造价组成中有关费用的费率以及税率等的调整。这些调整都是可以进行量化计算的,实际上f_3的确定比较容易。

(二)决策阶段工程造价的控制过程

建设项目在决策阶段的主要任务是对项目建设的必要性、可行性和经济性作出评价。必要性取决于社会或市场的需求状况,可行性是指项目在建设和运营中的技术难易程度,经济性指项目投资的经济效果。项目的经济性是项目决策的核心问题,而项目的投资(工程造价)是影响项目经济效益最为敏感的因素之一。因此,决策阶段工程造价的控制具有十分重要的意义。

决策阶段工程造价控制的模型不同于传统的控制模型,其主要问题表现在没有界线清楚一致的标准。决策阶段工程造价控制的目的不在于控制工程造价的多少,而在于控制项目投资效益的好坏。即工程造价控制的目标是动态的,它以满足项目获得最大效益为目标。决策阶段工程造价控制的步骤如图10-4所示。

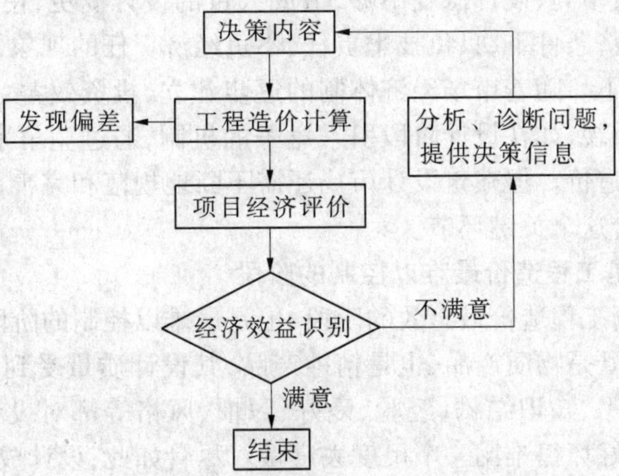

图10-4 决策阶段工程造价控制的步骤

(1)决策内容。即为工程造价计算提供依据。

(2)工程造价计算。即根据项目特点选定计算方法并准确计算工程造价。在计算中若发现偏差(主要是有关技术经济指标的比较),可以及时反馈到决策内容之中,这时可以考虑对决策的内容进行修正。

(3)项目经济评价。包括财务评价和国民经济评价。

(4)经济效益识别。达到决策者期望的效益则完成了整个决策过程。如果达不到决策者期望的效益,则应分析原因,找出问题,如建设规模、建设标准、工艺选择等问题是否影响了投资效益。

第三节　设计阶段工程造价的控制

一、设计阶段的特点

与其他阶段相比，设计阶段有如下特点。

（一）设计阶段是项目建设过程中承上启下的重要阶段

一个项目的建设可分为项目决策、项目设计和项目施工等阶段。显而易见，项目的设计既要准确地反映项目决策的内容和思路，又要指导项目的具体施工。设计思想如果偏离了决策的思路，即使正确的决策也会失败。设计成果作为指导施工的法律文件，其重要性也是不言而喻的。设计阶段在项目建设的过程中起到了承上启下的作用。

（二）设计阶段是工程造价控制的关键环节

国内外工程实践及工程造价资料分析表明，设计阶段对工程造价的影响程度为75%～85%，而在施工阶段通过技术革新等手段，对工程造价的影响程度却只有5%～10%。显然，设计阶段是控制工程造价的关键环节。设计方案的选定、结构的优化、新材料的采用、先进的设计理念和方法无一不是影响工程造价的重要因素。同时，设计决定了工程量的大小，也决定了资源的消耗量，每一个标高、尺寸的确定都直接影响了工程量的大小，这就是人们常说的“图上一条线，投资千千万”。设计的质量、设计的深度也决定了工程造价的可靠程度。往往由于设计质量不高、设计深度不够，造成大量的设计变更，使工程造价失控。长期以来，尤其是在计划经济条件下，只负技术责任、不负经济责任的现象，使得工程造价一再被突破，造成投资效益低下。随着市场经济体制的逐步建立，投资效益成为主要关注的对象，设计阶段越来越受到重视，如在设计阶段引入竞争的机制，通过竞争来选择设计队伍，以提高设计质量，控制工程造价。但建筑设计市场还需不断地规范和完善，这样才能真正地抓住设计阶段控制工程造价这个关键环节。

（三）设计阶段也是工程造价最难以控制的阶段

设计阶段既是控制工程造价最有效的阶段，也是最难以控制的阶段。首先，设计是一项创造性的劳动，建筑物既是物质产品，也是精神产品，其设计质量受到设计者主观因素的影响，如设计者的技术水平、知识结构、经验、爱好、习惯、风格等都对设计质量产生一定的影响。其次，设计质量的好坏很难用一个尺度去度量。尽管如此，设计成果的优劣还是有一个客观的标准，即是否满足了功能的要求，是否有效地控制了工程造价。因此，在设计阶段应加强监督、控制和管理。既要充分发挥设计者的聪明才智，又要集思广益，避免由于设计者个人素质的缺陷造成的影响。

二、设计阶段影响工程造价的因素

设计阶段影响工程造价的因素主要有以下几个方面。

（一）建筑标准

建筑标准一般由建筑业主确定。建筑标准高则工程造价高，反之则低。建筑标准的确定一般应根据建筑物、构筑物的使用性质、使用功能以及业主的经济实力等因素确定。对于重要的、具有标志性的建筑，建筑标准可适当提高。建筑标准的确定不仅要考虑一次性建设费用，也要考虑维护和运行费用，使之从整体上达到最优。例如，中空玻璃窗会增加工程造价，但其隔热性能却有显著提高，从其保温性能来看，可以减少能源的消耗，在寿命期内可能更加经济。

（二）设计者的知识水平

如前所述，设计者的知识水平对工程造价的影响是客观存在的，好的设计师能充分利用现代设计理念，运用科学的设计方法去优化设计成果，从而保证设计质量，降低工程造价。既懂技术又懂经济，善于将技术与经济相结合才能创造出优秀的设计成果。引入竞争机制选择设计单位是比较好的方式，也是控制工程造价的有效方法。

（三）设计方案

好的设计方案是技术上的可行性和经济上的合理性的完美结合。好的设计方案应该是对平面布置、空间组合、结构选型、材料选择等方面进行充分的分析和论证。

（1）平面布置。平面布置既要满足工程要求，又要经济合理。例如，在平面布置中，合理加大房屋进深，可以减少外墙周长，减小外墙面积系数以利于保温，从而降低工程造价；增加建筑单元组合数，也可以减少墙体数量，降低工程造价；在设计中尽量采用规则的平面外形，避免凹凸不平，也有利于技术方案的经济性。

（2）空间组合。空间的组合包括层高、层数、室内外高差的确定。适当地降低层高既能缩小建筑物的间距，节约用地，又能降低工程造价。有关资料表明，层高降低 100 mm，可降低 1% 左右的工程造价。层数不同，则荷载不同，其对基础的要求也不同，同时也影响用地面积。一般而言，对于砖混结构，5 ~ 6 层是比较经济的层数。在工业建筑中，多层厂房比单层经济，但超过 4 ~ 5 层工程造价又呈上升趋势。室内外高差的确定对工程造价也有较大的影响，高差过大工程造价提高，高差过小又影响使用以及卫生要求。

（3）结构形式。结构形式不同其力学性能不同，结构形式的选择既要满足力学要求，又必须考虑其经济性。对于大跨度结构，选用钢结构明显优于混凝土结构，对于高层或超高层结构，框剪结构和筒体结构比较经济。结构形式的选择不仅与建筑物的特性有关，也与建筑物的地点、环境相关，如对抗震要求较多的地区，混合结构由于整体性差，不宜采用。又如木结构不宜用于防火要求较高的建筑等。

（4）建筑材料。建筑材料费用一般占工程造价的 60% 左右，在设计中一般应优先考虑采用当地材料以控制工程造价。当地没有的或不生产的材料在不影响质量安全的前提下应充分考虑其经济性。建筑材料费用不仅所占比重大，而且也是建筑物主要荷载之一。采用轻质材料既能减小荷载，又能降低基础工程的造价，同时对垂直、水平运输以及施工都能降低费用。

（四）现场条件

现场条件包括地质、水文、地形、地貌、现场环境等因素。地质、水文气象条件对基础型式的选择、基础的埋深（持力层、冻土线）均会产生影响。地形地貌对平面布置以及室外标高的确定也会产生影响。现场环境即场地大小、邻近建筑物、地上附着物等，这些因素对平面布置、建筑层数、基础型式及埋深等都会产生影响。现场条件是制约设计方案的重要因素之一，它对工程造价会产生重要的影响。

三、设计方案优化的基本方法

(一)技术经济分析法

设计方案的技术经济分析法是采用技术与经济的比较方法,按照工程项目经济效果,针对不同的设计方案,分析其技术经济指标,从中选出经济效果最优的方法。不同的设计方案,其功能、造价、工期和设备、材料、人工消耗等标准是不同的。工程造价管理的目标,不是追求造价最低,而是要获得最好的投资效益。技术经济分析法不仅要考察项目的技术方案,更要关注费用,即技术与经济相结合。在设计方案分析比较中,一般采用最小费用法和多目标优选法。

1. 最小费用法

最小费用法是指在诸设计方案功能(或产出)相同的条件下,项目在整个寿命周期内费用最低者为最优的比较方法。最小费用法可分为静态最小费用法和动态最小费用法。

静态最小费用表达式为

$$C = \sum_{t=1}^{n} C_t \tag{10-7}$$

式中 C——寿命期总费用;

C_t——寿命期内(包括建设期)各年费用;

n——寿命期,年。

动态最小费用表达式为

$$PC = \sum_{t=1}^{n} C_t(1+i)^t \tag{10-8}$$

式中 PC——寿命期内总费用现值;

其他符号意义同前。

2. 多目标优选法

设计方案评价中需要有费用指标,而有时获取的费用标准不准确,因而严重影响了优选的正确性。在一些情况下,可以采用多目标优选法,即对需要进行分析评价的设计方案设定若干的评价指标,按其重要程度配以权重,然后对每个指标进行赋值并乘以其权重汇总及给出各设计方案的评价总分,以获得最高分者为最佳方案。这种方法是定性分析、定量打分相结合的方法。本方法的关键是评价指标的选取和指标的权重。其公式为

$$C = \sum_{i=1}^{n} W_i C_i \tag{10-9}$$

式中 C——设计方案总得分;

C_i——各指标的得分;

W_i——各指标的权重,$\sum W_i = 1$;

n——评价指标的数量。

(二)价值分析法

价值分析也称价值工程,价值分析以提高产品价值为中心,并把功能分析作为独特的方法,通过功能和价值分析,使物尽其力、财尽其用。价值分析的表达式为

$$V = F/C \tag{10-10}$$

式中　V——价值；

F——功能；

C——成本。

价值分析在设计阶段的运用，可以有效地将技术与经济结合起来，使功能（F）与成本（C）统一起来，既不盲目地追求功能的强大，也不一味地降低成本，而是追求价值（F/C）的提高。价值工程的特点是运用集体的智慧，它可以有效避免设计过程中设计者个人的知识与经验的不足。价值工程兼顾功能与成本两者之间的关系，把技术和经济紧密地结合起来实现项目最大的投资效益。价值工程也能有效地避免设计过程中重技术、轻经济的思想，实现工程造价的有效控制。

四、限额设计与工程造价控制

（一）推行限额设计的意义

1. 限额设计的含义

所谓限额设计，就是按照批准的可行性研究报告及投资估算控制初步设计，按照批准的初步设计总概算控制技术设计和施工图设计，同时各专业在保证达到使用功能的前提下，按分配的投资限额控制设计，严格控制不合理变更，保证总投资额不被突破。限额设计中的投资限额一般指静态的建筑安装工程费用，在确定投资限额时，要充分地考虑同时间投资额的可比性，即考虑资金的时间价值。

推行限额设计的关键是投资限额的确定，如果投资限额过高，实行限额设计就失去了意义；如果投资限额过低，限额设计也只能陷入"巧妇难为无米之炊"的境地。目前，一般用投资估算来控制初步设计。作为设计总概算的投资限额，还没有更加科学地确定投资限额的方法，这也为造价管理从业人员提出了研究课题。

投资分解和工程量控制是实行限额设计的有效途径与方法。投资分解就是把投资限额合理地分配到单项工程、单位工程，甚至分部工程中去，通过层层限额设计，实现对投资限额的控制与管理。工程量控制是实现限额设计的主要途径，工程量的大小直接影响工程造价、但是工程量的控制应以设计方案的优选为手段，切不可以牺牲质量和安全为代价。

2. 推行限额设计的意义

推行限额设计是控制工程造价的重要手段。在设计中以控制工程量为主要内容，抓住了控制工程造价的核心，从而能有效地克服和防止"三超"的现象。

推行限额设计有利于处理好技术与经济的关系，提高设计质量，克服长期以来重技术、轻经济的思想，促进设计人员开动脑筋，优化设计方案，降低工程造价。

推行限额设计有利于增强设计单位的责任感，在实施限额设计的过程中，通过奖罚管理制度，促使设计人员增强经济观念和责任感，使其既要负技术责任也要负经济责任。

（二）限额设计的纵向控制

所谓限额设计的纵向控制，是指按时间顺序和设计的各个阶段，根据前一设计阶段的造价控制后一阶段设计的造价。可行性研究阶段的投资估算应作为初步设计阶段的投资限额，初步设计阶段的设计概算应作为施工图设计阶段的投资限额。

1. 可行性研究阶段的限额设计

可行性研究阶段的限额设计主要做好以下几点：

(1)重视设计方案的选择。

设计方案直接影响工程造价，因此在设计过程中，要促使设计人员进行多方案的比选，尤其要注意运用技术经济比较的方法，使选择的设计方案真正做到技术可行、经济合理。应及时研究解决，确保限额设计的实现。

(2)应采用先进的设计理论、设计方法，优化设计。

设计理论的落后往往带来工程造价的增加，因而采用先进的设计理论和方法有利于限额设计的顺利实现。一个建设项目的设计也是一个系统工程，应用现代科学技术的成果，对工程设计方案、设备选型、效益分析等方面进行最优化的设计。

(3)重点研究对投资影响较大的因素。

设计方案、结构选型、平面布置、空间组合等都是影响工程造价最为敏感的因素，在设计过程中应该重点研究这些因素。

2. 施工图设计阶段的限额设计

施工图设计是设计单位的最终产品，是指导工程建设的重要文件，是施工企业实施施工的依据。施工图设计实际上已决定了工程量的大小和资源的消耗量，从而决定了工程的造价，因而施工图设计阶段的限额设计更具现实意义，其重点应放在工程量的控制上。另外，应严格按照批准的可行性研究报告中的建设规模、建设标准、建设内容进行设计，不得任意突破。如果确需对设计方案进行重大变更，必须报原审批部门审批。

(三)加强设计变更管理

设计变更是影响工程造价的重要因素，由图10-5可知，变更发生越早，损失越小，反之就越大。如在设计阶段变更，则只需修改图纸，虽然造成一定损失，但其他费用尚未发生，损失有限；如果在采购阶段变更，不仅需要修改图纸，而且设备、材料还须重新采购；若在施工阶段变更，除上述费用外，已施工的工程还须拆除，不仅造成投资损失，而且还会拖延工期。因此，必须加强设计变更管理，尽可能把设计变更控制在设计初期，尤其对影响工程造价的重大设计变更，更要用先算账后变更的办法解决，使工程造价得到有效控制。

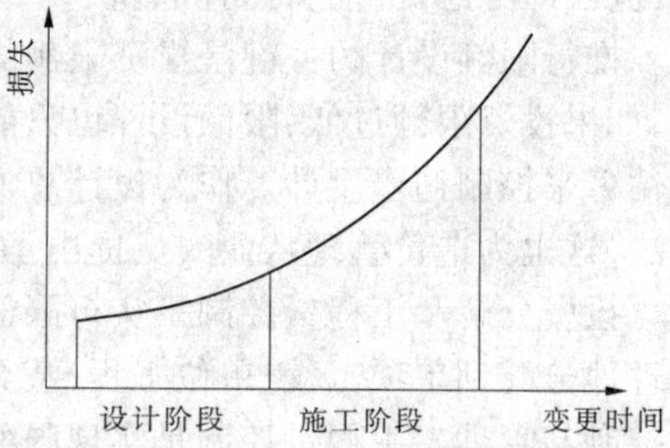

图10-5　设计变更对工程造价的影响

(四)限额设计的横向控制

限额设计的横向控制是指建立和加强设计单位及其内部的管理制度和经济责任制，明确设计单位内部各专业、科室及设计人员的职责和经济责任，并赋予相应权力，但赋予的决定权要与责任相一致；建立设计部门内各专业的投资分配考核制度；在考核各专业完成设计任务质量和实现限额指标好坏的基础上，实行奖惩制度。

为了保证限额设计顺利进行，应建立健全设计院内部的院级、项目经理、主任级“三级”管理制度。

(1)院级。由主管院长、总工程师和总经济师若干人组成，对限额设计全面负责，批准下达限额设计指标，负责执行设计方案审定，并对重大方案变更及时组织研究和报请有关部门批准，定期检查限额设计执行情况和审批节奖超罚有关事项。

(2)项目经理级。由限额设计的项目正、副经理和该项目总设计师等组成，具体负责实施掌握控制设计变更,对重大设计变更及时研究和论证后,报院级审批;及时了解、掌握各专业的限额设计执行情况并及时调整限额设计控制数,控制主要工程量;签发各专业限额设计任务书和变更通知单,做好总体设计单位的归口协调工作及其他有关事宜。

(3)主任级。由各设计室(处)正副主任和主任工程师若干人组成,具体负责本专业内限额设计的落实,事先提交本专业限额设计指标意见,一经批准,认真在工程设计中贯彻执行,并对设计任务及其指标计划及时进行中间检查和图纸验收,力求将本专业投资控制在下达的限额指标范围内。

(五)建立和健全限额设计的奖惩制度

为使限额设计落到实处,应建立和健全限额设计的奖惩制度。

1.国家计划委员会有关规定

国家计划委员会规定,自1991年起,凡因设计单位错误、漏项或扩大规模和提高标准而导致工程静态投资超支,要扣减设计费。

(1)累计超过原批准概算2%~3%的,扣减全部设计费的3%。

(2)累计超过原批准概算3%~5%的,扣减全部设计费的5%。

(3)累计超过原批准概算5%~10%的,扣减全部设计费的10%。

(4)累计超过原批准概算10%以上的,扣减全部设计费的20%。

(5)设计院对承担的设计项目,必须按合同规定,在施工现场派驻熟悉业务的设计人员,负责及时解决施工中出现的设计问题,否则,视情况的严重程度,扣罚全部设计费用的5%~10%。

2.电力工业部限额设计奖罚办法

电力工业部于1996年行文的限额设计管理办法中明确规定如下奖惩办法:

(1)工程建设的项目法人在与设计单位签订设计合同时,应将限额设计的要求以及相应的奖惩办法写入委托合同。凡不能达到设计要求的,应适当扣减其设计费。反之,对限额设计搞得好,节约投资和控制造价确有成效的,项目法人应给予设计单位适当奖励。

(2)设计概算的静态投资不应超过审定估算的110%,否则应重新论证,并按《勘探设计费与工程造价质量挂钩设计奖惩办法》对设计院进行处罚,包括重新检定设计单位资质。以审定估算的104%为基数,每降低或超过1%,奖励或扣减该阶段设计费的1%。

(3)施工图设计阶段预算的静态投资不应超过审定的概算。以审定概算静态价的102%为基数,每降低或超过1%,奖励或扣减该阶段设计费的1%。

(4)承担限额设计单位,要制定本单位内部的限额设计考核和奖惩办法。对重视限额设计,取得节约投资和控制造价有成效的处室及成绩显著的个人,应予以奖励;对不重视限额设计,不采取节约投资措施,造成某一专业设计超过投资限额的处室和个人,应给予经济处罚。

(六)限额设计的不足

(1)由于投资限额的限制,设计人员的创造性有可能受到制约。

(2)由于投资限额的限制,可能降低设计的合理性。

(3)由于投资限额的限制,可能会导致投资效益的降低。

(4)限额设计是指建设项目的一次性投资,从建设期来看可能是最优的,但如果从项目的全寿命期来看,不一定经济。

五、设计阶段工程造价的审查

设计阶段工程造价的审查主要是对设计概算和施工图预算的审查。

(一)设计概算的审查

1. 编制依据的审查

(1)审查编制依据的合法性。采用的各种编制依据必须是经过国家和授权机关批准的,未经批准的不能采用。

(2)审查编制依据的时效性。编制依据具有很强的时效性,在编制设计概算时,必须采用经国家和有关部门批准的现行的有关依据,如定额、指标、费用标准等。由于水电工程建设周期较长,有时在工程建设过程中会遇到定额、费用、标准等依据发生变化,除有关特殊规定外,一般应按新的编制依据执行。

(3)审查编制依据的适用范围。包括两层含义:其一,各主管部门规定的各专业概算编制依据,只适用于该部门的专业工程,各地区规定的概算编制依据,只适用于该地区;其二,主管部门规定的概算编制依据中,也存在只适用于各个地区的有关调整系数、地区差别等因素。

2. 概算编制内容深度的审查

概算编制是否按规定的内容编制,是否有漏项、重复计算的问题。

概算编制是否按规定的深度编制,是否有任意简化、并项的情况。

3. 建设标准、规模的审查

概算编制的范围是否按审批的建设标准、规模进行,是否有超过审批建设规模和标准的现象。

4. 费用的审查

费用在概算造价中占有较大的比例,其计算的正确性直接影响概算造价的准确性。费用的审查重点是根据工程规模审查取费基础是否正确,费率是否合理。

设计概算审查的方式多采用多个专业组联合会审的方式。设计概算审查的基本方法有:

(1)重点审查法。即对关系到概算质量的重点问题进行重点审查,如编制依据、基础单价、费用等都是重要的因素。

(2)对比审查法。即纵向和横向的对比,通过比较发现问题。纵向对比,即设计概算与投资估算的对比。横向对比,即拟建项目与已建项目有关技术经济指标的对比。

(3)主要因素复合法。即对概算造价影响较大的因素进行复核、计算的方法。

(二)施工图预算的审查

施工图预算的审查,重点是对工程量计算的精度、定额选用的合理性以及各项费用计算的标准进行审查。

1. 工程量的审查

工程量的审查内容主要是:是否按工程量计算规则进行,计算单位是否正确;对于定额所包含的损耗量与定额中没有包含的损耗量处理是否正确;是否有重复计算和漏算;是否按工程具体情况和定额子目的内容进行合理的分项计算;定额单位是否有误等。

2. 定额套用的审查

定额套用的审查内容主要是:定额的选用是否与拟采用的施工方法、施工工艺和施工条件相符(比如土石方的开挖方法、垂直运输机械、场外运输距离等);当定额的工作内容或材料与实际不相符时,定额的换算和补充定额的编制是否合理。

3. 各项费用的审查

各项费用的审查内容主要是:费用的列项是否符合规定;取费的基础是否符合要求(如关于价差的处理问题等);取费费率的确定是否按照规定执行;人工、材料、机械的价差是否按照规定进行调整和计算等。

第四节 招标投标阶段工程造价的控制

本节主要讲述施工招标投标阶段工程造价控制。

一、概述

招标投标是一种市场行为,它是招标人通过招标活动来选择招标项目的最佳承担者和投标人选择项目以获得更丰厚利润的商务活动。建筑工程招标包括项目勘察、设计、施工、监理以及与工程建设有关的重要设备、材料等的招标。本节所指的招标投标阶段是指施工阶段的招标投标。

施工招标是指招标单位将确定的施工任务发包,鼓励施工企业投标竞争,从中选出技术能力强、管理水平高、信誉可靠且报价合理的承包单位,并以签订合同的方式约束双方在施工工程中行为的经济活动。施工招标投标行为必须遵守《中华人民共和国招标投标法》,如招标的范围、招标的方式、招标的程序、中标人的条件,招标投标双方的权利、义务和法律责任等。施工招标投标也是建筑产品交易的方式。通过招标(要约邀请)、投标(要约)、中标(承诺)、签订合同来完成交易活动,改变了过去计划经济条件下计划分配的体制,将竞争引入工程承发包,视建筑产品为商品,让建筑产品走向市场,以市场来确定建筑产品的价格。

实行施工招标投标的意义在于:

(1)规范了建筑市场,使之更加适应市场经济的规律。

(2)竞争促使承包商努力提高技术和管理水平,有利于建筑科学技术的发展。

(3)能有效避免建筑市场中的不正之风。

(4)有利于提高工程质量,控制工程造价,加快施工进度。

二、招标投标阶段影响工程造价的因素

在招标投标阶段影响工程造价的因素,主要包括建筑市场的供需状况、业主的价值取向、招标项目的特点、投标人的策略等。

(一)建筑市场的供需状况

建筑市场的供需状况是影响工程造价的重要因素之一。当建筑市场繁荣时,承包商在成本中加上较大幅度的利润后,仍有把握中标;而在建筑市场萧条时,这时的利润幅度较低甚至为零,这是市场经济条件下的必然规律。有关资料表明,美国在建筑市场繁荣期,利润可达20%,而在萧条期,则仅为5%左右。近年来,我国建筑市场的状况同样也反映了这一

规律。

建筑市场的供需状况对工程造价的影响是客观存在的。影响程度的大小取决于市场竞争的状况。当建筑市场处于完全竞争时,其对工程造价的影响非常敏感。建筑市场任何微小的变化均会反映在工程造价的改变上,当建筑市场处于不完全竞争时,其影响程度相对减少。实际上建筑市场不可能处于完全竞争的状态,原因在于:其一,各建筑行业并不能自由出入,都有市场准入的问题,铁路建设、电力建设都是被分割的市场;其二,业主并不能完全了解市场流行的价格,存在信息的不对称。

(二)业主的价值取向

业主的价值取向反映在招标工程的质量、进度和价格上。当然,质量好、进度快、造价低是每个业主所期望的,但这并不是理性的,也不符合客观实际。任何商品的生产都有其质量的标准,建筑产品也不例外。如质量验收规范,对建筑工程所要达到的标准进行了详细描述,如果业主以超过国家的质量标准为目的,显然需要承包商投入更大的人力、物力、财力和时间,其价格自然会提高。在某些情况下,业主可能以最短建筑周期为目标,力图尽快组织生产占领市场。这样,由于承包商施工资源不合理配置导致生产效率低下、成本增加,为保证适当的利润水平而提高投标报价。总之,业主为了获得更高的质量或加快建设进度,必然要付出一定的代价。

(三)招标项目的特点

招标项目的特点与工程造价也有密切的关系,主要表现在招标项目的技术含量、建设地点、建筑的规模大小等。

(1)招标项目的技术含量是指完成项目所需要的技术支撑。当项目的建设采用新的结构、新的生产工艺、新的施工方法等时,工程造价可能会提高。其原因在于:对于业主来说还不能准确掌握这些新的结构、新的生产工艺、新的施工方法等的市场价格信息,即信息的不对称,容易形成垄断价格。此外,新技术的运用存在一定的风险,需要付出一定的代价,因此承包商在报价时也要考虑风险因素。

(2)建设地点。建设地点的环境既影响对投标人的吸引力,也影响建设成本。环境对于投标人来说需要一定的回报,同时也会增加设备材料的进场、临时设施的费用。

(3)建设规模的大小。建设规模大,各项费用的摊销就会减少。许多费用并不与工程量呈线性变化。大的规模可以带来成本的降低,这时,投标人会根据建设规模大小实行不同的报价策略,即建设规模大适当报低价,反之则会适当报高价。这也是薄利多销的基本原则。

(四)投标人的策略

投标人作为建筑产品的生产者,他对建筑产品的定价与其投标的策略有密切关系。在报价的过程中,除要考虑自身实力和市场条件外,还要考虑企业的经营策略和竞争程度。如急于进入市场时往往会报价低,竞争激烈又急于中标时也会报低价。

三、招标过程中工程造价的控制

招标过程中,招标文件的编制是十分重要的环节,它既是投标文件编制的依据,也是签订合同的重要内容之一。投标文件必须对招标文件的实质性的要求和条件作出实质上的响应。任何对招标文件的实质性的偏离或保留都将视为废标。因此,招标文件的编制对顺利完成招标过程、控制工程造价都有十分重要的意义。

(一)合理分标

对于一个大型建设项目施工,往往需要划分若干个标段。标段的合理划分,对项目的顺利实施和工程造价的控制具有十分重要的意义。适当地进行分标有利于造成竞争的态势。当前,我国正在培育和发展工程总承包,这与适当分标并不矛盾,工程总承包只是建设项目组织的实施方式。总承包企业同样也需要将部分工作发包给具有相应资质的分包企业,而这本身也是一个合理分标的问题。标段的划分应遵循以下原则:

(1)适度的工程量。在划分标段时应考虑各个标段的工作任务量,工程量太大,则起不到分标的作用;工程量太小,则承包商投标的积极性不高,同时也会加大承包商的成本开支,不利于控制工程造价。

(2)各标段应该相对独立,减少相互干扰。各个标段应该能独立组织施工,尽可能减少各个标段之间的干扰,以免造成索赔事件的发生。

(3)尽可能按专项技术分析。既充分发挥具有专项技术的企业的特长,又可以保证工程质量,还可以降低工程造价。

(4)从系统理论的角度合理分标以保证整体最优。建设项目是一个系统工程,局部最优并不能保证整体最优。在划分标段时,应该从整体的角度合理地分标。如道路工程中两相邻标段的土石方平衡问题等。

(二)标底的合理确定

标底作为评标的客观尺度,在招标投标中具有重要作用。尽管无标底评标技术已经应用到招标实践中去了,但无标底评标并不等于不编制标底,只是弱化了其作用,即不以标底作为判断报价合理性的唯一依据。标底对于业主来说,仍然具有重要的意义。首先,它预先明确了业主在招标工程上的财务尺度。其次,标底是业主的工程预期价格,也是业主控制造价的基本目标。总之,标底是业主(或者委托具有资质单位)编制的,能够反映业主期望和招标工程实际的预期工程造价。标底的编制应该考虑以下因素:

(1)满足招标工程的质量要求。对于特殊的质量要求(超过国家质量标准),应该考虑适当的费用。就我国目前的工程造价计价方法而言,均是以完全合格产品所花费的费用为依据。如地面混凝土垫层的规范标准为 ±10 mm,如果达到 ±5 mm,则需要更多的投入,即加大成本。

(2)标底应该适应目标工期的要求。工期与工程造价有密切的关系。当招标文件的目标工期短于定额工期时,承包商需要加大施工资源的投入,并且可能降低了生产效益,造成成本上升。标底应该反映由于缩短工期造成的成本增加。一般来说,当目标工期短于定额工期 20% 时,则应考虑将赶工费计入标底。

(3)标底的编制反映建筑材料的采购方式和市场价格。对大宗的材料往往也实行招标。在计算标底时,应该以材料的采购方式进行计算。目前,各地和行业公布的材料价格信息是综合的、指导性的,并不能真实反映市场价格。

(4)标底编制中应考虑招标工程的特点和自然地理条件,当前我国工程造价的编制方法基本采用定额法,这种方法的最大特点是只考虑一般性,而对具体工程的特点等并不能反映。

（三）评标办法

评标办法是业主价值取向的综合反映，因此在编制评标办法时应明确表达业主的期望。

（1）评价指标的设置。评价指标的设置应能充分反映投标人实力和满足投标人愿望。评价指标一般有：投标、施工组织设计或施工方案、质量、类似工程经验、工期、财务能力、资金等。

（2）评标方法。常用的评标方法有综合评分法和合理低报价法。综合评分法是将评标指数进行量化打分，并将各个指标分别赋予不同的权重。权重的大小对评标结果将产生直接的影响，实际上权重的赋值能反映业主的价值取向。当报价指标权重大时，业主偏向低报价中标。当工期权重较大时，则业主对工期比较看重。合理低报价法，则是在其他指标能够满足条件的情况下以最低的合理报价作为中标条件。采用这种方法，业主的价值取向在于降低工程造价。对于技术难度不大、质量标准不高的工程，适宜采用合理低报价法。

（四）合同条件

合同条件是招标文件的重要组成部分，它不仅是投标文件的编制依据，也是签订合同的主要内容。它对合同实施阶段工程造价的控制具有特别重要的作用。招标文件中的实质性要求和条件均在合同条件中反映，因此编制好合同条件是十分重要的任务。合同条件中有关工程造价及编制的内容包括：

（1）合同形式的选择。合同形式包括总造价合同、单价合同和成本加酬金合同。合同形式的选择与招标工程的特点密切相关。一般来说，工程量明确、工期短、造价不高的项目采用总价合同。总价合同可以是固定总价合同，也可以是约定可调合同。这种合同形式管理比较简单。当工程量不能准确计算时，采用单价合同，最终以实际完成的工程量乘以单价进行结算。这种合同形式控制工程造价的关键在于准确地计算工程量。成本加酬金合同应用较少。不同的合同形式，承发包双方承担的风险是不同的。因此，合同形式的选择应根据招标工程的具体情况而定。

（2）工程款的支付方式。工程款支付方式是投标人十分看重的因素之一，甚至会影响投标人的报价策略。工程款的支付包括：预付款的支付与扣回方式，进度款的支付，尾留款的数量与支付方式，工程款的结算。工程款的支付方式不仅是对承包商完成产品价值的补偿，也是对承包商进行管理与控制工程造价的手段。例如，由于资金具有时间价值，不同的支付方式，其动态的工程造价是不同的。工程款的支付方式应当保证工程的正常进行。目前，拖欠工程款和垫资现象是不可取的。

（3）合同价的调整。当合同形式为可调合同时，应该对合同价的可调范围、调整的方法进行约定。工程变更是工程建设中无法避免的。当发生工程变更时，合同价的调整往往是双方利益的焦点，因此在合同条件中对合同价调整的范围、调整的方法应予以明确，以减少合同纠纷。

（4）风险约定与承担。无论采用何种合同形式，合同双方均要承担一定的风险，因此在合同条件中应对风险进行约定。如在固定总价合同中，承包人应承担工程量变化和物价上涨的风险。在固定单价合同中，承包人应承担物价上涨的风险，发包人承担工程量变化的风险。风险的约定即是约定双方各自应承担的风险。在约定以外的风险发生时，则应确定分担的方法。例如，合同约定当物价上涨影响总造价 5% 以内时为承包人的风险，超过 5% 时为双方共同风险。风险的承担方式为：发包人承担 90%，承包人承担 10%。

第五节　施工阶段工程造价的控制

一、概述

虽然施工阶段对工程造价的影响仅为10%～15%，但这并不表明施工阶段对工程造价的控制无能为力。相反，施工阶段工程造价的控制更具现实意义。首先，施工阶段工程造价的控制是实现总体控制目标的最后阶段，它的控制效果决定了总体的控制效果。任何失误都将会前功尽弃。其次，施工阶段工程造价的控制进入了实质性的操作阶段，影响的因素更多，情况更复杂，许多不确定因素纷纷呈现出来，其控制的难度大。社会因素、经济因素、自然因素的交互作用构成了施工阶段工程造价控制复杂的系统工程。最后，在施工阶段，业主、承包商、监理、设备材料供应商等，由于各自处于不同利益的主体，他们之间相互交叉、相互影响、相互制约，其行为无不与工程造价有着必然联系。因而，施工阶段工程造价的控制又是一个协调各方面利益的复杂而敏感的工作。

施工阶段工程造价控制最理想的目标是：质量好、工期短、造价低，但实际上是不可能实现的，这三者的关系是相互影响、相互制约的，高质量和短工期都是要付出代价的。因此，施工阶段工程造价控制的目标是：在满足合理质量标准和保证计划工期的前提下尽可能降低工程造价。其控制的主要内容就是正确处理质量、工期、造价三者之间的关系（见图10-6），可以把这三者之间的关系分为A、B、C、D、E五种因素。

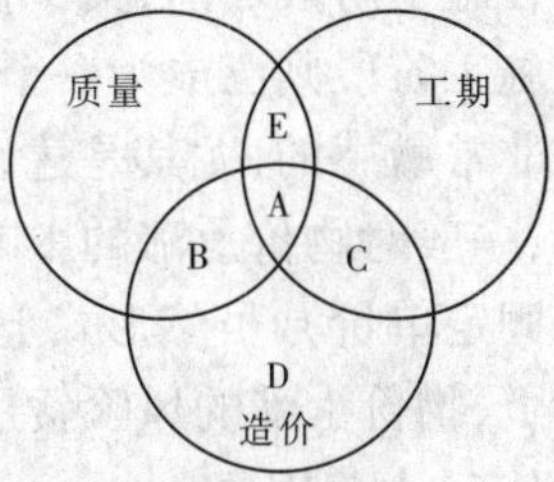

图10-6　质量、工期、造价关系图

A类因素：这类因素关系到质量、工期和造价，是工程造价控制的重点，也是控制最有效的因素。例如，施工方案不仅能保证施工质量、确保工期，也能有效地控制工程造价。

B类因素：这类因素主要是质量和工程造价的关系问题。高质量要付出一定的代价。在工程建设中，并不一定要追求过高的质量，过高的质量标准有时得不偿失。

C类因素：这类因素主要是指工期和工程造价的关系问题。一般情况下，加快进度缩短工期既可以减少建设期融资利息支出和使项目提前发挥效益，也可以降低建设期内物价的上涨风险。但是，不适当地压缩工期也会导致生产效率降低以及增加质量事故的发生概率。在处理工期与工程造价的关系时，应作定量分析，只有在加快进度付出代价的同时能够获得更多的效益时，才能作出正确的决策。

D类因素：这类因素与质量、工期无关，其主要目标就是如何降低工程造价。如不影响事故质量的材料控制，某些施工辅助手段的采用，土石方工程的优化调配以及超挖量的控制等。

E类因素：这类因素虽然与工程造价无直接关系，当质量与工期关系处理不好时就可能牵涉工程造价。比如在追求质量的同时导致了工期的延长，则工程造价也会受到影响。

二、施工阶段影响工程造价的因素

工程建设是一个开放的系统，与外界有许多信息的交流。社会、经济、自然等因素会不断地作用于工程建设系统。其表现之一在于对工程造价的影响。施工阶段影响工程造价的因素可概括为三个方面:社会经济因素、人为因素和自然因素。

(一)社会经济因素

社会经济因素是不可控制的因素,但它对工程造价的影响却是直接的。社会经济因素是工程造价动态控制的重要内容,如社会因素。

1. 政府的干预

政府的干预是指宏观的财政税收政策以及利率、汇率的变化和调整等。在施工阶段,国家财政政策和税收政策的变化将会直接影响工程造价。利率的调整将会直接影响建设期内融资利息的支出,从而影响工程造价。对于承包商而言,也可能影响到流动资金、融资利息的变化和成本的变动。对于有利用外汇的建设项目,汇率的变化也直接影响工程造价。这类因素往往就是变更合同价调整、系统费用的计算及风险识别与分担计算的直接依据,对业主和承包商都是十分重要的。比如利率的变化,可能会影响到工程造价的动态控制问题,也会影响到工程款延期支付的利息索赔计算等。

2. 物价因素

在施工阶段之前,关于物价上涨的影响都进行了预测和估算,比如价差预备费的计算。而在施工阶段则已成为一个现实问题,是合同双方利益的焦点。物价因素对工程造价的影响是非常敏感的,尤其是建设周期长的工程。物价因素对工程的影响主要表现在可调价合同中,一般对物价上涨的影响明确了具体的调整办法。对于固定价合同(无论是固定总价还是固定单价),虽然形式上在施工阶段对物价上涨波动不予调整,即不影响工程造价,但实际上,物价上涨的风险费用已包含在合同价之中,这一点应该是十分明确的。

(二)人为因素

人的认知是有限的,因此人的行为也会出现偏差。例如在施工阶段,对事件的主观判断失误、错误的指令、不合理的变更、认知的局限性、管理的不当行为等都可能导致工程造价的增加。人为因素对工程造价的影响包括业主的行为因素、承包商的行为因素、工程师的行为因素和设计方的行为因素。

1. 业主行为的影响

(1)业主原因造成的工期延误、暂停施工。一般情况下,由于业主原因造成的工期延误、暂停施工,承包商均有权延长工期和获得经济补偿。如业主不能及时提供施工场地,则承包商可顺延工期和获得窝工损失补偿。

(2)业主要求的赶工。出于建设项目的需要或业主原因导致的工期延误,如果业主要求承包商赶工,则承包商有权要求得到赶工造成的费用增加。

(3)业主要求的不合理变更引起的费用增加。

(4)业主合理分包造成的费用增加。

(5)工程延误支付,承包人要求的利息索赔费用。

(6)业主其他行为导致的费用增加或引起的索赔。

2. 承包商行为的影响

承包商行为的影响主要是使成本增加,从而使自身的利益受到影响,其主要表现在:

(1)施工方案不合理或施工组织不力导致工效降低。

(2)由于承包人原因引起的赶工措施费用。

(3)由于承包人原因造成的赶工费用。

(4)由于承包人违约导致的分包商和业主的索赔。

(5)由于承包人工作失误导致的损失费用,如索赔失败。

(6)其他原因造成的成本增加。

3. 工程师行为的影响

(1)工程师的错误指令导致的承包商赔偿。

(2)工程师未按规定时间到现场进行工程量计量,可能导致的损失。

(3)工程师其他行为导致的工程造价增加。

4. 设计方行为的影响

(1)不合理的设计变更导致的工程造价增加。

(2)设计失误导致的损失。虽然设计方有赔偿由于设计失误造成的损失的责任,但这种赔偿责任是有限的,仍然可能导致业主的损失。

(3)设计的行为失误造成的损失。如提供图纸不及时导致的承包人赔偿等。

(三)自然因素的影响

建设项目施工阶段的一个重要特点就是受自然因素的制约大。自然因素可分为两类,第一类是不可抗力的自然灾害,如洪水、台风、地震、滑坡等,这类因素具有随机性。毫无疑问,在工程建设施工阶段若遇到不可抗力的自然灾害,对工程造价的影响将是巨大的。这类风险的回避一般采用工程保险转嫁风险。但是,保险费无疑也是工程造价的组成部分,客观上增加了工程造价。第二类是自然条件,如地质、地貌、气象、气温等,不利的地质条件变化和水文条件的变化使施工方案发生改变,从而会引起工程造价的增加。对特殊异常的气候条件应加以约定,气温状况也是影响工程造价的因素之一。如高温天气混凝土拌和的出料口温控以及低温天气混凝土的保温养护都会增加工程造价。

三、工程变更控制

(一)工程变更的概念及其控制的意义

1. 工程变更的概念

所谓工程变更,包括设计变更、进度计划变更、施工条件变更、工程量变更以及原招标文件和工程量清单中未包括的“新增工程”。按照《水利水电土建工程施工合同条件》(简称《合同条件》)的规定,在履行合同过程中,工程师可根据工程的重要性批示承包人进行以下各种形式的变更,其内容包括:

(1)增加或减少合同中任何一项工作内容。

(2)增加或减少合同中关键项目的工程量超过专用合同条款规定的百分比。

(3)取消合同中任何一项工作(但被取消的工作不能转由发包人或其他承包人实施)。

(4)改变合同中任何一项工作的标准或性质。

(5)改变工程有关部分的标高、基线、位置或尺寸。

(6)改变合同中任何一项工程的完工日期或改变已批准的施工顺序。

(7)追加为完成工程所需的任何额外工作。

2. 工程变更产生的原因

由于建设工程施工阶段条件复杂,影响的因素较多,工程变更是难以避免的,其产生的

主要原因包括:

(1)发包方的原因造成的工程变更。如发包方要求对设计的修改、工程的缩短以及增加合同以外的新增工程等。

(2)工程师的原因造成的工程变更。工程师可以根据工程的需要对施工工期、施工顺序等提出工程变更。

(3)设计方的原因造成的工程变更。如由于设计深度不够、质量粗糙等导致不能按图施工,不得不进行的设计变更。

(4)自然原因造成的工程变更。如不利的地质条件变化、特殊异常的天气条件以及不可抗力的自然灾害的发生导致的设计变更、工期的延误和灾后的修复工程等。

(5)承包人原因造成的工程变更。一般情况下,承包人不得对原工程设计进行变更,但施工中承包人提出的合理化建议,经工程师同意后,可以对原工程设计或施工组织进行变更。

3. 工程变更控制的意义

工程变更的控制是施工阶段控制工程造价的重要内容之一。一般情况下,工程变更都会带来合同价的调整,而合同价的调整又是双方利益的焦点。合理地处理好工程变更可以减少不必要的纠纷,保证合同的顺利实施,也有利于保护承发包双方的利益。工程变更分为主动变更和被动变更。主动变更是指为了改善项目功能、加快建设速度、提高工程质量、降低工程造价而提出的变更。被动变更是指为了纠正人为的失误和自然条件的影响而不得不进行的设计工期等的变更。工程变更控制是为了实现建设项目的目标而对工程变更进行的分析、评价,以保证工程变更的合理性。工程变更控制的意义在于能够有效控制不合理变更和工程造价,保证建设项目目标的实现。

(二)工程变更控制的程序

工程变更控制的程序如图 10-7 所示。

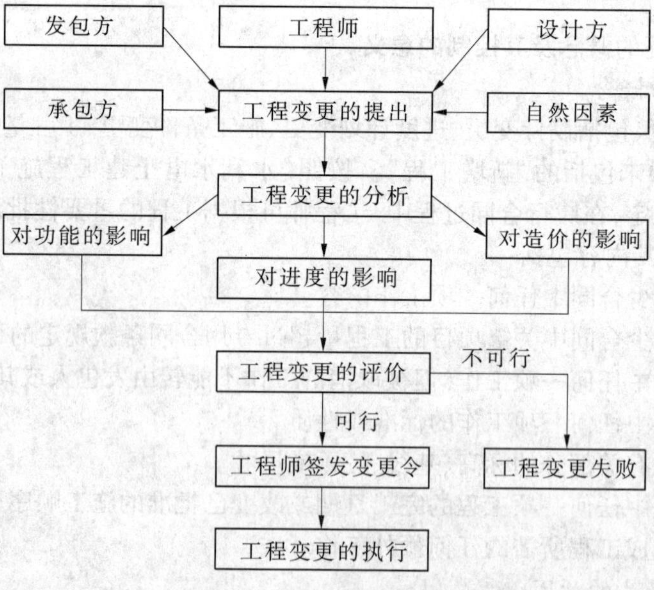

图 10-7　工程变更程序控制

1. 工程变更的提出

工程变更的提出应遵守时间要求，一般应在 14 d 前以书面形式向承包方发出变更通知，否则由此导致的损失承包方有权获得补偿，尤其是业主提出的变更要求。如果超过原设计标准或批准的建设规模，须经原审批单位重新审查批准。

2. 工程变更的分析

无论是谁提出的工程变更，都应该进行较全面的分析。分析的主要内容包括工程变更对项目功能的影响、对建设工期的影响、对工程造价的影响等，实际上就是对工程变更的技术经济分析。如果工程变更对建设项目目标产生较大影响，显然是不可取的。如工程变更导致工程造价的较大增加，则会影响建设项目的经济效益。

3. 工程变更的评价

通过对工程变更的分析，对工程变更的可行性作出评价。在进行评价时应尽量使用明确的评价指数，如功能是否提高，经济上是否合理，对加快施工进度的变更是否有效益等。

4. 工程师签发变更令

对于实行监理的建设项目，工程变更应由工程师签发。当工程变更确认后，一般会牵涉合同价款的调整，这一点将在下面进行详细介绍。

(三)工程变更处理的基本原则

工程变更的处理一般在合同中有明确的约定。合同约定也是处理工程变更的基本原则。工程变更处理的主要内容包括：变更工期的确定、变更合同价的确定、特殊情况下的变更处理。

1. 变更工期的确定

对于承包人提出的工程变更而导致工期的改变，由承包人提出，经工程师同意后，可以变更工期。若变更合同工作量减少或取消某项目，工程师认为应予提前变更项目的工期时，由工程师和承包人协商确定。

2. 变更合同价的确定

当工程变更确认后，变更合同价的处理有三个基本原则：一是承包人提出变更合同价的要求。如果承包人不提出要求，则认为工程变更不涉及合同价的调整。二是承包人应在规定的时间内(14 d)提出变更合同价的要求，超过规定的时间，承包人提出变更合同价视为无效。三是承包人自身原因导致的工程变更，承包人无权要求变更合同价。变更合同价按下列方式确定：

(1)合同中已有适用于工程变更的价格，按合同已有的价格计算变更合同价款。

(2)合同中只有类似于变更工程的价格，可以参照类似价格变更合同价款。

(3)合同中没有适用和类似于变更工程的价格，由承包方提出适当的变更价格，经工程师确认后执行。

工程师在收到工程变更价款报告之日起 14 d 内予以确认，工程师无正当理由不确认时，自变更价款报告送达之日起 14 d 后视为变更工程价款报告已被确认。若工程师不同意承包方提出的变更价款，可以与承包人协商或请有关主管部门调解。调解不成时，双方均可提出仲裁或向人民法院起诉。工程师确认增加的工程变更价款作为追加合同价款，与工程款同期支付。

3. 特殊情况下的变更处理

(1)工程变更的连锁影响。

某一项工程变更可能会引起本合同工程或部分工程的施工组织和进度计划发生实质性变动,以至于影响本项目和其他项目的单价或总价,这就是工程变更的连锁影响。从理论上讲,任何一项工程变更或多或少都会对合同工程或部分工程产生一定的影响。工程变更的连锁影响是指那些对变更工程以外的其他项目实质性的影响。如就进度而言,如果关键线路上的工程发生变更,只有影响总工期时才能称其为产生实质性的影响,即关键线路发生了改变。再如对于某些被取消的工程项目,由于摊销在该项目上的费用也随之被取消,这部分费用只能摊销到其他项目的单价或总价之中。对于这种情况,承包人有权要求调整受影响项目的单价或总价。

(2)合同价格增减超过规定比例。

在完工结算时,若出现全部变更工作引起合同价格增减额超过合同价格规定的比例,除已确定的变更工作的增减金额外,一般还需对合同价格进行调整。这种情况下,承包人可能从中获得额外利润或蒙受额外损失。因为承包人的现场管理费及其后方的企业管理费一般按一定的比例分摊在各子项目之中。完工结算时,若合同价格比签约时增加或减少,其管理费用也按比例相应增减,这显然与实际不符。实际上,承包人需要支出的管理费并不随着合同价格的增减按比例增减。当合同价格增加时,如果管理费也同比例增加,则承包人获得了超额利润;反之,承包人遭受了利润损失。合同价格的增减幅度在专用条款中约定(一般取15%左右),合同价格的变动在规定的幅度之内时,由于其影响较小,风险由双方分担,不再为此调整合同价格。调整的范围是指超过幅度的部分。

四、工程索赔控制

(一)索赔的概念

索赔在有关词典中这样定义:“索赔——作为合法的所有者,根据自己的权力提出的有关某一资格、财产、金钱等方面的要求。”索赔一词在英语中有“有权力得到”的意思。

工程索赔是指在工程建设过程中,对于并非自己的过错而遭受实际损失,根据合同应该由对方承担责任而提出的补偿要求。由于工程建设的复杂性,索赔事件的发生是难以避免的,因此索赔是一种正常的商务活动,是合同执行中的重要的内容之一。《中华人民共和国民法通则》第一百一十一条规定:当事人一方不履行合同义务或履行义务不符合约定条件的,另一方有权要求履行或采取补救措施,并有权要求赔偿损失。这也是开展索赔工作的法律依据。

对于索赔的概念,至少应从以下四个方面理解:

(1)非自己的过错,即并不意味着一定存在他人的过错,与自然条件、社会条件等的变化而导致索赔事件的发生时,索赔仍然是成立的。

(2)事件的发生确实造成了实际损失。有些行为、事件的发生并不一定会造成损失,而只有造成实际损失,索赔才有可能成立。

(3)索赔是合同赋予的权利。如承包商可能会由于物价上涨而遭受损失,但这种损失的补偿必须以合同为依据,如果合同约定物价上涨风险由承包商承担,则物价上涨导致的损失就得不到补偿,即没有索赔的权利。

(4)索赔是对损失的补偿。索赔是补偿性质的，即对损失进行补偿。“中标靠低价，赚钱靠索赔”的观点在理论上是站不住脚的，是对索赔概念的错误理解，对规范建筑市场是不利的。

(二)索赔的处理原则与程序

1. 索赔的处理原则

(1)索赔必须以合同为依据。索赔是合同赋予双方的权力，索赔能否成立，既不以事件发生的真实性为依据，也不以是否遭受实际损失为依据。

(2)索赔事件的真实性和关联性。索赔事件必须是在合同实施过程中确实存在的，索赔事件必须具有关联性，即索赔事件的发生确实是他人的行为或其他影响因素造成的，因果关系明确。

(3)索赔的处理必须及时。一方面，索赔处理的时间限制在合同中有明确规定，超过规定的时间，索赔就不能成立；另一方面，索赔时间发生后如果不及时处理，随着时间的推移，会降低处理索赔的合理性，尤其是持续时间较短的索赔事件，一旦时过境迁很难准确处理。

(4)加强索赔的前瞻性，尽量避免索赔事件的发生。对于索赔，无论是发包人、承包人还是工程师都不希望发生，因为索赔的处理会牵涉各方的利益，论证、谈判工作量大，需要付出较多的时间和精力。加强索赔的前瞻性，尽量避免索赔事件的发生，对各方都是有利的，当然，避免不是回避，一旦索赔事件发生了，还是应该认真对待的。

2. 索赔的程序

索赔的程序如图 10-8 所示。

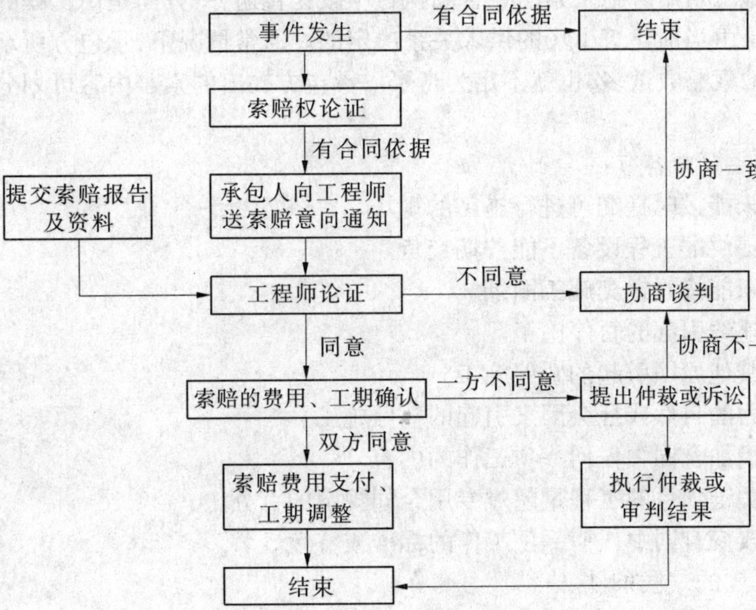

图 10-8　索赔程序

(三)索赔的证据

索赔是一项重证据的工作，索赔的证据应该具有真实性、全面性，并具有法律证明效力，即一般要求证据必须是书面文件。因此，为了获得索赔成功，应十分注意收集具有法律效力

的证据,在索赔实践中,下列书面文件可作为索赔的证据:

(1)工程合同及附件,业主认可的施工组织设计、工程图纸、技术规范等。

(2)工程各项有关设计交底记录、变更图纸、变更施工指令等。

(3)工程各项经业主或监理工程师签认的签证。

(4)工程各项往来信件、指令、信函、通知、答复等。

(5)工程各项会议纪要。

(6)施工计划及现场实施情况记录。

(7)施工日报及工长工作日志、备忘录。

(8)工程送电、送水、道路开通、封闭的日期及数量记录。

(9)工程停电、停水和各种干扰事件影响的日期及恢复施工的日期。

(10)工程预付款、进度付款的数额及日期记录。

(11)工程图纸、图纸变更、交底记录的送达份数及日期记录。

(12)业主供材料、设备送达日期记录。

(13)工程有关施工部位的照片及录像等。

(14)工程现场气候记录等气象资料。

(15)工程验收报告及各项技术鉴定报告等。

(16)国家法律法规及行业内有关文件资料等。

(四)施工索赔的内容

在国内外工程索赔实践中,通常把承包方向发包方提出的为了取得经济补偿或工期延长的要求,称为施工索赔。施工索赔在合同执行中较为普遍,一方面是由工程的复杂性决定的,另一方面也是由当前建筑市场的供求关系决定的。通常情况下,承包方所承担的风险较大,承包方提出的索赔数量多,也就不足为奇了。承包方提出的索赔内容可划分为费用索赔和工期索赔。

工期索赔的主要内容有:

(1)发包方未能按时提交可进行施工的现场。

(2)发包方提供的工程设备不能按期交货。

(3)发包人未能按时提交施工图纸。

(4)发包人违约引起的暂停施工。

(5)发包人其他原因引起的暂停施工。

(6)不可抗力的自然或社会因素引起的暂停施工。

(7)发包人增加合同中任何一项工作的内容。

(8)合同中关键项目的工程量超过专用合同规定的百分比。

(9)发包人改变合同中任何一项工作的标准或特性。

(10)异常恶劣的气候条件。

(11)工程现场中其他承包人的干扰。

(12)发包人提供工程设备不符合要求而造成的工期延误。

(13)监理人未按时到场检查造成的工期延误。

(14)现场发现文物、化石等造成的工期延误。

工期索赔时,需特别注意两点:一是凡属发包方和监理人以及其他承包方造成的工程拖延,不仅要进行工期索赔,还要进行费用索赔。二是凡属客观因素(即自然因素和社会因素)造成的工期拖延,承包方一般只能得到工期赔偿。承包方在进行工期索赔时,若伴有费用索赔,二者一般应分别编制索赔报告。

费用索赔的主要内容有:

(1)地质条件变化引起的索赔。

(2)发包方或监理人要求加速施工而引起的索赔。

(3)因施工中断和工效降低引起的索赔。

(4)发包方不正当地终止工程而引起的索赔。

(5)物价上涨引起的索赔。

(6)工程量变化引起的索赔。

(7)拖欠支付工程款引起的索赔。

(8)法规、利率及汇率变化引起的索赔。

(9)合同条文错误引起的索赔。

(10)发包方其他违约造成的索赔。

(五)反索赔的主要内容

广义的发包人反索赔包括两个方面:一是施工索赔的预防;二是发包人向承包人提出索赔。狭义的发包人反索赔只指发包人向承包人提出索赔。在本书中,除非特殊指明,一般是指狭义的发包人索赔。

发包方向承包方提出的索赔,习惯上称为反索赔,是指出于承包人不履行或者不完全履行约定的义务,或是由于承包人的行为使发包人受到损失时,发包人为了维护自己的利益而向承包人提出的索赔。

(1)工期延误反索赔。在工程项目的施工过程中,由于多方面的原因,可能使竣工日期拖后,影响到发包方对该工程的利用,给其带来经济损失,按国际惯例,若工程延期责任属于承包方,发包方有权对承包方进行索赔,即由承包方支付延期竣工违约金。违约金通常在招标文件中确定,其一般要考虑以下因素:①发包方的盈利损失;②由于延期带来的建设期融资利息增加;③工程延期带来的监理费增加;④发包方管理费用的增加等;⑤其他由于工程延期带来的费用增加。

(2)施工缺陷反索赔。包括在建设期和保修期内,由于承包方的原因造成的施工缺陷,发包方均有权追究责任。

(3)对额外利润的反索赔。额外利润的产生有两种情况:一是工程量发生实质性变化(超过合同价的15%),由于承包方的固定成本并不增加,而产生了额外利润;二是由于法规的变化可能导致承包方的成本降低,从而也会产生额外利润。在上述情况下,应重新调整合同价格,收回部分额外利润。

(4)建设单位合理终止合同或施工单位不正当地放弃工程的索赔。

如果建设单位合理地终止施工单位的承包,或者施工单位不合理地放弃工程,则建设单位有权从施工单位手中收回由新的施工单位完成全部工程所需的工程款与原合同未付部分的差额。

参 考 文 献

[1] 徐存东. 水利水电建设项目管理与评估[M]. 北京:中国水利水电出版社,2006.
[2] 陈全会,谭兴华,王修贵. 水利水电工程定额与造价[M]. 北京:中国水利水电出版社,2003.
[3] 黄森开,袁平. 水电工程造价编制实务[M]. 北京:中国水利水电出版社,2007.
[4] 陈新元. 水力发电工程概预算实务[M]. 北京:中国电力出版社,2007.
[5] 郭琦. 水电工程造价管理[M]. 北京:中国电力出版社,2008.
[6] 姬宝霖,徐学东. 水利水电工程概预算[M]. 北京:中国水利水电出版社,2005.
[7] 张玉明,李春生. 水利水电工程造价与清单报价[M]. 北京:中国水利水电出版社,2008.
[8] 水利部建设与管理司,中国水利工程协会. 水利工程造价工程师继续教育培训教材[M]. 北京:中国水利水电出版社,2010.
[9] 康喜梅. 水利水电工程计量与计价[M]. 北京:中国水利水电出版社,2010.
[10] 葛鸿鹏. 水利水电工程造价指导[M]. 北京:化学工业出版社,2011.
[11]《水利水电工程造价员培训教材》编写组. 水利水电工程造价员培训教材[M]. 北京:中国建材工业出版社,2010.
[12] 中国水利工程协会. 水利工程造价计价与控制[M]. 北京:中国水利水电出版社,2010.
[13]《水利水电工程预决算快学快用》编写组. 水利水电工程预决算快学快用[M]. 北京:中国建材工业出版社,2010.
[14] 杨娜. 水利工程造价预测[M]. 郑州:黄河水利出版社,2010.
[15] 王慧明. 水利水电工程概预算[M]. 郑州:黄河水利出版社,2008.